高等教育"十三五"规划教材

电化学设备与工程设计

主 编 徐国荣 宋海申

中国矿业大学出版社

内 容 简 介

本书分 11 章。第 1 章绪论;第 2 章介绍电化学工程设备常用材料及材料腐蚀和防腐蚀;第 3 章电镀工艺设备,介绍镀前表面处理、电镀处理和镀后处理设备以及电镀自动生成线;第 4 章表面阳极氧化处理设备,介绍阳极氧化前处理设备、阳极氧化设备、后处理设备、水洗设备及附属设备;第 5 章铅酸电池制造专用设备,介绍铅粉制造、板栅制造、铅膏制造、涂板、化成和电池组装设备;第 6 章锂离子电池制造专用设备,介绍混料、涂覆、极片压光、裁切、封装、注液和化成、分容设备;第 7 章电解设备,介绍熔盐电解中的电解槽和新型电极,湿法电冶金中的电解槽、溶液加热及循环设备,以及氯碱工业中的盐水精制、电解槽、固体烧碱、氯气处理、氢气处理设备;第 8 章化学电源,介绍化学电源设计程序、设计准备工作、化学电源设计一般步骤及锂离子电池设计举例;第 9 章电化学工程设计,介绍设计的基本程序,设计各个阶段的主要工作任务;第 10 章工艺流程设计,介绍物料衡算及热量衡算、典型设备选型;第 11 章车间布置设计,介绍厂房的整体布置及设备布置等问题。

图书在版编目(C I P)数据

电化学设备与工程设计/徐国荣,宋海申主编. —

徐州:中国矿业大学出版社,2018.3

ISBN 978 - 7 - 5646 - 3932 - 7

Ⅰ. ①电… Ⅱ. ①徐… ②宋… Ⅲ. ①电化学—化工

设备—工程设计 Ⅳ. ①TQ150.5

中国版本图书馆 CIP 数据核字(2018)第 058969 号

书　　名	电化学设备与工程设计
主　　编	徐国荣　宋海申
责任编辑	周　红
出版发行	中国矿业大学出版社有限责任公司
	(江苏省徐州市解放南路　邮编 221008)
营销热线	(0516)83885307　83884995
出版服务	(0516)83885767　83884920
网　　址	http://www.cumtp.com　E-mail:cumtpvip@cumtp.com
印　　刷	徐州市今日彩色印刷有限公司
开　　本	787×1092　1/16　印张 18.25　字数 456 千字
版次印次	2018 年 3 月第 1 版　2018 年 3 月第 1 次印刷
定　　价	32.00 元

(图书出现印装质量问题,本社负责调换)

前　言

　　电化学工业是指将电化学的基本原理应用于化学工业、冶金工业、电镀工业和其他工业中解决物质的分离、化合、精制、浓缩、镀制、涂装等一系列化工生产过程的有关问题。如电解铝、电解食盐水制备氯气和烧碱、己二腈电合成都是熟悉的大吨位电化学工业。依据电化学反应原理进行工作的化学电源具有能量转换效率高、能量密度大、移动方便、绿色环保等突出优点，以其驱动的电动汽车能够消除尾气排放，大大改善人类居住环境。因此，化学电源将会在国民经济、国防建设以及日常生活中发挥越来越重要的作用。由于电化学工业涉及的行业范围很广，社会对电化学专业的人才需求也很旺盛，但是专业划分中没有电化学专业，与电化学相关的内容较分散，目前也没有一本专门介绍电化学设备方面的教材。为适应新世纪电化学工业发展的需要，编者结合多年工作经验及体会编写了《电化学设备与工程设计》一书。

　　本书分 11 章。第 1 章绪论；第 2 章介绍电化学工程设备常用材料及材料腐蚀和防腐蚀；第 3 章电镀工艺设备，介绍镀前表面处理、电镀处理和镀后处理设备以及电镀自动生成线；第 4 章表面阳极氧化处理设备，介绍阳极氧化前处理设备、阳极氧化设备、后处理设备、水洗设备及附属设备；第 5 章铅酸电池制造专用设备，介绍铅粉制造、板栅制造、铅膏制造、涂板、化成和电池组装设备；第 6 章锂离子电池制造专用设备，介绍混料、涂覆、极片压光、裁切、封装、注液和化成、分容设备；第 7 章电解设备，介绍熔盐电解中的电解槽和新型电极，湿法电冶金中的电解槽、溶液加热及循环设备，以及氯碱工业中的盐水精制、电解槽、固体烧碱、氯气处理、氢气处理设备；第 8 章化学电源，介绍化学电源设计程序、设计准备工作、化学电源设计一般步骤及锂离子电池设计举例；第 9 章电化学工程设计，介绍设计的基本程序，设计各个阶段的主要工作任务；第 10 章工艺流程设计，介绍物料衡算及热量衡算、典型设备选型；第 11 章车间布置设计，介绍厂房的整体布置及设备布置等问题。

通过本课程的学习,有利于培养学生工程设计能力,有利于提高大学生综合素质及运用所学知识解决实际工程技术问题。

本书第 2 章、第 3 章、第 5 章、第 9 章、第 10 章和第 11 章由徐国荣编写,其余由宋海申编写。湖南科技大学化学化工学院周智华教授、刘立华教授和唐安平副教授等老师对本书的编撰提出了许多宝贵建议。本书内容参考了许多专家、学者的文献资料,引用了参考文献中的部分内容、图表和设计计算实例,在此特向文献作者致以诚挚的谢意!本书的编写还得到了湖南科技大学和中国矿业大学出版社的大力支持,并得到了湖南省普通高校"十三五"专业综合改革试点项目(湘教通 2016[276]号)、"化工与材料"国家级实验教学示范中心建设项目(教高厅函 2016[7])和 2017 年湖南省普通高等学校教学改革研究项目(湘教通[2017]452 号)的资助,在此一并表示感谢!

限于编者水平有限,可以参考的资料较少,不妥之处在所难免,敬请读者批评指正。

编　者

2017 年 12 月

目　录

第 1 章　绪论……………………………………………………………… 1

1.1　电化学工业概述 ……………………………………………… 1

1.2　电化学工程设备的类型 ……………………………………… 2

1.3　电化学工艺设计特点 ………………………………………… 3

第 2 章　设备材料及防腐蚀……………………………………………… 4

2.1　材料的性能 …………………………………………………… 4

2.2　黑色金属材料 ………………………………………………… 6

2.3　有色金属材料 ………………………………………………… 8

2.4　非金属材料 …………………………………………………… 11

2.5　设备材料的腐蚀与防护 ……………………………………… 14

2.6　设备材料的选择 ……………………………………………… 18

第 3 章　电镀工艺设备…………………………………………………… 19

3.1　镀前表面机械处理 …………………………………………… 19

3.2　固定槽及挂具设计 …………………………………………… 24

3.3　滚镀设备 ……………………………………………………… 46

3.4　电镀自动线 …………………………………………………… 57

3.5　工艺辅助设备 ………………………………………………… 77

第 4 章　表面阳极氧化处理设备………………………………………… 85

4.1　氧化处理概述 ………………………………………………… 85

4.2　铝的阳极氧化工艺 …………………………………………… 86

4.3　铝的阳极氧化处理设备 ……………………………………… 88

第 5 章　铅酸电池制造专用设备………………………………………… 97

5.1　铅酸电池制造专用设备概述 ………………………………… 97

5.2　铅球(铅块)制造专用设备 ································· 98

5.3　铅粉制造专用设备 ································· 110

5.4　板栅铸造机 ································· 118

5.5　铅膏制造专用设备 ································· 120

5.6　涂板及管式极板填充专用设备 ································· 125

5.7　化成设备 ································· 129

5.8　干荷电制造设备 ································· 132

5.9　铅酸电池装配专用设备 ································· 134

第6章　锂离子电池制造专用设备 ································· 139

6.1　概述 ································· 139

6.2　锂离子电池工作原理 ································· 139

6.3　锂离子电池生产设备 ································· 140

第7章　电解设备 ································· 153

7.1　融盐电解设备 ································· 153

7.2　湿法电冶金设备 ································· 164

7.3　氯碱工业设备 ································· 179

第8章　化学电源设计过程 ································· 205

8.1　电池设计的终极目标与实现 ································· 205

8.2　电池设计的基本程序 ································· 206

8.3　电池设计前的准备 ································· 210

8.4　电池设计的一般步骤 ································· 225

8.5　电池设计举例 ································· 229

第9章　电化学工程设计概论 ································· 242

9.1　工程项目基本建设与设计工作基本程序 ································· 242

9.2　工程设计前期工作 ································· 243

9.3　初步设计与施工图设计 ································· 247

9.4　电化学工程设计的内容 ································· 251

9.5　厂址选择与总图布置 ································· 253

第10章　工艺流程设计与设备选型 ································· 257

10.1　工艺流程设计 ································· 257

10.2　物料衡算与热量衡算 ································· 263

10.3　工艺设备的设计、选型 ································· 265

第 11 章　车间布置设计 ··· 269

　　11.1　概述 ··· 269

　　11.2　车间厂房布置设计 ··· 271

　　11.3　车间设备布置设计 ··· 273

　　11.4　车间布置设计技术文件 ··· 277

参考文献 ··· 283

第1章 绪 论

1.1 电化学工业概述

电化学工程设备与工艺设计是一门实践性很强的学科,是以材料学、电化学科学、化学工程等相关学科的理论和工程技术为基础,研究和探讨化工产品从原料、半成品到成品,进行加工的过程所使用的设备与方法的一门应用性学科。

电化学工业在电池、电解、电子电工、化工、冶金、原子能、医药、卫生、材料保护、环境保护等学科已经得到广泛的应用,其实际应用大致分为以下几方面:

① 化学品的合成。主要无机产品有 Cl_2、$NaOH$、H_2,氯的含氧酸盐,F_2、高锰酸钾等强氧化剂,以及 MnO_2、Cu_2O 等电活性金属氧化物。主要的有机产品有己二腈、四烷基铅、邻苯二甲酸、C_3F_7COF、蒽醌、葡萄糖酸等。

② 金属的提取与精炼。例如熔盐电解制取 Al、Na、K、Li、Mg,湿法电冶 Zn、Cu、Pb、Ni、Co、Ag、Au 等。

③ 化学电源。例如锌锰电池、铅酸电池、镉镍电池、锂离子电池、燃料电池、太阳能电池。

④ 金属腐蚀和防护的研究。例如电化学保护、缓蚀剂。

⑤ 表面精饰。包括电镀、阳极氧化、电泳涂漆等。

⑥ 电解加工。包括电成型(电铸)、电切削、电抛磨。

⑦ 电化学分离技术。例如电渗析、电凝聚、电浮离等应用于工业生产或废水处理。

化学品和金属的电化学制备统称为电解工业,电解和电池是两个规模庞大的电化学工业体系。当前电化学工业在国民经济很多部门发挥了巨大的作用。为了更好地学习本书内容,有必要对电化学工业中的重要过程进行一些具体的了解。

1.1.1 电化学工业

用电解法电解食盐水来制取 Cl_2、H_2 和 $NaOH$(烧碱)等三种基本化工原料的工业叫作氯碱工业。其基本原理如下:

$$阳极 \quad 2Cl^- \longrightarrow Cl_2 \uparrow + 2e$$

$$阴极 \quad 2H^+ + 2e \longrightarrow H_2 \uparrow$$

溶液中阴极区碱性增强,发生化学反应:

$$OH^- + Na^+ \Longleftrightarrow NaOH$$

其他的电解工业还有很多,如电解水制取氢气和氧气,电解过硫酸铵制取双氧水等。用电解方法还可以制取金属,称为电冶金或湿法冶金。如电解熔融氧化物制取碱金属和碱土金属(Na、K、Li、Mg 等)。现代工业中的重要金属材料如铝和钛等常用电解法制取。高纯度的铜、锌、镉、镍等金属也是通过电解法进行精炼。

电镀是电化学技术的又一个重要工程应用。通过电镀可以使产品获得金属防护层或具有特种功能的表面层。类似的工业生产还有阳极氧化、电泳涂装、电铸及其他表面装饰技术。

在电解加工过程中,将待加工的零件作为阳极、刀具作为阴极,中间以电解液相连。通电之后,金属工件随刀具的吃进按照刀具外形发生阳极溶解,从而加工成型。这种加工过程不需要刀具或工件旋转,刀具不易磨损,特别适合韧性强的金属零件作复杂型面的加工。

1.1.2　化学电源

化学电源是通过具有自发倾向的化学反应将化学能转化为电能的电化学体系或装置。化学电源具有性能稳定可靠、移动便利等优势,是一种非常重要的能源装置。从日常生活到航空航天等各个领域都需要不同种类的化学电源,并且随着科学技术的发展,对化学电源也提出了更多的要求,需要它向体积小、质量轻、寿命长等方向发展。随着工业发展,环境污染问题日益严重,化学电源作为清洁的能源方式,必将具有更加重要的地位。

1.1.3　金属腐蚀与防护

金属的腐蚀是指材料在周围环境的化学和电化学作用下的损坏。常温下的大多数金属腐蚀都是一个电化学过程。例如,锅炉炉壁和管道受锅炉用水的腐蚀,船体和码头台架受海水腐蚀,桥梁钢架在潮湿空气中的腐蚀等,这些都是金属与电解质溶液接触时,由于金属构件、环境条件的不均匀性构成了许多微小的自发电池体系,其中的金属原子作为阳极而被腐蚀变为离子,不断溶解。这种电化学过程持续下去,金属就遭到腐蚀破坏。

腐蚀的危害是惊人的,据估计,工业生产的钢材因腐蚀而报废的占年产量的 1/3 左右。如能利用现代科学技术加以防止,则腐蚀造成的损失可以大大减少。在防腐措施中,很大部分是电化学工程技术的应用,如电镀、阳极氧化、缓蚀剂、电化学保护等。所以,电化学是腐蚀与防护科学的最重要的理论基础之一。

此外,电化学科学还应用于其他许多方面,如用电化学理论研究生物学中的某些问题——生物电化学。它在探讨生命过程的机理和解决医学上的难题中意义非常重大。又如用电化学方法处理污水、废渣等,用化学电源代替内燃机中燃料的燃烧而作为动力能源,避免大气污染等。因此,电化学在解决环境污染中发挥着重大作用。

电化学在理论上和实际应用上有着很强的生命力,是近代高速发展的学科之一。

1.2　电化学工程设备的类型

广义地,电化学工程设备是指生产工艺中为顺利进行生产所采用的各种机械设备,包括电化学体系专用设备和非电化学专用的其他设备。本书中所指的电化学工程设备主要是指实现电化学反应回路所用到的专有设备,包括电源系统、导电线路、反应容器、电极等。

1.2.1　电源系统

电源系统为电化学反应体系提供能量支持,保持反应持续进行,主要包括整流设备和输电线路。电化学工业主要用到直流电,因此,必须用整流器将从发电厂或变电所输送来的交流电转变为直流电。输电线路包括槽边导电排,槽间导电板,阴、阳极母线、电极导电棒等。槽边导电排与整流器供电导线相连,通过电流为电解槽的总电流。

1.2.2 反应容器

电化学反应发生的主要场所,也是整个电化学体系的主要组成部分,比如电解工业中的电解槽等。现普遍采用的电解槽槽体为钢筋混凝土槽体。钢筋混凝土电解槽有整列就地捣制,单槽整体预制,随后又发展到预制板拼装式槽体。整列就地捣制施工快、造价低,但是检修更换不便,绝缘处理难,易漏电;而单槽整体预制,搬运、安装、检修、更换方便,绝缘好,漏电少,为多数工厂所采用;预制板拼装式电解槽搬运、安装、更换方便,造价低,节省车间面积。近些年,在湿法电解工业中,聚乙烯整体槽得到广泛应用,主要原因是造价低、重量轻、耐腐蚀、绝缘性好,也耐 60 ℃ 以下的温度,施工和安装都方便。

1.2.3 电极

全部电化学反应中电荷的转移都发生在电极表面,然后电子经电极传导至外电路,因此,电极是电化学体系中不可缺少的关键部分。电化学体系所用的电极材料及结构是多种多样的,随电解工艺和电解产品的不同而不同。比如对于电解精炼,如铜与铅的电解精炼,其阳极为被精炼的粗金属。对于电解沉积,如铜与锌的电积,则阳极一般为不溶性的 Pb-Ag 合金(含银约 1%),银的加入可延缓铅阳极的溶解。近年来,不锈钢板、钛板被逐渐用作不溶性阳极板。对于 Al、Mg 等金属的熔盐电解工艺,阳极主要是焙烧成型的炭阳极,炭材料具有优良的导电性和强度,在使用过程中会逐渐消耗。

湿法提取中所用的阴极尺寸一般较阳极略大,目的是减少周边枝晶产生而引起的短路。铜与铅的电解精炼或电积的阴极一般用对应的纯金属为始极片,近年来,一种发展趋势是不锈钢板被用来作为铜电极的阴极板。熔盐电解中使用成型的炭块作为阴极。

1.3 电化学工艺设计特点

工艺设计是进行产品生产流程设计及厂房车间布局、设备选型等的先决条件,也是进行后续设计计算与施工的首要环节。其中,工艺流程设计是整个设计中最重要、最基础的设计环节,直接关系到产品的质量、产量、成本、生产能力、操作条件等根本问题。

生产工艺流程设计是通过图解(工艺流程图)和必要的文字说明,形象地反映出某个生产装置由原料进入到产品输出(包括污染物治理)全过程中物料和能量发生的变化及流向,以及生产中所经历的工艺过程和使用的设计仪表,还要标识出全部管道、所有阀门和管件及控制点。工艺流程图集中地概括了整个生产过程或装置的基本面貌。

工艺流程设计是工艺设计的核心。在整个设计中,设备选型、工艺计算、设备布置等工作都与工艺流程直接相关。

本书在前面章节主要对常见的几类电化学过程进行了系统的介绍,重点介绍了生产过程当中所用到的工程设备,包括设备类型、组成、结构及工作原理等;随后,对电化学工艺设计过程进行了简要介绍,并选取化学电源为对象,详细介绍其工艺设计过程。

第2章　设备材料及防腐蚀

2.1　材料的性能

按化学组成固体材料分为金属、无机非金属、聚合物和复合材料。按材料的功能性质材料分为结构材料和功能材料。结构材料主要用作产品、设备和工程等的结构部件。材料的性质包括力学性能、物理性能、化学性能和加工工艺性能。

2.1.1　力学性能

力学性能是指材料在外力作用下抵抗变形或破坏的能力,有强度、硬度、弹性、塑性和韧性等。这些性能是进行设备材料选择及计算决定允许应力的依据。

（1）强度

材料的强度是指材料抵抗外加载荷而不致失效破坏的能力。按所抵抗外力作用的形式强度可分为抵抗外力的静强度,抵抗冲击外力的冲击强度,抵抗交变外力的疲劳强度。按环境温度其可分为常温下抵抗外力的常温强度,高温或低温下抵抗外力的高温强度或低温强度。材料常温作用下的强度指标有屈服强度和抗拉强度。屈服强度表示材料抵抗开始产生大量塑性变形时的能力。抗拉强度则表示材料抵抗外力而不致断裂的最大应力。工程上,不仅要求材料的屈服强度高,而且还要考虑屈服强度与抗拉强度的比值（屈强比）。根据不同设备要求,其比值应适当。屈强比较小的材料制造的零件,具有较高的安全可靠性。因为在工作时,万一超载,也能由于塑性变形使材料的强度提高而不致立即断裂。但如果屈强比太低,则材料强度的利用率降低。过大、过小的屈强比都是不适宜的。

操作温度对力学性能有影响。通常随温度升高材料强度降低而塑性增加。材料在高温下长期工作时,在一定压力下,会随时间延长,缓慢并且不断地发生塑性变化,称之为"蠕变"现象。例如高温高压蒸汽管路,虽然其承受的外力远小于工作温度下材料的屈服点,但在长期使用过程中会产生缓慢而连续的变形使管径日趋增大,最后可导致破裂。对于长期承受交变应力作用的金属材料,还有考虑"疲劳破坏"。所谓"疲劳破坏"是指金属在小于屈服强度极限的循环载荷长期作用下发生的破坏现象。疲劳断裂与静载荷作用下的断裂不同,无论是静载荷作用下显示脆性或韧性的材料,在疲劳断裂时都不产生明显的塑性变形。断裂是突然发生的,因此有很大的危险性,常常造成严重的事故。

（2）硬度

硬度是指固体材料对外界物体机械作用的局部抵抗能力,可采用不同的试验方法来表征不同的抗力。硬度不是独立的基本性能,而是反映材料弹性、强度与塑性的综合性能指标。一般情况下,硬度高的材料强度高,耐磨性能好,但切削加工性能差。

（3）塑性

材料的塑性是指材料受力时,当应力超过屈服点后,能产生显著的形变而不立即断裂。塑性的指标在设备设计中具有重要意义,有良好的塑性才能进行成型加工,如弯曲和冲压等。良好的塑性性能可使设备在使用过程中产生形变以避免发生突然的断裂。但过高的塑性会导致强度降低。

（4）冲击韧性

对于承受波动或冲击载荷的零件及其在低温条件下使用的设备,其材料性能仅考虑以上几种指标是不够的,必须考虑冲击性能。材料的抗冲击能力常以使其破坏所消耗的功或吸收的能除以试件的截面积来衡量,称之为材料的冲击韧度,以 a_k 表示,单位 J/cm^2。韧性可理解为材料在外加动载荷突然袭击时的一种及时迅速塑性变形的能力。韧性高的材料一般具有较高的塑性指标,但塑性指标较高的材料,却不一定具有较高的韧性。其原因是静载荷下能够缓慢塑性变形的材料,在动载荷下不一定能迅速地塑性变形。

2.1.2　物理性能

金属材料的物理性能有密度、熔点、比热容、热导率、线膨胀系数、导电性、磁性、弹性模量与泊松比等。

2.1.3　化学性能

化学性能是指材料在所处介质中的化学稳定性,即材料是否会与周围介质发生化学或电化学作用而引起腐蚀。金属的化学性能指标有耐腐蚀性和抗氧化性。

① 耐腐蚀性。金属与合金对周围介质如大气、水气、各种电解质侵蚀的抵抗能力叫作耐蚀性能。电化学工业中所涉及的物料,常有腐蚀性。材料的耐蚀性不强,必将影响设备使用寿命。

② 抗氧化性。在高温下,钢铁不仅与自由氧发生氧化反应,使钢铁表面形成结构疏松容易剥落的氧化物,还会与水蒸气、二氧化碳、二氧化硫等气体产生高温氧化与脱碳作用,使钢铁力学性能下降,特别是降低了材料的表面硬度和抗疲劳强度。因此,高温设备必须选用耐热材料。

2.1.4　加工工艺性能

金属和合金的加工工艺性能指可铸造性能和可切削加工性能等。这些性能直接影响设备和零部件的制造工艺方法和质量。

（1）可铸性

可铸性主要是指液体金属的流动性和凝固过程中的收缩和偏析倾向。流动性好的金属能充满铸型,故能浇铸较薄的与形状复杂的铸件。铸造时,熔渣与气体较易上浮,铸件不易形成夹渣与气孔,且收缩小。铸件中不易出现缩孔、裂纹、变形等缺陷,偏析小,铸件各部位成分较均匀。这些都使铸件质量有所提高。合金钢与高碳钢比低碳钢偏析倾向大。因此,铸造后要用热处理方法消除偏析。常用金属材料中,灰铸铁和锡青铜铸造性能较好。

（2）可锻性

可锻性是指金属承受压力加工(锻造)而变形的能力,塑性好的材料,锻压所需外力小,可锻性好。低碳钢的可锻性比中碳钢及高碳钢好;碳钢比合金钢可锻性好。铸铁是脆性材料,目前,尚不能锻压加工。

（3）焊接性

焊接性指能用焊接方法使两块金属牢固地连接,且不发生裂纹,具有与母体材料相当的强度。焊接性好的材料易于用一般焊接方法与工艺进行焊接,不易形成裂纹、气孔、夹渣等缺陷,焊接接头与母体材料相当。低碳钢具有优良的焊接性,而铸铁、铝合金等焊接性较差。

（4）可切削加工性

可切削加工性是指金属是否易于切削。切削性好的材料,刀具寿命长,切削易于折断脱落,切削后表面光洁。

2.2　黑色金属材料

2.2.1　碳钢与铸铁

碳钢与铸铁是工程应用最广泛、最重要的金属材料。它们是由 95％ 以上的铁和 0.05％～4％ 的碳及 1％ 左右的杂质元素所组成的合金,称"铁碳"合金。一般碳含量在 0.02％～2％ 者称为钢,大于 2％ 者称为铸铁。当碳含量小于 0.02％ 时,称纯铁(工业纯铁);含碳量大于 4.3％ 的铸铁极脆,二者的工程应用价值都很小。由于碳钢与铸铁具有优良的机械性能,资源丰富,与其他金属相比其价格又较便宜,而且还可以通过采用各种防腐措施,如衬里、涂料、电化学保护等来防止介质对金属的腐蚀,所以它们是设备制造首选材料。

2.2.1.1　碳钢

（1）碳钢的耐蚀性能

碳钢在大气和水中易生锈,在很多介质中耐蚀性也不好。但它对诸多环境,如碱性溶液、各类气体、液态金属、有机液体等的耐腐蚀性良好。在中性溶液中,其耐蚀性随氧含量而定,即在无氧或低氧的静止溶液中,腐蚀很轻微,在高氧和搅拌情况下,腐蚀可增大几十倍,但当氧化能力达到金属钝化程度时,腐蚀状况又大大减轻;在还原性酸中,腐蚀很快,但在强氧化性酸如浓硫酸中,由于产生钝化膜,腐蚀状况又大大减轻;在碱性溶液中,生成了钝化膜,腐蚀性减小;在酸和碱中,腐蚀均匀,但在中性溶液中可能产生孔蚀。

（2）分类与编号

根据实际生产和应用的需求,可将碳钢进行分类与编号。分类方法有多种,如按用途可分为建筑及工程用钢、结构钢、弹簧钢、轴承钢、工具钢和特殊性能钢;按含碳量分为低碳钢、中碳钢和高碳钢;按脱氧方式分为镇静钢和沸腾钢;按品质可分为普通钢、优质钢和高级优质钢。

① 普通碳素钢。普通碳素钢钢号冠以"Q",代表钢材屈服强度,后面数字表示屈服强度数字(MPa),如 Q235,其屈服强度值为 235 MPa。必要时钢号后面可标出表示质量等级和冶炼时脱氧方法的符号。质量等级分为 A,B,C,D。脱氧方法符号分为 F,b,Z,TZ。脱氧方法符号 F 是指只用弱脱氧剂 Mn 脱氧,脱氧不完全的沸腾钢。这种钢在钢液往钢锭中浇铸后,钢液在锭模中自脱氧反应,钢液中放出大量 CO 气体,出现"沸腾"现象,故称为沸腾钢。若在冶炼过程中加入硅、铝等强还原剂,钢液完全脱氧,则称镇静钢,以 Z 表示,一般情况 Z 省略不标;脱氧情况介于以上二者之间时,称为半镇静钢,用符号 b 表示。若采用特殊脱氧工艺冶炼时脱氧完全,称特殊镇静钢,以符号 TZ 表示。化工压力容器一般用镇静钢。

普通碳素钢有 Q195、Q215、Q235、Q255、Q275 五个钢种。各个钢种的质量等级可参见 GB 700—2006。其中屈服强度为 235 MPa 的 Q235-A 有良好的塑性、韧性及加工工艺性,因加工成本比较便宜,故在化工设备制造中应用极为广泛。Q235-A 板材用作常温低压设备的壳体和零部件,Q235-A 棒材和型钢用作螺栓、螺母、支架、垫片、轴承等零部件,还可做阀门、管件等。

② 优质碳素钢。优质碳素钢含硫、磷有害杂质元素少,其冶炼工艺严格,钢材组织均匀,表面质量高,同时保证钢材的化学成分和力学性能,但成本较高。

优质碳素钢的编号仅用两位数字表示,钢号顺序为 08、10、15、20、25、30、35…80 等。钢号数字表示钢中含碳量的万分之几。如 45 号钢表示钢中含碳量平均为 0.45%。锰含量较高的优质非合金钢,应将锰元素标出,如 45Mn。根据含碳量的不同,优质碳素钢可分为优质低碳钢(含碳量小于等于 0.25%)、优质中碳钢(含碳量 0.3%~0.6%)、优质高碳钢(含碳量大于 0.6%)。优质低碳钢的强度低,但塑性好,焊接性能好,在化工设备制造中常用作热交换器列管、设备接管、法兰的垫片包皮(08、10)。优质中碳钢的强度高,韧性较好,但焊接性能较差,不适宜作化工设备的壳体。但可作为换热设备管板、强度要求较高的螺栓、螺母等。45 号钢常用作化工设备额传动轴(搅拌轴)。优质高碳钢的强度和硬度均较高。60、65 钢主要用来制造弹簧,70、80 钢用来制造钢丝绳等。

(3) 碳钢的品种及规格

碳钢的品种有钢板、钢管、型钢、铸钢和锻钢。

① 钢板。钢板分为薄钢板和厚钢板两大类。薄钢板厚度有 0.2~4 mm 冷轧和热轧两种。厚钢板为热轧。例如,压力容器主要用热轧厚钢板制造。依据厚度不同,钢板厚度间隔也不同。钢板厚度在 4~6 mm 时,其厚度间隔为 0.5 mm;厚度在 6~30 mm 时,厚度间隔为 1 mm;厚度在 30~60 mm 时,厚度间隔为 2 mm。

② 钢管。钢管有无缝钢管和有缝钢管两类。无缝钢管有热轧和冷轧两种,冷轧无缝钢管外壁和壁厚的尺寸精度均较热轧为高。另外,还有专门用途的无缝钢管,如热交换器用钢管、石油裂化用无缝钢管、锅炉用无缝钢管等,有缝管、水煤气管,分镀锌(白铁管)和不镀锌管(黑铁管)两种。

③ 型钢。型钢主要分为圆钢、方钢、扁钢、角钢(等边与不等边)、工字钢和槽钢。各种型钢的尺寸和技术参数可参阅有关标准。圆钢与方钢主要用来制造各类轴件;扁钢用来制造桨叶;角钢、工字钢和槽钢可做各种设备支架、塔盘支撑及各种加强结构。

④ 铸钢和锻钢。铸钢用 ZG 表示,牌号有 ZG25、ZG35 等,用于制造各种承受重载荷的复杂零件,如泵壳、阀门、泵叶轮等。锻钢有 08、10、15…50 等牌号。化工容器用锻件一般采用 20,25 等材料,用以制造管板、法兰、顶盖等。

2.2.1.2 铸铁

工业上常用的铸铁,其含碳量(质量分数)一般在 2% 以上,并含有 S、P、Si、M 等杂质。铸铁是脆性材料,其抗拉强度低,但具有良好的铸造性、耐磨性、减振性及切削加工性,在一些介质(浓硫酸、醋酸、盐溶液、有机溶剂)中具有相当好的耐蚀性能。铸铁生产成本低廉,因此在工业上得到普遍应用。铸铁可分为灰铸铁、球墨铸铁和特殊性能铸铁等。

① 灰铸铁。灰铸铁中碳大部分或全部以自由状态的片状石墨形式存在,断面呈暗灰色,一般含碳量在 2.7%~4.0%。灰铸铁的抗压强度很大,抗拉强度很低,冲击韧性低,不适于制造承受弯曲、拉伸、剪切和冲击载荷的零件。但它的耐磨性、耐蚀性较好,与其他钢材相比,有优良的铸造性、减振性能,较小的缺口敏感性和良好的可加工性,可制造承受压应力

及要求消振、耐磨的零件,如支架、阀体、泵体(机座、管路附件)。

② 球墨铸铁。球墨铸铁简称球铁,是大体上为球状的石墨颗粒,分布在以铁为主要的金属基体中而构成的铸铁材料。球墨铸铁在强度、塑性和韧性方面大大超过灰铸铁,甚至接近钢材。在酸性介质中,球墨铸铁的耐蚀性较差,而在其他介质中耐蚀性比灰铸铁好,它的价格低于钢。由于它兼有普通铸铁和钢的优点,从而成为一种新型结构材料。过去用碳钢和合金钢制造的重要零件,如曲轴、连杆、主轴、中压阀门等,目前不少改用球墨铸铁。

③ 高硅铸铁。高硅铸铁是特殊性能铸铁中的一种,是往灰铸铁或高硅铸铁中加入一定量的合金元素硅等熔炼而成的。高硅铸铁具有很高的耐蚀性能,且随含硅量的增加而增加,高硅铸铁强度低、脆性大及内应力形成倾向大,在铸造加工、运输、安装及使用过程中若处置不当容易发生脆裂。高硅铸铁热导率小,线膨胀系数大,故不适于制造温差较大的设备,否则容易发生裂纹。它可用于制造各种耐酸泵、冷却管和热交换器等。

④ 高镍铸铁。高镍铸铁也是特殊性能铸铁中的一种,其含镍量为 $14\%\sim32\%$。其韧性、延展性、抗拉强度较普通铸铁大大提高,耐蚀性能,特别是耐酸碱性能也有所提高。随着含镍量的提高,耐温程度也提高。另外,含铜高的高镍铸铁对硫酸的耐蚀性能较好。高镍铸铁主要用作泵、阀、过滤板和反应釜。

2.2.2 奥氏体不锈钢

以铬镍为主要合金元素的奥氏体不锈钢是应用最为广泛的一类不锈钢,此类钢包含 Cr18Ni8 系不锈钢以及在此基础上发展起来的含铬镍量更高并含钼、硅、铜等合金元素的奥氏体类不锈钢。这类钢的特点是,具有优异的综合性能,包括优良的力学性能,冷、热加工和成型性,可焊性和良好的耐蚀性,是目前用来制造各种贮槽、塔器、反应釜、阀件等设备的最广泛的一类不锈钢材。铬镍不锈钢除具有氧化铬薄膜的保护作用外,还因镍使钢形成单一奥氏体组织而得到强化,使得在许多介质中比铬不锈钢更具耐蚀性。如对浓度 65% 以下,温度低于 70 ℃ 或浓度 60% 以下,温度低于 100 ℃ 的硝酸,以及对苛性碱(熔融碱除外)、硫酸盐、硝酸盐、硫化氢、醋酸等铬镍不锈钢都很耐蚀;但对还原性介质如盐酸、稀硫酸则是不耐蚀的。在含有氯离子的溶液中,铬镍不锈钢有发生晶间腐蚀的倾向,严重时往往引起钢板穿孔腐蚀。

奥氏体不锈钢的品质很多,以 0Cr18Ni9 为代表的普通型奥氏体不锈钢用量最大。我国原以 1Cr18Ni9Ti 为主,近几年正逐步被低碳或超低碳的 0Cr18Ni9 或 00Cr18Ni10 所取代。奥氏体不锈钢产品以板材、带材为主。它在石油、医药、化工、食品、制糖、酿酒、油脂及印染工业中得到广泛应用,使用温度范围 $-196\sim600$ ℃。

由于钢含镍量高,因而其价格较高。为节约镍并使钢种仍具有奥氏体组织,以用容易得到的锰和氮代替不锈钢中的镍,发展出了铬锰镍氮系和铬锰氮系不锈钢,例如 Cr18Mn8Ni5、Cr18Mn10Ni5Mo3N。

2.3 有色金属材料

铁以外的金属称有色金属。有色金属及其合金的种类很多,常用的有铝、铜、铅、钛等。

有色金属有很多优越的特殊性能,例如良好的导电性、导热性,密度小,熔点高,有低韧性,在空气、海水以及一些酸、碱介质中耐腐蚀,但有色金属价格较高。

2.3.1　铝及其合金

铝是一种银白色金属,密度小,约为铁的三分之一,属于轻金属。铝导电性、导热性好,仅次于金、银和铜;塑性好、强度低,可承受各种压力加工,并可进行焊接和切削。铝在氧化性介质中易形成 Al_2O_3 保护膜,因此在干燥或潮湿的大气中,在氧化剂的盐溶液中,在浓硝酸及干氯化氢、氨气中,都是耐腐蚀的。但含有卤素离子的盐类、氢氟酸以及碱溶液都会破坏铝表面的氧化膜,铝不宜在这些介质中使用。铝无低温脆性、无磁性,对光热的反射能力强和耐辐射,冲击不产生火花。

铝合金种类很多,根据生产方法的不同可分为变形铝合金和铸造铝合金。

2.3.1.1　变形铝合金

（1）工业纯铝

纯铝中有:① 工业高纯铝,牌号为 1A85、1A90,可用来制造对酸腐蚀要求较高的浓硝酸设备,如高压釜、槽车、贮槽阀门、泵等;② 工业纯铝,牌号如 8A06。工业纯铝应用于制造含硫石油工业设备、橡胶硫化设备及含硫药剂生产设备,同时也应用于食品工业和制药工业中要求耐腐蚀、防污染而不要求强度的设备。

（2）防锈铝

防锈铝主要是由铝锰系或铝镁组成的合金,牌号有 5A02、5A03、5A05、5A06 等。防锈铝能耐潮湿大气的腐蚀,有足够的塑性,强度比纯铝高很多,常用来制造各式容器、分馏塔、热交换器等。其中 5A02、5A03 应用于中等强度的零件或设备;5A05 适用制造油箱、管路、低压容器、铆钉;5A06 用于受力零件及焊制容器。

2.3.1.2　铸造铝合金

铸造铝合金是铝、硅合金,可分为 4 类:

① Al-Si 系。俗称"硅铝明",典型牌号 ZAlSi7Mg,合金号为 ZL101。

② Al-Cu 系。这是工业上应用最早的铸造合金,特点是热强性比其他铸造铝合金都高,适用温度可达 300 ℃。它的密度较大,耐蚀性能较差。典型牌号 ZAlCu5Mn,合金号为 ZL201。

③ Al-Mg 系。其室温力学性能高,密度小,耐蚀性能好,但热强性低,铸造性能差,因而使用受到限制,典型牌号 ZAlMg10,合金号为 ZL301。

④ Al-Zn 系。Zn 在 Al 中溶剂度大,再加入硅及少量镁、铬等元素,该系具有良好的综合性能,典型牌号 ZAlZn11Si17,合金号为 ZL401。

铸铝的铸造性、流动性好,铸造时收缩率和生产裂纹的倾向性都很小。由于表面生成 Al_2O_3、SiO_2 保护膜,铸铝耐蚀性好,且密度小,广泛用来铸造形状复杂的耐蚀零件,如管件、泵阀门、气缸、活塞等。

2.3.2　铜和铜合金

铜属于半贵重金属,密度为 8.94 g/cm³。铜及铜合金具有高的导电性和导热性,较好的塑性、韧性及低温性能,在许多介质中具有高耐受性。

2.3.2.1　纯铜

纯铜是紫红色,又称紫铜。纯铜有良好的导电、导热和耐蚀性,也有良好的塑性,低温时可保持较高的塑性和冲击性能,用于制造深冷设备和高压设备的垫片。

铜耐稀硫酸、亚硫酸、稀的和中等强度的盐酸、醋酸、氢氟酸和其他非氧化性酸等介质的腐蚀,对淡水、大气、碱类溶液的耐蚀能力很好。铜不耐各种浓度的硝酸、氨和铵盐溶液的腐蚀。在氨和铵盐溶液中,铜会形成可溶性的铜铵离子。

变形纯铜的牌号有 T1、T2、T3、TU1、TU2、TP1、TP2 等。T1、T2 是高纯铜,用于制造电线,配制高纯度合金。T3 杂质含量和含氧量比 T1、T2 高,主要用于一般材料,如垫片、铆钉等。TU1、TU2 为无氧铜,纯度高,主要用作真空器件。TP1、TP2 为磷脱氧铜,多以管材供应,主要用于冷凝器、蒸发器、换热器的零件等。

2.3.2.2　铜合金

铜合金是以铜为基体加入其他元素所组成的合金。传统上将铜合金分为黄铜、白铜和青铜三大类。

（1）黄铜

铜与锌的合金称黄铜。其铸造性能良好,力学性能比纯铜高,耐蚀性能与纯铜相似,在大气中耐蚀性能比纯铜好,价格也便宜,在化工上应用较广。

在黄铜中加入锡、铝、硅、锰等元素,所形成的合金称特种黄铜。其中锰、铝能提高黄铜的强度;铝、锰和硅能提高黄铜的抗蚀性和碱磨性;铝能改善切削加工性能。

化工中常用的黄铜牌号有 H80、H68、H62(数字表示合金内铜平均含量的百分数)。H80 在大气、淡水及海水中有较高的耐蚀性能,加工性能优良,可做薄壁管和波纹管。H68 塑性好,可在常温下冲压成型,做容器的零件,如散热器外壳导管等。H62 室温下塑性较差,但有较高的机械强度,易焊接,价格低廉,可做深冷设备的筒体、管板、法兰及螺母等。

锡黄铜 HSn70-1 含有 1％锡,在海水中的耐蚀性提高。由于它首先应用于舰船,故称海军黄铜。

（2）白铜

镍的质量分数含量低于 50％的铜镍合金称为简单(普通)白铜,故再加入锰、铁、锌或铝的白铜称为复杂(特殊)白铜。白铜是工业铜合金中耐蚀性能最优者,抗冲击腐蚀、应用腐蚀性能亦良好,是海水冷凝器管的理想材料。

（3）青铜

除黄铜、白铜外,其余的铜合金称为青铜。铜与锡的合金称为锡青铜;铜与铝、硅、铅、铍及锰等组成的合金称无锡青铜。锡青铜分铸造锡青铜和压力加工锡青铜,以铸造锡青铜应用最多。典型牌号 ZQSn10-1 的锡青铜具有高强度和硬度,承受冲击载荷性能、耐磨性能很好,具有优良的铸造性,在许多介质中比纯铜耐腐蚀。锡青铜主要用来制造耐蚀和耐磨零件,如泵壳、阀门、轴承、涡轮、齿轮、旋塞等。无锡青铜的力学性能比黄铜、锡青铜好,都具有耐磨、耐腐蚀特点,无铁磁性,冲击时不产生火花,主要用于加工成板材、带材、线材和棒材。

2.3.3　钛及其合金

钛的密度小、强度高,耐蚀性好,熔点高。这些特点使钛在军工、航空、化工领域中日益得到广泛应用。

典型的工业纯钛牌号有 TA0、TA2、TA3(编号越大,杂质含量愈多)。纯钛塑性好,易于加工成型,冲压、焊接、切削加工性能良好;在大气、海水和大多数酸碱盐中有良好的耐蚀性。钛也是很好的耐热材料。它常用于飞机骨架、耐海水腐蚀的管路、阀门、泵体、热交换器、蒸馏塔及海水淡化系统装置与零部件。在钛中添加锰、铝或铬钼等元素,可获得性能优良的钛合金。供应的品种主要有带材、管材和钛丝等。

2.3.4　镍及其合金

镍是稀有贵金属,具有很高的强度和塑性,有良好的延展性和可锻性。镍具有很好的耐蚀性,在高温碱或熔融碱中都很稳定,故镍主要用于制碱工业,用于制造处理碱介质的化工设备。

在镍合金中,以牌号为 NiCu28-2.5-1.5 的蒙乃尔合金应用最广。蒙乃尔合金能在 500 ℃ 保持高的力学性能,能在 750 ℃ 以下抗氧化,在非氧化性酸、盐和有机溶液中比纯镍、纯铜更耐腐蚀。

2.3.5　铅及其合金

铅是重金属,密度 11.34 g/cm^3,硬度小、强度小,不宜单独做设备材料,只适于做设备衬里。铅的热导率小,不适合做换热设备材料;纯铅不耐磨,非常软,但在许多介质中,特别是硫酸(80% 热硫酸及 92% 冷硫酸)中铅具有很高的耐蚀性。

铅与锑合金称硬铅,它的硬度和强度都比纯铅高,在硫酸中稳定性也比纯铅好,硬铅的主要牌号为 PbSb4、PbSb6、PbSb8 和 PbSb10。铅和硬铅在硫酸、化肥、化纤、农药生产设备及电气设备中可用来做加料管、鼓泡器、耐蚀泵和阀门等零件。由于铅具有耐辐射的特点,在工业上用作 X 射线和 γ 射线的防护材料。铅合金的自润性、磨合性和减振性好,噪声小,是良好的轴承合金。铅合金大量用于铅蓄电池极板,也用于铸铁关口、电缆封头等。

2.4　非金属材料

非金属材料具有优良的耐腐性,原料来源丰富,品种多样,适合于因地制宜,就地取材,是一类具有广泛发展前景的化工材料。非金属的种类很多,按其性质可分为无极非金属材料和有机非金属材料两大类,按使用方法又可分为结构材料、衬里材料、胶凝材料、涂料及浸渍材料等。当然非金属材料还存在不足之处,许多材料物理、机械性能差,热导率小,热稳定性与耐热性较差,某些材料的加工制造比较困难。

2.4.1　无极非金属材料

(1) 化工陶瓷

化工陶瓷具有良好的耐腐蚀性,足够的不透性、耐热性和一定的机械强度。它的主要原料是黏土、脊性材料和助溶剂。用水混合后经干燥和高温焙烧,形成表面光滑、断面像细密石的材料。陶瓷的导热性差,热膨胀系数较大,碰击或温差急变情况下易破裂。化工陶瓷产品有塔、贮槽、容器、泵、阀门、旋塞、反应器、搅拌器、管件等。

(2) 化工搪瓷

化工搪瓷由含硅量高的瓷釉通过 900 ℃ 左右的高温煅烧,使瓷釉密着在金属表面,化工搪瓷具有优良的耐蚀性能、力学性能和点绝缘性能,但易碎裂。搪瓷的热导率不到钢的 1/4,热膨胀系数大。故搪瓷不能直接用火焰加热,以免损坏搪瓷表面,可以用蒸汽或油浴加热,使用温度为 −30～270 ℃。

目前我国生产的搪瓷设备有反应釜、贮罐、换热器、蒸发器、塔和阀门等。

(3) 辉绿岩铸石

辉绿岩铸石可用辉绿岩熔融而成,可制成板、砖等材料作为设备衬里,也可做管材。铸石除对氢氟酸和熔融碱不耐腐蚀外,对各种酸、碱、盐都具有良好的耐腐蚀性能。

(4)玻璃

常用硼玻璃(耐热玻璃)或高铝玻璃有好的热稳定性和耐蚀性,可用来做管路或管件,也可做容器、反应器、泵、热交换器、隔膜阀等。

玻璃虽然具有耐蚀性、清洁、透明、阻力小、价格低等特点,但质脆、耐温急变性差,不耐冲击和振动。目前已成功采用在金属管内衬玻璃或用玻璃钢加强玻璃管路来弥补其不足。

2.4.2 有机非金属材料

(1)工程塑料

塑料是用高分子合成树脂为主要原料,在一定温度、压力下塑制成的型材或产品(泵、阀等)的总称。在工业生产中,广泛应用的塑料即为"工程塑料"。

塑料的主要成分是树脂,它是决定塑料性质的主要因素。除树脂外,为了满足各种应用领域的要求,往往加入添加剂以改善产品性能。一般的添加剂有:

- 填料,主要起增强作用,提高塑料的力学性能;
- 增塑剂,降低塑料的脆性和硬度,提高树脂的可塑性与柔软性;
- 稳定剂,延缓塑料的老化,延长塑料的使用寿命;
- 润滑剂,防止塑料在成型过程中粘在模具或其他设备上;
- 固化剂,加快固化速度,使固化后的树脂具有良好的机械强度。

塑料的品种很多,根据受热后的变化和性能的不同,可分为热塑性塑料和热固性塑料两大类。

热塑性塑料是由可以经受反复受热软化和冷却凝固的树脂为基本成分制成的塑料,它的特点是遇热软化或熔融,冷却后又变硬,这一过程可以反复多次。典型产品有聚氯乙烯、聚乙烯等。热固性塑料是由经加热转化或(熔化)和冷却凝固后变成不熔状态的树脂为基本成分制成的,它的特点是在一定温度下,经过一定时间的加热或加入固化剂即可固化,质地坚硬,既不溶于溶剂,也不能用加热的方法使之软化,典型的产品有酚醛树脂、氨基树脂等。

由于工程塑料一般具有良好的耐腐蚀性能、一定的机械强度、良好的加工性能和点绝缘性能,价格较低,因此应用较广。

① 硬聚氯乙烯(PVC)塑料。硬聚氯乙烯塑料具有良好的耐腐蚀性能,它在室温或低于50 ℃时,除强氧化剂(如浓度超过50%的硝酸、发烟硝酸等)、芳香族及含氟的碳氢化合物和有机溶剂外,能忍耐各种浓度的酸、碱、盐类溶液的腐蚀。它有一定的机械强度,具有加工成型方便、焊接性能较好等特点。但它的热导率较小,耐热性能差。其使用温度为−10~55 ℃。当温度在60~90 ℃时,其强度显著下降。硬聚氯乙烯广泛应用于制造各种化工设备,如塔、储罐、容器、尾气烟囱、离心泵、通风机、管路、管件、阀门等。目前许多工厂成功地用硬聚氯乙烯代替不锈钢、铜、铝、铅等金属材料做耐腐蚀设备与零件,所以它是一种很有发展前途的耐腐蚀材料。

② 聚乙烯(PE)塑料。聚乙烯是由乙烯聚合制得的热塑性树脂,具有优良的电绝缘性能、防水性和化学稳定性。在室温下,除硝酸外,聚乙烯对各种酸、碱盐溶液均稳定,对氢氟酸特别稳定。高密度聚乙烯又称低压聚乙烯,可做管路、管件、阀门、泵等,也可以做设备衬里。

③ 聚丙烯(PP)塑料。聚丙烯的熔点为 164～170 ℃,具有很好的耐热变形性。聚丙烯与其他塑料一样,具有优良的绝缘性,做镀槽衬里时,可防止各类杂散漏电的产生。聚丙烯具有优良的化学稳定性。对于无机酸碱盐的溶液,除具有强氧化性外,在 100 ℃时,对聚丙烯几乎无破坏作用。聚丙烯材料可在多种镀种的镀槽中做衬里。

④ 耐酸酚醛树脂(PF)。耐酸酚醛树脂塑料是以酚醛树脂为基本成分,以耐蚀材料(石棉、石墨、玻璃纤维等)做填料的一种热固性塑料,有良好的耐腐蚀性和耐热性,能耐多种酸、盐和有机溶剂的腐蚀。耐酸酚醛树脂可做成管路、阀门、泵、塔节、容器、储罐、搅拌器等,也可用做设备衬里,目前在氯碱、染料、农药等工业中应用较多。其使用温度为 -30～130 ℃。这种塑料性质较脆,冲击韧性较低。在使用过程中设备出现裂缝或孔洞,可用酚醛胶泥修补。

⑤ 聚四氟乙烯(PTFE)塑料。聚四氟乙烯塑料具有优异的耐腐蚀性,能耐强腐蚀介质(硝酸、浓硫酸、王水、盐酸、苛性碱)腐蚀。其耐腐蚀性甚至超过贵重金属金和银,有塑料王之称。聚四氟乙烯在工业上常用来做耐腐蚀、耐高温的密封元件及高温管路。由于聚四氟乙烯有良好的自润滑性,其还可以用作无润滑压缩机的活塞环。它有突出的耐热和耐寒性,使用温度范围为 -200～250 ℃。

⑥ 玻璃钢。玻璃钢又称玻璃纤维增强塑料。它用好合成树脂为黏结剂,以玻璃纤维为增强材料,按一定成型方法制成。玻璃钢具有优良的耐腐蚀性能和良好的工艺性能,除氢氟酸、热磷酸、火碱及氧化性介质如硝酸、铬酸、浓硫酸外,对大部分的化学介质都是稳定的。玻璃钢强度高,是一种新型的非金属材料,可做容器、储罐、塔、鼓风机、槽车、搅拌器、管路、泵、阀门以及电解槽衬里材料等。

(2) 涂料

涂料是一种高分子胶体的混合物溶液,涂在物体表面,能形成一层附着牢固的涂膜,用于保护物体免遭大气腐蚀及酸、碱等介质的腐蚀。大多数情况下它用于涂刷设备、管路的外表面,也可用于设备内壁的防腐涂层。

采用防腐涂层的特点是:品质多、选择范围广、适用性强、使用方便、价格低、适于现场施工等。但是由于涂层较薄,在有冲击、腐蚀作用及强腐蚀介质的情况下,涂层溶液脱落,使涂料在设备内壁表面的应用受到限制。

常用的防腐涂料有:防锈漆、底漆、大漆、酚醛树脂漆、环氧树脂漆以及某些塑料涂料,如聚乙烯涂料、聚氯乙烯涂料等。

涂料常采用静电喷涂方法喷涂在工件表面上。这种方法借助于高压电场的作用,使喷枪喷出的漆雾化并带电,通过静电引力而沉积在带异电的工件表面上。该方法的优点是涂料利用率高,容易进行机械化、自动化大生产,减少溶剂和涂料的挥发和飞溅,涂膜质量稳定。其缺点是因工件形状不同,电场强弱不同造成涂层不够均匀,流平性差。

(3) 不透性石墨

不透性石墨是由各种树脂浸渍石墨消除孔隙后得到的。它的优点是:具有较高的化学稳定性和良好的导热性、热膨胀系数小、耐温急变性好;不污染介质,能保证产品纯度;加工性能良好。其缺点是机械强度低、性脆。

不透性石墨的耐腐蚀性主要取决于浸渍树脂的耐腐蚀性。由于其耐腐蚀性强和导热性好,常用来做腐蚀性强介质的换热器,如氯碱生产中应用的换热器和盐酸合成炉,也可以制作泵、管路和做机械密封中的密封环及压力容器常用的安全爆破片等。

2.5　设备材料的腐蚀与防护

腐蚀是指材料在环境作用下引起的破坏或变质。金属的腐蚀是由于化学或电化学作用引起的,有时也包含机械、物理或生物的作用。非金属的腐蚀是由物理作用或直接的化学作用引起的,如高聚物的溶胀、溶解、化学裂解及化学溶解等。本节主要介绍金属的腐蚀。

2.5.1　金属的腐蚀

金属材料表面由于受到周围介质的作用而发生状态的变化,从而使金属材料遭受破坏的现象称为腐蚀。按照腐蚀反应进行的方式,金属的腐蚀可分为化学腐蚀和电化学腐蚀两类。

2.5.1.1　化学腐蚀

化学腐蚀是金属表面与环境介质发生化学作用而产生的破坏,它的特点是腐蚀发生在金属的表面上,腐蚀过程中没有电流产生。

（1）金属的高温氧化

金属的高温氧化是指金属与环境中的氧(含氧化性气体如 H_2O、SO_2、CO_2 等)化合而产生金属氧化物。金属氧化初始,氧被吸附于金属表面并可能反应形成氧化物膜,且迅速覆盖金属表面。固体氧化物膜在一定程度上阻滞了金属与介质间的物质传递,因而起一定的保护作用。此后,金属的氧化将通过氧向内扩散或金属原子向外扩散而进行。如果金属氧化物的熔点较低,或金属氧化物易挥发,则当金属处在较高温度下,由于氧化物流失或散逸,使金属表面不断暴露在氧化介质中,氧化便可迅速进行。因此,氧化膜的性质在某种程度上决定了金属的氧化过程,一般加热温度愈高,金属氧化的速度愈快。为了提高钢的高温抗氧化能力,可在钢中加入适量的合金元素铬、硅、铝等。因为这些元素与氧的亲和力强,可产生致密的保护性氧化物。

（2）钢的脱碳

钢是铁碳合金,碳以渗碳体的形式存在。所谓钢的脱碳是指在高温气体作用下,钢的表面在产生氧化皮的同时,与氧化膜相连的金属表面发生渗碳体减少的现象。之所以发生脱碳,是因为在高温气体中含有 O_2、H_2O、CO_2、H_2 等成分,钢中的渗碳体 Fe_3C 与这些气体发生如下反应：

$$Fe_3C+O_2 = 3Fe+CO_2\uparrow$$
$$Fe_3C+CO_2 = 3Fe+2CO\uparrow$$
$$Fe_3C+H_2O = 3Fe+CO\uparrow+H_2\uparrow$$

脱碳使碳含量减少,金属表面硬度和抗疲劳强度降低。同时,气体的析出破坏钢表面的完整性,使耐蚀性进一步降低。改变气体成分是防止钢脱碳的有效方法。

（3）氢脆

氢脆泛指金属中溶入氢后引起的一系列损伤而使金属力学性能劣化的现象。如静载下的断裂(应力腐蚀)、钢中的发裂、白点、氢鼓泡等。

在冶炼、加工过程中或在含氢环境中,氢与钢材直接接触时被钢材物理吸附,氢分子分解为氢原子并被钢表面化学吸附。氢原子穿过金属表面层的晶界向钢材内部扩散,溶解在铁素体中形成固溶体。在此阶段,溶在钢中的氢并未与钢材发生化学作用,也并未改变钢材的组织,在显微镜下观察不到裂纹,钢材的抗拉强度和屈服点也无大变化。但它使钢材塑性指标显著下降,钢材变脆,导致滞后断裂,疲劳抗力降低,甚至产生内应力。

（4）氢腐蚀

氢腐蚀是在氢气环境和一定压力下,低碳钢或低合金钢在 $200\sim600\ ℃$ 下发生表面脱碳和皮下鼓泡的现象。氢腐蚀与环境中氢分压、温度、材料化学成分和组织状态、持久时间均有关系。

溶解在钢中的氢,奥氏体至铁素体的相变使氢的溶解度降低,过饱和的氢和应力集中而使钢产生内裂纹。在高温高压下的氢气中,钢件会发生表面脱碳,溶入的氢会使钢中的碳化物分解,产生甲烷气,由于甲烷的生成与聚集,形成局部高压,使钢件表皮下出现鼓泡。甲烷气形成的鼓泡会造成连续的晶间空洞,在外加应力下空洞会在垂直方向连续而使钢开裂。

铁碳合金的氢腐蚀随着压力和温度的升高而加剧,这是因为高压有利于氢气在钢中的溶解,而高温则提高了氢气在钢中的扩散速度及脱碳反应的速度。例如合成氨、石油加氢及合成苯的设备,由于反应介质是氢占很大比例的混合气体,而且这些过程又多是在高温高压下进行的,由此发生氢腐蚀。通常铁碳合金产生氢腐蚀有一定的起始温度和压力,这是衡量钢材抗氢腐蚀能力的一个指标。

为了防止氢腐蚀的发生,可降低钢中的含碳量,使其没有碳化物（Fe_3C）析出。也可在钢中加入合金元素如铬、钛、钼、钨、钒等,形成稳定的碳化物,使其不易与氢作用,也可以避免氢腐蚀。

2.5.1.2　电化学腐蚀

金属在电解质溶液间产生电化学作用所发生的腐蚀称电化学腐蚀。它的特点是在腐蚀过程中有电流产生。金属在电解质溶液中,在水分子作用下,使金属本身呈离子化,当金属离子与水分子的结合能力大于金属离子与电子的结合能力时,一部分金属离子就从金属表面转移到溶液中,形成了电化学腐蚀。金属在各种酸、碱、盐溶液、工业用水等中的腐蚀,都属于电化学腐蚀。

（1）腐蚀原电池

把锌板和铜板分别放入盛有稀硫酸溶液的同一容器中,并用导线将二者连接,发现有电流通过。由于锌的电位较铜的电位低,电流从高电位流向低电位,即从铜板流向锌板。按照电化学中的规定,铜极为正极,锌极为负极。电子流动方向刚好与电流方向相反,电子从锌极流向铜极。化学中规定:失去电子的反应为氧化反应,凡进行氧化反应的电极为阳极;而得到电子的反应为还原反应,凡进行还原反应的电极为阴极。因此在原电池中,低电位为阳极,高电位为阴极。

阳极　锌失去电子被氧化,发生如下反应:

$$Zn-2e \longrightarrow Zn^{2+}$$

阴极　氢离子得到电子被还原,成为氢气析出:

$$2H^+ +2e \longrightarrow H_2 \uparrow$$

由此可见,在上述反应中,锌不断溶解而遭到破坏,即被腐蚀。金属发生电化学腐蚀的实质就是原电池作用。金属腐蚀过程中的原电池就是腐蚀原电池。

（2）宏电池与微电池

根据组成电池电极的大小,把电池分为宏观电池和微观电池两类。对于电极较大,即用肉眼可以观察到的电极组成的腐蚀电池称为宏观电池。常见的有以下几种类型:不同金属在同一种电解质溶液中形成的腐蚀电池称为腐蚀宏电池,例如碳钢制造的轮船与青铜的推进器在海水中构成的腐蚀电池;不同金属及其电解质溶液组成的电池;浓差电池,由于电解质溶液浓度不同造成电极电位不同,例如 O_2 在电解质溶液中溶解度不同形成的氧浓差电池;温差电池,浸入电解质溶液中的金属的各个部分处于不同温度而形成的不同电极电位,高电极电位和低电极电位形成了电池,例如由碳钢制造的换热器,高温端电位低于低温端电位,高温端腐蚀严重。

当金属与电解质溶液接触时,在金属表面由于各种原因,造成不同部位的电位不同,使在整个金属表面同时存在很多微小的阴极和阳极,因而在金属表面就形成许多微小的原电池。这些微小的原电池称为微电池。

形成微电池的原因很多,常见的有金属表面化学组成不均匀,金属表面组织不均一,金属表面物理状态不均一等。

(3)电化学腐蚀过程

金属在电解质溶液中,无论是哪一种腐蚀,其电化学腐蚀都由三个环节组成。即金属在阳极区发生氧化反应,使得金属离子从金属本体进入溶液;在两极电位差作用下,电子从阳极流向阴极;在阴极区,流过来的电子被氧化剂吸收发生还原反应。这三个环节构成串联关系,缺一不可。否则,腐蚀过程将会停止。

2.5.2　金属腐蚀形式

金属在各种环境条件下,因腐蚀而受到破坏的形态是多种多样的。按照金属腐蚀破坏的形态可分为均匀腐蚀和局部腐蚀。均匀腐蚀是腐蚀作用均匀发生在整合金属表面,这是危险性较小的一种腐蚀,因为只要设备或零件具有一定厚度时,其力学性能因腐蚀而引起的改变并不大。局部腐蚀只发生在金属表面局部地方,因而整个设备或零件就由最弱的断面强度决定,而局部腐蚀使强度大大降低,又常常无先兆,难预测,因而这种腐蚀很危险。

而局部腐蚀又可分为电偶腐蚀、点腐蚀、缝隙腐蚀、晶间腐蚀、应力腐蚀等。

① 电偶腐蚀。当两种金属或合金在腐蚀介质中相互接触时,电位较负的金属或合金比它单独处于腐蚀介质中时腐蚀速度增大,而电位较正的金属或合金的腐蚀速度反而减小,这种腐蚀称电偶腐蚀。

② 点腐蚀。钝性金属在含有活性离子的介质中发生的一种局部腐蚀为点腐蚀。这种腐蚀使金属表面上出现个别的点或微小区域内出现小孔,而其他大部分表面不发生腐蚀或腐蚀很轻微,且随时间推移,蚀孔向纵深发展形成小孔状腐蚀坑。点腐蚀会导致设备或管线穿孔、泄漏物料,污染环境,容易引起火灾;在有应力时,蚀孔往往是裂纹的发源处。

③ 缝隙腐蚀。缝隙腐蚀是因金属与金属、金属与非金属的表面存在狭小的缝隙,并有腐蚀介质存在时而发生的局部腐蚀形态。可能构成缝隙腐蚀的缝隙包括:金属结构的衔接、焊接、螺纹连接等处的缝隙;金属与非金属的连接处,金属与塑料、橡胶、木材、玻璃等处形成的缝隙;金属表面的沉积物与金属表面形成的缝隙等。

④ 晶间腐蚀。晶间腐蚀是指金属或合金的晶粒边界受到腐蚀破坏的现象。金属由许多晶粒组成,晶粒与晶粒之间成为晶间或晶界。当晶界产生局部腐蚀,而晶粒的腐蚀相对很小,这种局部腐蚀就是晶间腐蚀。晶间腐蚀沿晶粒边界发展,破坏了晶粒间的连续性,因而

材料的机械强度和塑性剧烈降低。而且这种腐蚀不易检查,易造成突发性事故,危害性极大。大多数金属或合金在特定的腐蚀介质中都可能发生晶间腐蚀,其中奥氏体不锈钢、铁素体不锈钢等均属于晶间腐蚀敏感性材料,如铬镍不锈钢与含氯介质接触,在 $500\sim800\ ℃$ 时,有可能产生晶间腐蚀。

⑤ 应力腐蚀。应力腐蚀是在材料的腐蚀和一定拉应力的共同作用下发生的破裂。材料应力腐蚀对材料具有高度选择性。例如,奥氏体不锈钢在含 Cl^- 的水中产生应力腐蚀,而在含有 NO_3^- 的水中不产生应力腐蚀;反之,普通碳钢在含有 NO_3^- 的水中产生应力腐蚀,在含 Cl^- 的水中不产生应力腐蚀。另外,在发生应力腐蚀的体系中必须存在拉应力。拉应力来源于焊接、冷加工、热处理以及装配、使用过程中,多数破裂发生在焊接残余应力区。

2.5.3 金属设备的防腐措施

金属设备的腐蚀是一个很普遍的问题,尤其在化学工业中。在化工生产中常常因设备腐蚀而造成跑、冒、滴、漏,污染环境,损害操作人员的健康;设备破坏而被迫停产检修,影响正常生产。由于设备的腐蚀,每年要消耗大量的金属,甚至引起严重事故,其间接损失更是无法估计。此外,由于设备材料的腐蚀问题不能解决而影响某些新产品的投产。

2.5.3.1 衬覆保护层

在金属表面生成一层覆盖层,可以使金属与腐蚀介质隔开,是防止金属腐蚀普遍使用的方法。保护覆盖层分为金属涂层和非金属涂层两大类。

(1)金属涂层

大多数金属涂层采用电镀或热镀的方法制备。常见的其他方法还有喷涂、渗镀、化学镀。

(2)非金属涂层

非金属涂层大多数是隔离性涂层,它的作用是把被保护金属与腐蚀介质隔开。非金属涂层可分为无机涂层和有机涂层。

无机涂层是指搪瓷或玻璃涂层、硅酸盐水泥涂层和化学转化涂层。搪瓷涂层用以制作化学工业的各种容器衬里。采用硅酸盐水泥涂层可使铸铁管和钢管在土壤中使用寿命达数十年。化学转化层又称为化学膜,主要采用铬酸盐处理膜、磷酸盐处理膜等。

有机涂层包括涂料涂层、塑料涂层和硬橡皮涂层。涂料是一种流动性物质,能够在金属表面展开形成连续的薄膜,固化后即将金属与介质隔开。塑料涂层是用层压法将塑料薄膜直接黏结在金属表面加工而成。常用的塑料薄膜有丙烯酸树脂薄膜、聚氯乙烯薄膜等。硬橡皮涂层是将硬橡皮覆盖于钢材或其他金属表面,使其具有耐酸、耐腐蚀的特性,在许多化工设备中得到应用。硬橡皮涂层的缺点是受热后变脆,因此只能在 $50\ ℃$ 以下应用。

2.5.3.2 电化学保护

根据金属腐蚀的电化学原理,如果把处于电解质中的某些金属的电位提高,使金属钝化,可以人为地使金属表面生成难溶而致密的钝化膜,降低金属的腐蚀速度;同样,如果使某些金属的电位降低,使金属难于失去电子,也可大大降低金属的腐蚀速度,甚至使金属的腐蚀完全停止。这种通过改变金属-电解质的电极电位来控制金属腐蚀的方法称为电化学保护,包括阴极保护法和阳极保护法。

(1)阴极保护法

阴极保护法是通过外加电流时被保护的金属阴极极化以控制金属腐蚀的方法,可分为外加电流法和牺牲阳极法。外加电流法是把被保护金属设备与直流电源负极相连,电源的正极与一个辅助阳极相连。当电源接通后,电源给金属设备以阴极电流,使金属设备的电极电位向负方向移动,当电位降至腐蚀电池的阳极起始电位时,金属设备的腐蚀即可停止。阴极保护法用来防止在海水或河水中的金属设备的腐蚀非常有效,并也已应用到石油、化工生产中易被海水腐蚀的冷却设备和各种输送管道,如碳钢制海水箱式冷却槽、卤化物结晶槽、真空制盐蒸发器等。在外加电流法中,辅助阳极材料必须具有导电性好,在阳极状态下耐腐蚀,有较好的机械强度,容易加工,成本低来源广等特点。常用的有石墨、硅铸铁、镀铂钛、镍、铅银合金和钢铁等。

牺牲阳极法是在被保护的金属上连接一块电位更负的金属作为牺牲阳极。由于外接的牺牲阳极的电位比被保护的金属更负,更容易失去电子,它输出阴极的电流使被保护金属阴极极化。

（2）阳极保护法

阳极保护法是把被保护设备与外加的直流电源阳极连接,在一定的电解质溶液中,把金属阳极极化到一定电位,使金属表面生成钝化膜,从而降低金属的腐蚀,使设备受到保护。阳极保护只有当金属在介质中能钝化时才能应用,否则,阳极极化会加速金属的阳极溶解。阳极保护应用时受条件限制较多,且技术复杂,使用得不多。

2.5.3.3 缓蚀剂技术

所谓缓蚀剂就是能够阻止或减缓金属在环境介质中腐蚀的物质。加入的缓蚀剂不应该影响工艺过程的进行,也不影响产品质量。一种缓蚀剂对各种介质的效果是不一样的,对某种介质能起缓蚀作用,对其他介质可能无效,甚至是有害的,因此需严格选择合适的缓蚀剂。选择缓蚀剂的种类和用量,须根据所处的具体操作条件通过实验来确定。

缓蚀剂有重铬酸盐、过氧化氢、磷酸盐、亚硫酸钠、硫酸锌、硫酸氢钙等无机缓蚀剂,有机胶体、氨基酸、酮类、醛类等有机缓蚀剂。按使用情况分三种:酸性介质中常用硫脲若丁(二邻甲苯硫脲)、乌洛托品(六亚甲基四胺);碱性介质中常用硝酸钠;中性介质中用重铬酸钠、亚硝酸钠、磷酸盐等。

2.6 设备材料的选择

合理选择和正确使用材料对设计和制造电化学工程设备是十分重要的。这不仅要从设备结构、制造工艺、使用条件和寿命等方面考虑,而且还要从设备工作条件下材料的耐腐蚀性能、物理性能、力学性能及材料价格与来源、供应等方面综合考虑。

材料耐蚀性能可查腐蚀数据手册,根据设备所处介质、浓度温度等条件选出适当的材料。

此外,在满足设备使用性能的前提下,选用材料应注意其经济性。如碳钢与普通低合金钢的价格比较低廉,在满足设备耐蚀性能和力学条件下应优先使用;对于腐蚀性介质,应当尽可能使用节镍无镍不锈钢。同时,还应考虑国家生产与供应情况,因地制宜选取,品种应尽量少而集中,以便于采购与管理。

第 3 章　电镀工艺设备

电镀车间所进行的生产工艺可分为三个环节,即镀前表面处理、电镀处理和镀后处理。电镀工艺设备一般是指上述直接对零件进行加工处理的生产设备。

镀前表面处理是待镀件进入电镀工序前的重要处理步骤。无论是金属还是非金属在加工成型过程中都会在材料表面产生油污、锈蚀、氧化物、毛刺等物质。在电镀前,必须将这些物质去除干净。表面预处理可以清除待镀件表面各种污垢,露出基体材料新鲜、干净的表面,提高镀层与被镀件表面之间的附着力。镀前表面处理的主要工序有表面机械处理、除油处理和浸蚀处理。表面机械处理设备包括喷砂设备、磨光抛光设备等。

电镀处理是整个生产工艺过程中的主要工艺。根据零件的要求,有针对性地选择某一种或几种单金属或合金电镀工艺对零件进行电镀或浸镀等加工,以达到防腐、耐磨和美观的目的。电镀处理过程中所用的设备主要有各类固定槽及其辅助设备(加热、冷却、导电)、挂具、吊篮、滚镀设备、各种形式自动生产线等。

镀后处理是对零件进行抛光、出光、钝化、着色、干燥、封闭、去氢等工作,根据需要选用其中一种或数种工序使零件符合质量要求。镀后处理常用设备主要有磨光机、抛光机,各类固定槽等。

3.1　镀前表面机械处理

机械处理常用于消除零件表面存在的氧化物、锈蚀、毛刺、夹杂物、干涸的污垢。镀前表面机械处理工艺中,所用的主要设备有磨光机、抛光机,刷光机,喷砂机,滚光机、喷砂机、喷丸机等。

3.1.1　喷砂机和喷丸机

电镀车间使用的喷砂和喷丸主要是以无水无油的压缩空气为动力,将不同类型的磨料(不同硬度的砂粒或丸料)高速喷射到需要处理的工件表面,清除零件表面的氧化物、锈蚀、型砂、夹杂、焊渣、毛刺、旧漆层、积炭层和干涸污垢,是一种有效的清理方法。作为磨料的砂粒如果与水一起喷出叫湿喷砂,湿喷砂粉尘少,喷砂后表面更细致,但要加缓蚀剂,抑制表面生锈。没有水的喷砂叫干喷砂。

干喷砂设备按砂料输送方式分为吸送式、压送式和自流式。吸送式采用引射器型喷枪,由压缩空气经引射器造成负压而吸入砂料,并送到喷枪口高速喷出(图 3-1)。压送式喷砂设备采用直射型喷枪,砂料和压缩空气在混合室内混合后再沿软管送到喷枪高速喷出(图 3-2)。前者设备简单、生产效率较低,只适用小零件喷砂;后者空气流量和砂流量都可调节,既可大面积喷砂,也可小零件喷砂。自流式适用于固定喷枪的喷砂设备,电镀厂较少使用。

图 3-1　吸送式干喷砂/喷丸机

图 3-2　压送式干喷砂/喷丸机

3.1.2　磨光抛光和刷光设备

磨光的目的是借助沾有磨料的磨光轮(带),在高速旋转下磨削零件表面,消除表面缺陷,把粗糙不平的零件表面磨平。抛光的目的是进一步把磨光以后的磨粒痕迹或细小的粗糙不平加以平整,使其表面获得一定的光泽。有些已镀件也要再抛光,使镀层光亮美观。刷光的目的则是清除在镀件表面上黏附的氧化膜薄层、稀泥和污垢等。磨光、抛光和刷光的机械设备基本相似。

（1）轮式磨光、抛光机

手工操作的轮式磨光、抛光机有标准定型产品,一般都是双工位的,磨光或抛光轮直接安装在水平主轴两端的锥形螺纹上。为保证安全和延长轮子的使用寿命,严禁轮轴反转,否则容易造成事故。

通常,轮式磨光、抛光机可分为不带吸尘装置的轮式磨光、抛光机和自带吸尘装置的轮式磨光、抛光机两种。

① 不带吸尘装置的轮式磨光、抛光机

常用手工操作的通用轮式磨光、抛光机见图 3-3。图 3-4 是带有防护排尘罩的通用轮式磨光抛光机。这类磨光、抛光机一般为双轮,可由一台电动机驱动主轴两侧的砂轮,也可由两台电动机各驱动一个砂轮。轮子直径一般为 300～500 mm,转速为 2 000～3 000 r/min。

图 3-3　通用型轮式磨光、抛光机

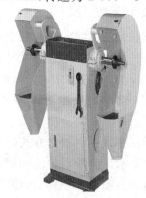
图 3-4　带防护排尘罩的轮式磨光、抛光机

这类设备结构比较简单,转速固定。若要改变转速需要更换不同直径的磨光轮和抛光轮。可变速的磨、抛光机是通过多级带轮带动主轴,主轴速度可按要求选择。

②　自带吸尘器的轮式磨、抛光机

这类设备是在磨光、抛光机身内附带吸尘装置,减少粉尘外溢。吸尘罩角度可以根据工件操作要求做调整。可以安装不同的工作轮,如入布轮、尼龙轮、砂布丝轮和千叶轮等。还可以根据需要安装变频装置,以适应不同材质工件的加工要求。常用的自带吸尘器的轮式磨光、抛光机见图 3-5。

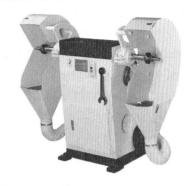

图 3-5　带吸尘装置的通用型磨光、抛光机

(2)　带式磨光机

带式磨光机是轮式磨光机之后新开发的机种。它对工件的适应性更强,特别是一些带深沟槽和凹凸不平的工件表面,用轮式磨光机很难完成其精饰加工。在一些建筑和水暖五金配件电镀厂使用特别适宜。对于大面积平板和弧形表面加工效率很高。几种常用的手工操作的带式磨光机见图 3-6 和图 3-7。

图 3-6　双工位三轮带式磨光机

图 3-7　直立带式磨光机

3.1.3　滚光设备

所谓滚光,就是把零件放在滚筒中,加入一些添加物、磨料或溶液,用电动机通过传动机构带动滚筒滚动,利用零件互相摩擦及零件与磨料互相碰撞的机会(有时伴随着化学反应),将零件表面上的毛刺和粗糙不平滚光,同时除去零件表面的油污。滚光不仅适用于镀前表面处理,而且也适用于镀后表面处理。

电镀工厂常用的为支架式结构的滚筒。如图 3-8 所示,它是将滚筒筒体水平放置在两端支架轴承上,由电动机经减速器和皮带轮拖动。根据生产能力可以制成单筒型和双筒型,即一个驱动系统拖动一个或两个筒体,但单筒型使用较多。这种滚筒结构简单,可以手工装卸料,也可用起重运

图 3-8　卧式多棱滚光机

输机起吊装卸料斗进行机械化操作,从而提高工效,降低劳动强度。

滚筒的形状有圆柱形、四边形、六边形、七边形、八边形等,一般多采用六边形。滚筒截面的内切圆直径为 300～600 mm,长度为 600～1 200 mm。

滚筒的材料,一般采用耐水硬质木板、钢板和硬聚氯乙烯板等。钢板筒壁耐磨、耐碱,但不耐酸,噪声较大;硬聚氯乙烯板筒壁耐酸、耐碱,噪声较小,但耐磨性较差,只适用于小型滚筒;耐水硬质木板筒壁噪声小,但耐磨、耐酸、耐碱性较差。为取长补短,当用钢板制作滚筒时,有时在其筒内衬以木板,这样可以提高滚光质量,延长滚筒的使用寿命。

滚筒转速为 20～60 r/min。滚磨较大的零件时,转速可小些,可用 20～35 r/min;滚磨小零件时,一般采用 45～60 r/min 的转速。

零件批量大的车间,常把若干个滚筒接在一个共同轴上,由一个电动机和涡轮减速器带动。这种传动装置一般都安装在轴的中间,每一个滚筒各装有活动带盘,可以单独停车,而毫不妨碍其他滚筒的工作。这种连在一起的滚筒组,既整洁又节省占地面积。

滚筒的形状、尺寸、材料、转速、磨料、溶液性质、持续时间、零件的形状、零件材料的质量(数量)等,都对滚光效果产生影响。不同的金属材料滚光时磨料的配比见表 3-1。

表 3-1 　　　　　　　　　　　不同金属材料滚光时磨料的配比

磨料配方及其含量	被磨材料		
	钢铁	铜及其合金	锌及其合金
硫酸/(g/L)	15～2.5	5～10	0.5～1.0
皂荚粉/(g/L)	3～10	2～3	2～5
硅砂/(g/L)	30～50	10～20	5～10
滚光时间/h	1～3	2～3	2～4

行星式离心滚光机是一种结构比普通清理滚筒复杂的特殊滚光滚筒,其滚磨效率较普通滚筒高许多而对工件的冲击却较小,小件光饰加工厂多乐于采用。它是在一个绕水平转轴旋转的圆盘支架上,对称地安装几个心轴与转轴平行的卧式多角小滚筒,从滚筒端面看去,宛如几个围绕圆盘主轴旋转的行星,因而得名。当滚光小滚筒按一定半径围绕圆盘支架主轴旋转(公转)的同时,滚筒自身也被带动作反向旋转(自转),由于公转产生的离心力和自转产生的摩擦力同时作用,从而加强了滚筒中加工工件与磨料的磨削功能,可在较短时间内完成光饰加工。这种滚光机对加工件所产生的冲击较小,主要是靠工件之间及工件与磨料间在离心力和重力交互作用下相互摩擦产生光饰作用。调节滚筒转速可获得不同的加工效果。高速时磨削能力强,低速运转时光饰效果好。采用离心滚光的工件表层会产生压应力,有利于提高表层疲劳强度。离心滚光是一种加工小型工件的高效率、低成本的表面精饰方法。

行星式离心滚光机按小滚筒在支架上安装的倾斜程度,可分为水平行星式离心滚光机和倾斜行星式离心滚光机两种。水平行星式离心滚光机外形如图 3-9 所示,这种滚光机对加工件所产生的冲击较小,工件在多种运动能量协同作用下,加工效率比普通卧式单筒滚光机要高一倍左右;倾斜行星式离心滚光机外形如图 3-10 所示,由于滚筒与水平轴线倾斜一个角度,在绕主轴公转时工件又增加了左右窜动的能量,加工效能也高一些,但工件撞击的程度也大些。

图 3-9　水平行星式离心滚光机　　　　图 3-10　倾斜行星式离心滚光机

　　滚光机主要用于滚磨各种大批量的小零件,最适合形状比较简单、带有平面的零件的滚光。体积较小的零件,用滚光的方法来进行表面清洁(除油、除锈、滚亮等),是既经济方便,又具有较高生产效率的好办法,故在电镀工业中得到广泛应用。对尺寸要求不高的小零件,可用滚光来代替磨、抛光。

3.1.4　振动光饰机

　　对于采用滚筒滚光容易引起变形或表面凹凸不平以及内表面需要光饰的零件,应选用振动光饰机。振动光饰时,将零件和磨料放在筒形或碗形开口容器内,用振动电动机使容器振动,产生滚磨作用。由于零件在光饰机内以每秒数十次的频率振动并与磨料相互摩擦,可使表面得到均匀的磨光,无明显加工痕迹,无冲击变形,加工效率比一般滚筒加工提高 2～5倍。零件加工结束后,磨料与零件在出料端自动分离筛选出料,减轻了劳动强度,加工噪声也明显小于滚筒加工。

　　振动光饰机按形状分为碗形振动光饰机和箱式振动光饰机(图3-11,图3-12)。碗形振动光饰机不能加工大零件,但磨削作用更柔和,处理后表面更光洁。箱式振动光饰机则可以加工长达 12 m、宽达 2 m 的零件和形状复杂的零件。

图 3-11　碗形振动光饰机　　　　图 3-12　箱式振动光饰机

　　振动光饰加工零件与磨料的总载量控制在设备容积的 $70\%～90\%$ 即可。为了提高加工零件的光洁程度,还可适当加入化学研磨剂。

加工时间按加工要求而定,去除毛刺和倒角等加工时间一般为 0.5～2 h,抛光零件表面一般为 2～8 h,可使零件光洁程度在原来基础上提高 2～3 级。零件加工结束后,应及时进行清洗和防锈处理。

3.2 固定槽及挂具设计

固定槽是存储溶液的容器,是电镀车间中主要的工艺设备。它包括各种镀前处理用槽、电镀槽、氧化槽、钝化槽和各种清洗槽,以及为电镀溶液的补充、调整、回收利用、电解处理、过滤净化等过程而配置的辅助槽体。不同的电镀方式如挂镀、滚镀和浸镀等都离不开固定槽。

3.2.1 固定槽的结构

固定槽结构主要包括槽体、槽液加热装置、槽液冷却装置、搅拌装置和导电装置等。

3.2.1.1 槽体

槽体也称为槽身或槽壳,是整个固定槽的主体。槽体有时直接盛装溶液,有时作衬里的基体或骨架。对槽体的基本要求是不渗漏、不腐蚀、不溶解,在工作温度范围内并具有一定的刚度与强度,以承受槽体、溶液、加工工件和槽体配件的重力和液体产生的侧压力。制作槽体的材料可用钢板、硬聚氯乙烯板、聚丙烯板等,也有的使用钛板,小型槽体还可以用有机玻璃板制作。具体使用的材料可根据储存溶液的性质和材料供应情况来选择,同时应考虑经济效益。其中用钢板焊接制成的固定槽,由于具有在碱性溶液中耐腐蚀、材料供应充足、价格低廉、坚固耐用、结构成型容易等特点,所以在电镀车间中应用较多。这种固定槽如需盛放腐蚀性液体,可加耐腐蚀衬里。硬聚氯乙烯塑料槽,耐腐蚀性能较高,可直接盛放多种液体,在溶液体积较小、操作温度较低(不高于 50 ℃)的情况下使用。聚丙烯槽应用较广泛,耐化学性能不如聚氯乙烯(聚丙烯不能用于浓铬酸、浓硝酸的场合),但聚丙烯的耐温性能较好,用 20 mm 聚丙烯板制作的聚丙烯槽可以在 90 ℃环境下长期工作。

3.2.1.2 衬里

为了使槽体不受各种镀液的腐蚀,同时为了防止漏电,用钢板焊制的槽体的内部必须衬以各种防腐蚀材料,称为镀槽衬里。衬里材料很多,有硬聚氯乙烯、软聚氯乙烯、钛、橡胶、聚苯乙烯、聚乙烯、有机玻璃及玻璃钢等。下面介绍几种常用的衬里材料施工方法。

(1) 聚氯乙烯塑料

聚氯乙烯塑料分为软、硬两种,作衬里一般使用软塑料。软聚氯乙烯塑料衬里主要采用粘贴的方法衬在钢槽及其他壳体内,一般是先焊好再套入槽体内,对大型槽,可先焊成几个部分,然后在套入槽内组焊,焊缝应尽量减少。衬里制作安装好以后,可向槽内注水静置24 h,从外部或检漏孔检查有无渗漏现象。为此,应在钢槽内底部便于观察的地方,预先钻一个检漏孔。一个检漏孔的直径为 12 mm 左右。

(2) 玻璃钢

先对固定槽进行除油、除锈。焊缝及金属表面不应有焊渣、焊瘤、尖刺及棱角,转角处用腻子抹成圆角。这一步对保证施工质量至关重要,否则在使用一段时间后会出现基体与衬里脱皮现象;对固定槽内壁涂底胶 1～2 层,自然干燥 12～24 h,涂底胶应在固定槽完全干燥的情况下进行,否则应进行烘干;涂第一遍胶料,贴第一层玻璃布(有蜡时需在烘箱中烘烤5 min,温度300～350 ℃)。自然干燥至初步固化、修理贴衬,如有起泡必须排除彻底。按第一层布的贴衬法继续循环贴至所需层数。一般衬里贴 3～4 层,各层之间搭接 30～50 mm,各层搭接应相互错开,不应重叠;修理检查后涂 2～3 层面漆,然后加热固化(或常温固化5～7天)。

(3) 聚丙烯塑料

聚丙烯通常采用注射、挤出、吹塑等塑料成型技术将其加工成膜、管、片等形状。利用板材制作镀槽衬里时,可采用焊接及黏接方式。一般衬里厚度的选用视不同材料及槽体的大小而定。聚乙烯硬板一般取 4～6 mm,聚乙烯软板一般取 4～5 mm。槽体和衬里分别制作。衬里的外部尺寸要尽量接近且略小于槽体的内部尺寸。若衬里外部尺寸过小,盛液时间一长,容易顶破。衬里的上沿四周要加工出一个小的翻边,可以防止镀液溢出泄露到衬里与槽体之间的部位而造成槽体腐蚀。

3.2.1.3 导电装置

阴阳极导电杆的作用是在固定槽中悬挂零件和极板,并向其输送电流。导电杆一般用紫铜、黄铜棒或管制成。导电极杆与电源的连接方式,常见的有两种:一种是用软电缆直接通过接线夹固定在导电极杆一端;另外一种是将导电极杆放在槽端导电座的凹口上,导电座再与电源电缆或汇流排相连接。

(1) 导电极杆的长度

导电极杆的长度可根据槽体的长度确定。由于导电极杆用绝缘夹固定安装在镀槽的上边并留有与导电线连接的一段长度(约 50 mm),因此,每根导电极杆的长度应大于槽体长度的外部尺寸。如采用阴极往复移动装置,则导电极杆长度还要加上往复移动的距离(一般为 100 mm 以上)。

(2) 导电极杆的截面积

对导电极杆的要求是:能通过镀槽所需的全部电流而不至于温度过高,能承受住装挂零件及挂具的重力而不至于变形过大,而且要便于擦洗。导电极杆的横截面积除要满足电流密度的条件外,还必须考虑到材料的抗弯强度。用称重的方法来计算导电极杆直径,往往比用承受电流方法计算的结果偏大。因此,为了节省有色金属,常在铜管内嵌入钢芯作为导电极杆。计算电流时按铜管截面积计算,计算称重时按钢芯计算,可以兼顾两方面的因素。导电铜极杆或铜管的材料可以采用黄铜或紫铜,其许用电流可按表3-2、表3-3选用。

表 3-2　　　　　　　　　　　　　黄铜极杆的许用电流

直径/mm	10	12	16	20	25	28	30	32	35	40	50
电流/A	120	150	240	350	470	620	750	900	1 000	1 100	1 350

表 3-3　　　　　　　　　　　　　紫铜管的许用电流

铜管外径/mm		20	30	40	50	60	70	80	90	100
壁厚/mm	2	344	490	630	750	865	990	1 100	1 200	1 320
	2.5	380	540	690	835	975	1 100	1 230	1 350	1 460
	3	415	590	760	920	1 060	1 200	1 330	1 470	1 600
	4	470	675	840	1 040	1 200	1 370	1 530	1 690	1 850
	5	560	735	950	1 150	1 340	1 520	1 700	1 900	2 070

导电极杆应经常擦洗,以免阳极或挂具与极杆接触处产生较大电阻。为了防止极杆的腐蚀,应镀防护层;如镀镍槽的铜极杆镀 $2\sim20~\mu m$ 的镍与铬;镀锡槽与铵盐镀锌槽的铜极杆镀 $10\sim20~\mu m$ 的镍。电镀槽选用导电极杆的规格和标准见表3-4。

表 3-4 　　　　　　　　电镀槽选用导电极杆规格和标准　　　　　　　　　　　　mm

电镀槽名义尺寸		600×500 $\times800$	800×600 $\times800$	$1\,000\times800$ $\times800$	$1\,200\times800$ $\times800$	$1\,200\times800$ $\times1\,200$	$1\,500\times800$ $\times1\,200$	$2\,000\times800$ $\times1\,200$	$2\,500\times800$ $\times1\,200$	$3\,000\times800$ $\times1\,200$
一般 电镀槽	黄铜杆	$\phi12$	$\phi16$	$\phi20$	$\phi25$	$\phi28$	$\phi28$	$\phi32$	$\phi35$	$\phi40$
	黄铜管	$\phi20\times3$	$\phi25\times4$	$\phi30\times4$	$\phi35\times4.5$	$\phi35\times4.5$	$\phi40\times5$	$\phi40\times5$	$\phi45\times6$	$\phi50\times7$
镀铬及 电抛光槽	黄铜杆	$\phi16$	$\phi20$	$\phi25$	$\phi28$	$\phi30$	$\phi35$	$\phi40$	$\phi45$	$\phi50$
	黄铜管	$\phi25\times4$	$\phi30\times4$	$\phi35\times4.5$	$\phi35\times4.5$	$\phi40\times5$	$\phi45\times6$	$\phi50\times7$		

注:表中黄铜管尺寸均指外径/mm×壁厚/mm。

3.2.2　固定槽的类型

3.2.2.1　水清洗槽

水清洗槽分为冷水清洗槽和热水清洗槽。

冷水清洗槽仅由一个槽体组成,为便于换水及排出水面的漂浮物,设置有排水口和溢流口。进水管口的进水位置与溢流口的位置,应保证洁净水进去槽体后能有效地使原有脏水和漂浮物从溢流口排出。一般是进水管插入槽体下部,溢流口在上部。

冷水清理槽的槽液对钢铁槽体没有腐蚀作用,所以不必加衬里。但是钢铁槽易生锈而污染溶液,因此有时也用聚氯乙烯板作衬里,或直接用聚氯乙烯作清洗槽。其结构如图3-13所示。

目前常用的逆流清洗,连着两、三级清洗槽,零件从一个方向来,水从相反方向流,最后一道清洗水槽补充新鲜水,效果好又节省水。多联槽按逆流排水结构形式分为液面差自然排水和压力强制排水两种,液面差自然排水的多联清洗槽结构如图3-14所示。

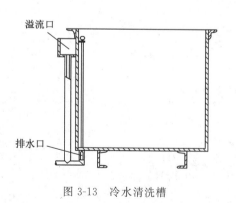

图 3-13　冷水清洗槽

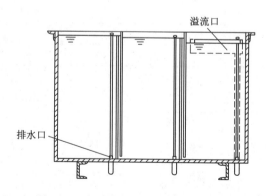

图 3-14　液面差自然排水的多联清洗槽

为了提高清洗质量,清洗槽有时还安装有空气搅拌管。由于压缩空气的搅拌,加速槽内清洗水的流动,有利于零件表面附着液的迅速洗脱与扩散,并保持清洗水溶质浓度的均匀。

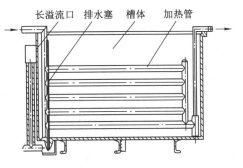

图 3-15 热水清洗槽

热水清洗槽通常由钢槽体和蒸汽加热管组成,其结构如图 3-15 所示。由于热水槽容易沉积水垢,一般把排水管、溢水管管径适当选大一些。加热管一般布置在槽体内侧壁,以便在换水清洗槽时清除沉积在槽底的污物和掉入槽底的零件。

3.2.2.2 除油槽

这类固定槽的溶液都呈碱性,对钢铁槽体无腐蚀作用,所以不需加衬里。通常,化学除油液的温度在 70 ℃以上,电化学除油液的温度也在 60 ℃以上,因而要有加热装置。因除油时产生有害气体,所以要有吸风装置。液面易产生悬浮泡沫,应设溢流室,以便将油污和泡沫溢出。最好用连续循环过滤的除油槽,并配有除油专用的连续除油过滤机,其槽体必须在长度方向的一侧面壁上设置长条溢流孔、溢流槽和溢流管,其高度以设计液面高度为准,并在其对边相同高度水平敷设喷液管。溢流管和喷液管的接口分别与除油溶液专用油水分离过滤机的进水管和出水管连接,即可构成连续循环过滤系统,其设备示意图如图 3-16 所示。电化学除油槽需设置导电和绝缘装置。

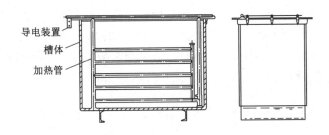

图 3-16 电化学除油槽

3.2.2.3 酸浸蚀槽

常温酸浸蚀槽仅仅是一个简单槽体。所用溶液大多数是硫酸、盐酸、硝酸、铬酸等,它们的腐蚀性很强,必须用耐腐蚀材料作槽体或衬里。小型酸浸出槽一般用聚氯乙烯板材制造,大槽则用钢材增强的聚氯乙烯结构。对于高浓度的硝酸可用耐酸陶瓷槽。热酸浸蚀槽一般是在简单常温酸浸蚀槽内固定一组热交换器而成的。热酸浸蚀槽的温度一般在 60 ℃以下,酸以硫酸、盐酸为主。一般热酸浸蚀槽可以采用玻璃纤维增强树脂(玻璃钢)、钢材增强的聚丙烯或氯化聚氯乙烯塑料复合结构。

3.2.2.4 酸性镀槽

常温酸性镀槽一般由耐酸材料制成的槽体和导电支座及阴阳极导电杆组成。小型槽一般用聚氯乙烯板材制造,大槽则用钢材增强的聚氯乙烯塑钢复合结构。加热管和搅拌器浸入槽液的部分,也要用相同材料处理其表面,或者用钛管、钛材制作。镀槽结构和碱性镀槽相同。常温酸性镀槽的导电配件都用铜材加工,工作过程易受到腐蚀,因此新镀槽的导电配件应镀锡保护。热酸性镀槽是在常温酸镀槽内增加一组热交换器即可。按溶液腐蚀性强弱的不同,其加热器可选用铅锑合金管、不锈钢管、钛管或氟塑料管状热交换器。

3.2.2.5　碱性镀槽

碱性镀槽同酸性镀槽一样由槽体及导电装置组成,槽体一般用硬聚氯乙烯板或钢板衬软聚氯乙烯板。若对溶液清洁度要求不高时,可不加衬里,但需采取绝缘措施。当需加热时,除增加加热管外,如果工作温度超过 90 ℃,槽体应带保温层,由钢制内槽、矿渣棉或玻璃棉保温层、薄钢板外壁组成。常温碱性镀槽结构如图 3-17 所示。

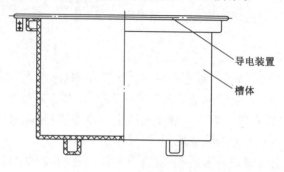

图 3-17　常温碱性镀槽

3.2.2.6　镀铬槽

镀铬过程对镀液温度要求较严格,温度既要均匀,又要保持稳定。根据这种要求,镀槽可以分为内热式和外热式两种。内热式可用蛇形管加热,与热酸性镀槽相似,内热式镀铬槽的热交换器一般为氟塑料管状热交换器,也可以不锈钢管热套氟塑料管加工成蛇形管。内热式镀铬槽结构简单,加工制造维修都方便,一般大型镀槽都采用这种结构。外热式可用水套加热,由内槽、外槽、导电装置及水套内的加热管组成,如图 3-18 所示。

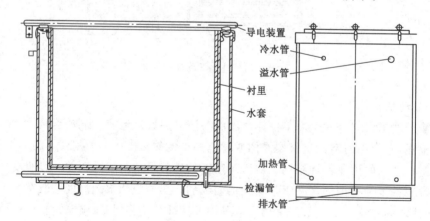

图 3-18　外热式镀铬槽结构

镀铬槽液黏度较大,工件出槽时带出溶液损失较多,宜在槽体顶部适当位置布置喷淋排管,以洗脱工件和挂具表面附着的镀铬溶液。喷淋管可以喷水或水雾,也可以喷气。

镀铬溶液对钢铁的槽体有腐蚀作用,因此要用铅板、钛板或聚氯乙烯板作衬里;复合镀铬溶液含有氟化物,对铅、钛有腐蚀作用,一般采用聚氯乙烯板或铅锑合金板作衬里。镀铬时产生大量有害气体,必须有较强的吸风装置或者在镀液中添加铬雾抑制剂。

三价铬镀液所用的电流密度比六价铬镀液低,最高的为 20 A/dm², 一般在 10 A/dm² 以下。其电流效率高,因此只需预加热,而无需供水降温冷却。

3.2.2.7　化学镀镍槽

化学镀中应用最广泛的是化学镀镍。化学镀镍槽由槽体及加热装置组成,溶液 pH 值多在 4～6 之间,最高温度达 95～100 ℃。溶液的还原性很强,容易沉积在金属表面,且溶液对杂质很敏感,因此不能采用金属材料制作的槽体和加热管。常用耐热耐酸的化工搪瓷或聚丙烯槽体配合聚四氟乙烯塑料换热器制作化学镀镍槽。

3.2.3　固定槽的选择

3.2.3.1　材料的选择

电镀工艺中的各类固定槽始终处于各种化学药品的液相或气相腐蚀中,因此必须选择适当的耐腐蚀材料来制备。材料选择恰当,固定槽的使用年限可达十几年甚至数十年;材料选择不当,固定槽只能用几个月甚至几个月就烂掉而报废,不仅造成溶液泄露,而且影响生产。

随着材料科学的发展,各种耐腐蚀新材料不断涌现,便于选择耐蚀、耐用、加工方便而又经济美观的材料来制作镀槽。目前,金属材料中有碳钢、不锈钢和钛材。碳钢槽便宜,耐温性好,但不耐腐蚀,易漏电;钛管、钛网和钛板,虽然材料价格较贵,但坚固、耐用;花岗岩耐腐蚀,价格低廉,可以就地取材;耐酸陶瓷能耐强氧化性酸的腐蚀,但体积不可过大,以免运输时碰坏;塑料材料中已大量推广应用的有硬聚氯乙烯、软聚氯乙烯、聚乙烯和聚丙烯等,可随槽液性质、温度、材料供应情况和经济价值来选用。常用固定槽的材料及附加装置见表 3-5。

表 3-5　　　　　　　　　　　　常用固定槽的材料及附加装置

固定槽名称	溶液性质	温度/℃	槽体材料	衬里材料	极杆	加热冷却	保温	搅拌移动	循环过滤	通风	给水	排水
化学除油	碱性	80～100	碳钢		−	+	+	−	−	+	+	+
电解除油	碱性	80～95	碳钢		+	+	+	−	−	+	+	+
热水槽		80～95	碳钢		−	+	+	−	−	±	+	+
冷水洗		室温	碳钢	塑料或不加	−	−	−	−	−	−	+	+
硫酸浸蚀槽	酸性	60	碳钢	塑料	−	+	+	−	−	+	+	+
盐酸浸蚀槽	酸性	室温	碳钢、陶瓷	塑料	−	−	−	−	−	+	+	+
铜合金浸蚀槽	氧化性酸	室温	碳钢、陶瓷	聚氯乙烯	−	−	−	−	−	+	+	+
镀槽(Cu、Sn、Ni、Zn、Pb)	酸性	18～60	碳钢	塑料	+	±	−	+	+	±	−	−
焦磷酸镀槽	碱性	40～60	碳钢	塑料	+	±	±	+	±	±	−	−
镀槽(Zn、Sn)	碱性	10～30	碳钢	塑料或不加	+	+	−	+	−	±	−	−

续表 3-5

固定槽名称	溶液性质	温度/℃	槽体材料	衬里材料	极杆	加热冷却	保温	搅拌移动	循环过滤	通风	给水	排水
氯化钾镀锌	酸性	10～35	碳钢	玻璃钢	+	－	－	+	－	+	－	－
镀铬	氧化性酸	25	碳钢	聚氯乙烯、铅	+	+	－	－	－	+	－	－
镀铬	氧化性酸	45～70	碳钢	聚氯乙烯、铅	+	+	+	－	－	+	－	－
复合镀铬		45～65	碳钢	聚乙烯、Pb-Sn	+	+	+	+	－	+	－	－
氰化物镀槽	碱性	18～70	碳钢	塑料或不加	+	+	±	±	±	+	－	－
氰化镀金或银	碱性	18～25	陶瓷、塑料、搪瓷、有机玻璃	－	+	－	－	－	±	+	－	－
铝阳极氧化	酸性	－5～25	碳钢	聚乙烯、铅	+	+	±	－	－	+	－	－
电化学抛光	氧化性酸	60～85	耐酸陶瓷		－	+	+	+	－	+	－	－
电化学抛光	氧化性酸	60～85	碳钢	不锈钢、Pb-Sn	+	+	+	+	－	+	－	－
磷化	酸性	95	碳钢	－	－	+	+	－	±	+	－	－
碱液回收	碱性	室温	碳钢	－	－	－	－	－	－	+	+	+
酸液回收	酸性	室温	碳钢	塑料	－	－	－	－	－	－	+	+
钝化、出光	酸性	室温	塑料、陶瓷	－	－	－	－	－	－	+	+	+
酸性退镀	酸性	18～50	碳钢	塑料	±	±	－	－	+	+	－	－
强酸退 Ni、Cu	氧化性酸	18～70	聚氯乙烯		－	±	－	－	－	+	+	+
碱性退镀	碱性	18～50	碳钢		±	±	－	－	－	±	+	+

注:"＋"表示需要,"－"表示不需要,"±"表示加不加均可,视具体情况而定。

3.2.3.2　固定槽尺寸的计算与选型

槽体尺寸的计算公式为

$$L = l + l_1$$

式中　L——槽体长度,mm;

　　　l——吊挂镀件总长度,mm;

　　　l_1——镀件距槽边的距离,mm。

计算槽体宽度时,如果采用阴极移动,再加上阴极移动行程 50～150 mm,则

$$B = b + b_1 + b_2$$

式中　B——槽体宽度,mm;

　　　b——镀件宽度,mm;

　　　b_1——阳极板宽度,mm;

　　　b_2——镀件与阳极之间的距离,一般大于 150 mm。

计算槽体高度时,如果考虑加热管或冷却管,应考虑加热管管道的直径及管道与阳极之间的距离 50 mm,管道与槽壁的距离 50 mm 等因素,则

$$H = h + h_1 + h_2 + h_3$$

式中　　H——槽体高度,mm;

　　　　h——镀件高度,mm;

　　　　h_1——镀件最高点与液面的距离,一般为 $20\sim50$ mm;

　　　　h_2——镀件最低点与槽底的距离,一般为 $150\sim300$ mm;

　　　　h_3——液面与槽沿的距离,一般为 $100\sim200$ mm。

　　槽体尺寸初步计算好以后,还应该核算槽体容量与工件装挂量是否匹配,再最后确定其实际大小。槽体实际装载工件面积的确定有两个办法:小型镀槽可按单位极杆长度的平均装载量计算;一般可按每升槽液能承受的平均装载量或按每平方米工件表面积需用槽液容积计算。这些数据是电镀工作长期生产中总结出来的,能保持镀槽连续工作时槽液成分和温度相对稳定,见表 3-6。

表 3-6　　　　　　　　　　镀槽长度和容积与加工工件装挂量的匹配关系

加工类别	每米极杆长度平均装挂量[1]/m^2	每升槽液能承受的平均装载量/m^2	单位面积装挂量所需槽液容积/(L/dm^2)
镀装饰铬及防渗碳镀铜	$0.2\sim0.3$	$0.4\sim0.6$	$15\sim25$
镀硬铬	$0.15\sim0.2$	$0.3\sim0.4$	$25\sim30$
酸性或碱性槽液电镀	$0.3\sim0.6$	$0.6\sim1.2$	$10\sim15$
铝及铝合金阳极氧化	$0.3\sim0.6$	$0.6\sim1.2$	$10\sim15$
化学处理	$0.8\sim1.5$	$1.6\sim3$	$3\sim6$

① 适用于宽度和高度都为 800 mm 的镀槽。

　　在选择槽体内部尺寸的时候,既要满足产量上的需要,又要保证可以容纳最大的零件。首先根据车间生产纲领、工作制度、每天净生产时数等计算出镀槽的负荷,估算出每根极杆的长度,然后确定槽体的内部尺寸。

　　计算出槽体内部尺寸后,再按表 3-7 选择所需槽体的标准尺寸。如要衬里,尺寸则应稍大一些;如用水套加热,所选尺寸应为内槽的尺寸。较大镀槽的槽底应有适当的斜面,并于最低处安装放水阀门,以备更换镀液和清洗固定内槽。由于一般镀液的腐蚀性较强,必须对阀门接头处采取防腐处理,严防漏水。

表 3-7　　　　　　　　　　常用矩形固定槽的尺寸规格

容积/L	内部尺寸/mm			钢板厚度/mm	槽体重/kg
	长	宽	高		
156	600	500	600	4	66
310	800	600	800	4	140
520	1 000	800	800	4	200
620	1 200	800	800	5	250
780	1 500	800	800	5	290

容积/L	内部尺寸/mm			钢板厚度/mm	槽体重/kg
	长	宽	高		
950	1 800	800	800	5	350
1 550	1 800	1 000	1 000	5	500
1 050	2 000	800	800	5	400
1 700	2 000	1 000	1 000	6	560
1 300	2 500	800	800	6	540
2 150	2 500	1 000	1 000	8	730

3.2.4 电镀通用挂具

电镀挂具是电镀生产的重要工具,主要起导电、支撑和固定零件等作用,使零件在电镀槽中尽可能得到均匀的电流。所以,设计制作合理的挂具,对保证产品质量,提高生产效率,降低成本具有重要的意义。设计和选择挂具时必须掌握以下原则:第一,挂具材料和绝缘材料的选择要合理,其结果要保证镀层厚度的均匀性;第二,要有良好的导电性能,能满足工艺要求;第三,挂具与零件之间要操作方便,有利于提高生产效率。

3.2.4.1 通用挂具的结构和使用的材料

通用电镀挂具一般由吊钩、提杆、主杆、支杆和挂钩几部分组成(图 3-19)。吊钩的作用是把挂具悬挂在导电杆上,要有足够的强度。吊钩一般由纯铜、黄铜和不锈钢制作,吊钩和提杆可以作成一体,也可以焊在一起。吊钩要卡紧在导电杆上。为了方便提挂具,采用提杆。提杆要高出液面 50 mm 左右。主杆有 1 根、2 根、甚至多根,它支撑零件重量,导通电流,因此要有足够的截面积。支杆是主杆的分支,选择原则与主杆一样,尺寸比主杆小。挂钩用于悬挂或夹紧镀件,保证电镀过程中不脱落,又保证镀件与挂具接触良好。挂钩形式如图 3-20 所示。这五部分可焊接成固定式,也可将挂钩和支杆制作成可调节的装配式。

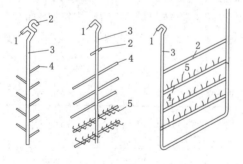

图 3-19 通用挂具形式和结构
1——吊钩;2——提杆;3——主杆;
4——支杆;5——挂钩

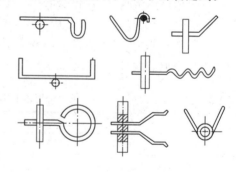

图 3-20 挂钩形式

应根据镀件的几何形状、镀层的技术要求、工艺方法和设备的大小来选择挂具。如果挂具形式和结构选择不当,就会影响镀层质量。例如,片状镀件在上下道工序之间会随镀液的阻力而漂落,在选用挂具时要将镀件夹紧或用铜丝扎紧。若镀件较重而有孔时,可选用钩状的挂具。如自行车钢圈是圆形的,而且只要镀内侧,就要选用较大的夹具将钢圈的外侧夹住。电镀时零件与零件之间应考虑自由空间和电力线的影响。要使镀层均匀,必须保持一定的距离。小型板镀件之间间隔为 15～30 mm,杯状镀件间隔为直径的 1.5 倍。

　　总之,挂具的形式必须视镀件的形状和被镀表面而定,在电镀中对挂具形式和结构的选用是否合理,材料使用是否恰当会直接影响产品质量和生产效率。挂具常用的金属材料见表 3-8,常用的金属材料的相对导电率比较见表 3-9。

表 3-8　　　　　　　　　　　　电镀挂具常用的金属材料

镀液种类	电流密度/(A/dm²)	挂具主杆材料	挂具支杆材料
酸性镀铜	1～8	紫铜、黄铜	黄铜、磷青铜
氰化镀铜	0.5～7	紫铜、铁	黄铜、铜丝
镀镍	0.5～7	紫铜、黄铜	黄铜、铜丝
镀铬	10～40	紫铜	紫铜
镀锡	1～3	紫铜、黄铜	黄铜、磷青铜
镀镉	1.5～5	紫铜、黄铜	黄铜、磷青铜
酸性镀锌	2～3	紫铜、黄铜	黄铜、磷青铜
镀黄铜	0.3～0.5	铁、黄铜	黄铜、磷青铜
镀金	0.1～2	黄铜	不锈钢、黄铜
镀银	0.5～2	黄铜	不锈钢、黄铜
氟硼酸镀液	1～3	铜	紫铜、黄铜
阳极氧化	0.8～2	铝	铝
碱性镀锌	2～5	紫铜、黄铜	黄铜、磷青铜

表 3-9　　　　　　　　　　　　常用金属材料的相对导电率比较

材料名称	相对电导率(相对于铜)	材料名称	相对电导率(相对于铜)
铜	100％	镍	25％
铝及铝合金	60％	低碳钢	17％
黄铜	28％	不锈钢	7％
磷青铜	15.8％	钛	0.5％～1％
铅	8％		

3.2.4.2　挂具截面积计算

　　挂具截面积的大小很重要,若挂具截面积过小,则需要很长的时间才能使镀层厚度达到要求。若截面积过大,则会造成材料的浪费,所以挂具截面积计算要合理。

　　几种镀件所需挂具截面积的计算公式如下:

镀镍挂具的截面积

$$A=\frac{5SIn}{4m}$$

镀铜、锌、锡、铜锡合金挂具的截面积

$$A = \frac{3SIn}{5m}$$

装饰性镀铬挂具截面积

$$A = \frac{5SIn}{m}$$

耐磨性硬铬挂具截面积

$$A = \frac{(30 \sim 50)SIn}{3m}$$

式中　A——挂具的截面积,mm^2;

　　　S——镀件的有效面积,dm^2;

　　　n——镀件数量;

　　　I——电流,A;

　　　m——主杆数量。

3.2.4.5　挂具的使用要求

挂具和阴极杆的接触是否良好,对电镀质量至关重要,尤其是在大电流镀硬铬及装饰性电镀中采用阴极移动的搅拌时,往往因接触不良而产生接触电阻,使电流不畅通。因而产生断续停电现象,引起镀层结合力不良,还会影响镀层厚度,造成耐蚀性能降低。因此要求在加工挂具和使用时,要保持挂具与阴极杆之间的接触点的清洁和良好的接触。导电极杆截面常用的有圆形及矩形,要求挂钩设计时的悬挂方法也不同。图 3-21 所示为几种悬挂方法的比较。

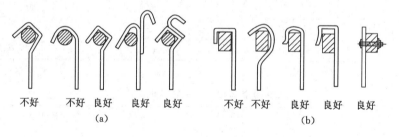

图 3-21　挂具悬挂方法比较

3.2.4.6　挂具的绝缘

由于清洁生产的要求,电镀的挂具不允许不绝缘。如果挂具与镀液之间不经过绝缘,挂具的主、支杆在电镀时均浸在镀液之中,挂具与镀件同样经过电镀的全过程,浪费能源和金属材料,增加电镀成本。因此挂具的绝缘是很重要的。要求绝缘材料在电镀时能耐高温,不影响镀液成分,并保持一定时间内不损坏。

绝缘前应进行预处理,即去除挂具上的毛刺、焊垢,将其凹凸处整平。在支杆、挂钩等处施加压应力,延长挂具寿命。

绝缘方法主要有三种:

① 包扎法。通常采用宽度为 $10 \sim 20$ mm、厚度为 $0.3 \sim 1$ mm 的聚氯乙烯塑料薄膜带或者玻璃纤维布在挂具上需要绝缘的部位自下而上进行包扎并拉紧,再用透明绝缘漆浸渍,干燥后即可使用。

② 浸涂法。将已经预处理的挂具浸涂绝缘材料,进行全封闭处理,干燥后使用。绝缘材料为聚氯乙烯、邻苯二甲酸二丁酯或二辛酯,调和成糊状使用,调和比(质量比)为 1∶1,浸涂温度为 170±10 ℃,时间为 15~20 min。

③ 沸腾流化法。将挂具在 250 ℃预热 40~60 min,放入盛有树脂粉的筒中,从筒底部送入压缩空气,使树脂粉漂浮起来粘在热挂具上,然后冷却成膜。

3.2.5 槽液的加热装置

电镀溶液加热最常用的方式是蒸汽加热、电加热及煤气加热。蒸汽加热的方法具有价格低、安全、资源丰富等优点,是国内普遍使用的一种加热方法。但蒸汽加热具有设备复杂、加热时间较长等缺点,适用于溶液温度不太高时的加热。电加热具有加热设备简单、加热效率高、加热时间短、温度控制方便、可靠等特点。

3.2.5.1 热量的计算

首先计算槽液工作时和升温时的热损耗量,然后确定热能消耗量和加热器等。

(1) 工作时热损耗量的计算

工作时(热平衡状态下)总的热损耗量包括槽壁的散热、加热零件的热损耗量、槽液蒸发时的热损耗量和每小时因工作损耗而需补充新鲜槽液的热损耗量等。每小时总的热损耗量可按下式计算,即

$$Q_h = k(Q_{h1} + Q_{h2} + Q_{h3} + Q_{h4})$$

式中　Q_h——工作时总的热损耗量,W;

Q_{h1}——通过槽壁散失的热损耗量,W;

Q_{h2}——加热零件的热损耗量,W;

Q_{h3}——槽液蒸发时的热损耗量,W;

Q_{h4}——补充新鲜槽液的热损耗量,W;

k——其他未估计到的热量损失系数,$k = 1.1 \sim 1.2$。

① 槽壁损失的热损耗量的计算

每小时通过槽壁散失的热损耗量按下式计算,即

$$Q_{h1} = KF(t_c - t_{c0})$$

式中　K——槽壁的传热系数,W/(m² · ℃);

F——槽壁的表面积之和,m²;

t_c——槽液工作温度,℃;

t_{c0}——车间温度,℃。

② 加热零件时热损耗量的计算

每小时加热零件时热损耗量按下式计算,即

$$Q_{h2} = Gc(t_c - t_{c0})$$

式中　G——按质量计算的最大生产率,kg/h;

c——零件的比热容,J/(kg · ℃)。

③ 槽液蒸发时热损耗量的计算

每小时槽液蒸发时的热损耗量按下式计算,即

$$Q_{h3} = 1.824(\alpha + 0.0174v)(p_2 - p_1)Fr$$

式中　α——周围空气在温度为 15～30 ℃时的重力流动因素,按表 3-10 选取;

　　　v——槽液面的空气流速,m/s,按表 3-11 选取;

　　　p_1——相应于周围空气温度下饱和空气的水蒸气分压,kPa;

　　　p_2——相应于槽液蒸发表面温度下饱和空气的水蒸气分压,kPa,蒸发表面温度可按表 3-12 选取;

　　　F——槽液蒸发表面积,m^2;

　　　r——水的蒸发焓,kJ/kg,取 2 259 kJ/kg。

表 3-10　　　　　　　　　　　　　　　重力流动因素

水温/℃	<30	40	50	60	70	80	90	100
α	0.022	0.028	0.033	0.037	0.041	0.046	0.051	0.06

表 3-11　　　　　　　　　　　　　　　固定槽液面建议风速

用途	槽液中主要有害物	槽液温度/℃	风速 v/(m/s)
酸洗除锈	硫酸	70～90	0.40
碱洗除油	苛性钠、碳酸钠	70～90	0.30
磷化	马日夫盐、磷酸二氢锌	60～95	0.30
钝化	重铬酸钾	50～80	0.35
热水化	水蒸气	60～90	0.25

表 3-12　　　　　　周围空气为 $t_{c0}=20$ ℃,$\psi=70\%$时的蒸发表面温度

槽液温度/℃	20	25	30	35	40	45	50	55	60	65	70	75	80	85	90	95	100
蒸发表面温度/℃	18	23	28	33	37	41	45	48	51	54	58	63	69	75	82	90	97

④ 补充新鲜槽液的热损耗量的计算

平均每小时补充新鲜槽液的热损耗量按下式计算,即

$$Q_{h4}=V_1\rho c(t_c-t_{c0})$$

式中　V_1——平均每小时补充新鲜槽液的容量,L/h;

　　　ρ——槽液的密度,kg/dm^3;

　　　c——槽液的比热容,J/(kg·℃)。

(2) 槽液从初始温度升温到工作温度时的热损耗量计算

槽液加热时的总热损耗量除考虑加热槽液的热损耗量外,还应同时考虑槽壁的散热和加热槽液时液面蒸发的热损耗量等因素。因此,升温时每小时总的热损耗量可按下式计算,即

$$Q'_h=\frac{V\rho c(t_c-t_{c0})}{t}+\frac{1}{2}(Q_{h1}+Q_{h3})$$

式中　Q'_h——槽液升温时总的热损耗量,W;

　　　V——固定槽的有效容积,L;

　　　t——升温时间,h,按表 3-13 选取。

表 3-13　槽液升温时间

固定槽有效容积/m³	1～5	5～10	10～15	15～20	>20
升温时间/h	0.5～1.0	1.0～2.0	2.0～3.0	3.0～4.0	4.0～6.0

3.2.5.2　蒸汽加热

(1) 蒸汽加热装置

根据加热方式的不同,蒸汽加热装置可分为直接加热和间接加热两种形式。

① 直接蒸汽加热装置

直接蒸汽加热装置是最简单的加热装置。即利用加热器将蒸汽直接通入被加热的槽液中,经冷凝将其热量传给被加热的槽液,而冷凝水则和槽液相混合。此装置的最大特点是效率高,但容易改变槽液浓度,因此,仅适用于清洗水槽的加热。

② 间接蒸汽加热装置

间接蒸汽加热装置是利用加热器将蒸汽和被加热的槽液隔开,并通过加热器使蒸汽热量传给被加热的槽液。间接加热可分为槽内加热和槽外加热两种形式。

间接蒸汽加热装置的热源是饱和蒸汽,饱和蒸汽的传热系数较高,蒸汽压力为 0.2～0.3 MPa。常用的加热器有蛇形管式、排管式、套管式和管束式换热器。通常这几种换热器都安装在固定槽内,称为槽内加热。另一种是采用套管式、列管式等换热器,在槽外布置,称为槽外加热。槽外加热器的特点是传热系数大,槽液升温快,加热器不占槽体的空间,便于清洗槽体。但加热器结构复杂,并配备有泵及管道等。

(2) 蒸汽加热装置的计算

① 蒸汽消耗量计算

a. 升温时蒸汽消耗量的计算

升温时每小时的蒸汽消耗量按下式计算,即

$$G_r = \frac{Q'_h}{r}$$

式中　G_r——升温时每小时的蒸汽消耗量,kg/h;

　　　Q'_h——升温时的总热量消耗量,W;

　　　r——水的蒸发焓,kJ/kg,取 2 259 kJ/kg。

b. 工作时蒸汽消耗量的计算

工作时每小时的蒸汽消耗量按下式计算,即

$$G'_r = \frac{Q_h}{r}$$

式中　G'_r——工作时每小时的蒸汽消耗量,kg/h;

　　　Q_h——工作时的总热量损耗量,W。

② 蒸汽加热器的计算

蒸汽加热器的计算包括加热器换热面积和长度的计算。在计算加热器的换热面积时,必须选取最大的热损耗量计算热量。

a. 换热面积的计算

加热器的换热面积可按下式计算,即

$$F=\frac{Q_{hmax}}{K(t_{c1}-t_{cm})}$$

式中　F——蒸汽换热器的换热面积，m^2；

　　　Q_{hmax}——最大的热损耗量，W；

　　　K——加热器的传热系数，$W/(m^2 \cdot ℃)$，按表 3-14 选取；

　　　t_{c1}——饱和蒸汽的温度，℃；

　　　t_{cm}——槽液的平均温度，℃，$t_{cm}=\dfrac{t_c+t_{c0}}{2}$。

　　b. 加热器总长度的计算

　　加热器总长度按下式计算，即

$$L=\frac{F}{\pi D}$$

式中　L——蒸汽加热器的总长度，m；

　　　D——蒸汽加热器的外径，m。

　　换热管的表面积确定后，应正确选择其直径、长度及蒸汽流速。管径及流速过大，长度过小，蒸汽在管内来不及冷却成液体就排出管外，使得换热效率较低；管径过小，则管内冷凝水不易排出，换热量减少，加热时间延长。蒸汽在换热管中的允许最大流速及通过热量的最大值可从表 3-15 中选用。

表 3-14　　　　　　　　　　　　换热过程传热系数 K 的平均值

放热介质	传热材料	吸热介质	K 值/$[W/(m^2 \cdot ℃)]$
蒸汽	钢	水	872
蒸汽	铅	水	582
蒸汽	化工搪瓷	水	465
蒸汽	钢管外镶石墨玻璃钢	水	349
沸腾液体	钢	冷液体	233
未沸腾液体	钢	冷液体	116~233
未沸腾液体	保温层结构	空气	0.98
液体	钢	空气	9.3~17

表 3-15　　　　蒸汽在换热管中的最大流速及通过热量的最大值（$p=0.3$ MPa）

管道公称直径/mm	15	20	25	40	50	70	80	100
允许最大流速/(m/s)	10.1	14.1	17.2	21.7	24.6	29.7	33.8	38.4
通过热量最大值/W	27 196	71 128	142 256	418 400	794 960	1 589 920	251 040	5 020 800

　　c. 加热管结构及安放形式

　　蒸汽加热采用蛇形及排形加热管，如图 3-22 及图 3-23 所示。

　　前者结构简单，易于制作；后者有水封，凝结水易排出，加热效率较高。加热管的蒸汽入口及冷凝水出口位置应使得冷凝水易排出。加热管在槽中的安放位置，不应由于镀槽加热

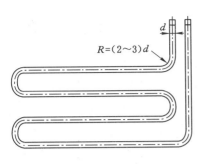
图 3-22　蒸汽加热蛇形管

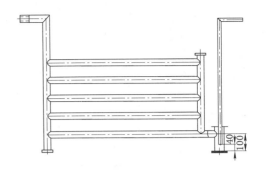
图 3-23　蒸汽加热排形管

使沉淀物浮起而影响镀层质量,并要能对溶液均匀加热,一般安放在侧壁较好,并在液面 10 mm 以下。加热管与槽壁及槽底应有 2～3 倍于直径的距离,以利于对流传热。管与管间距应大于管径的 1～2 倍。为了控制蒸汽流量,在管子的进口要装一个阀门。为了进一步对蒸汽冷凝水加以利用,在不影响操作的情况下,固定槽的外面可加一个水套,把冷凝水直接放入水套夹层中,用冷凝水放出的余热来加热槽体并阻止槽壁的热损失,以减少蒸汽的消耗量。去油槽温度高,水分蒸发快,可将冷凝水的一部分引入槽中对水量进行补充。但应防止溶液溢出。

加热管的材料应根据槽液性质确定,常用的有钢管、不锈钢管、铅锑合金管、钛管等金属材料。随着工程塑料的发展,氟塑料越来越多地用于钢槽加热,可用于镀铬、氟硼酸镀铅、不锈钢酸洗、钛合金酸洗等槽加热溶液。氟塑料加热管通常采用管径小、管壁薄的管子,如 $\phi 10$ mm×1 mm,可增加管子传热面积,提高加热效率。

(3) 蒸汽输送管道的选择和计算

管道管径是根据蒸汽压力、流量和选定的流速来确定的。选定后再用求得的管径和流量来验算压力损失。蒸汽输送管道一般采用镀锌钢管材料。

① 各种分管道的蒸汽负荷的计算

电镀车间蒸汽管道根据用途和作用可分为下列几种:

a. 蒸汽支管道　直接接至耗汽设备上的管道,其负荷(即耗汽量)以该设备的最大负荷计算。

b. 蒸汽分支干管道　接至整个设备上(包括数个耗汽设备)供汽的管道,其负荷以该分支干管供汽范围内各设备可能出现的实际最大耗热量来计算。

c. 蒸汽总管　从锅炉房至车间的管道。车间全部设备的最大负荷乘以设备同时使用系数,并考虑一定的热损失或蒸汽漏损的附加系数,可用下式计算,即

$$G = G_{\max} R_1 R_2$$

式中　G——蒸汽总管负数,kg/h;

　　　$G_{\max}$——车间的最大负荷,kg/h;

　　　R_1——设备同时使用系数,0.8～1.0;

　　　R_2——损耗系数(包括热损失和漏损,一般采用 1.05～1.08)。

d. 凝结水管道管径　可按蒸汽管道的管径小一级选用,但管径小于 25 mm 以下的管道,可采用和蒸汽管道相同的管径。

② 蒸汽管径的选择

表 3-16 列出饱和蒸汽的允许流速,表 3-17 列出饱和蒸汽在不同管径、不同压力、不同流速条件下的质量流速,可供选择管径时参考。

表 3-16   蒸汽管道允许流速

公称直径 D/mm	15～20	25～32	40	50～80	100～150
允许流速 v/(m/s)	10～15	15～20	20～25	25～35	30～40

表 3-17   各种管径饱和蒸汽压质量流速   kg/h

公称直径 D/mm	流速 v/(m/s)	压力 p/MPa					
		0.1	0.2	0.3	0.4	0.5	0.6
1	2	3	4	5	6	7	8
15	10	7.8	11.3	14.9	18.4	21.8	25.3
	15	11.7	17.0	22.4	27.6	32.4	37.6
	20	15.0	22.7	29.8	30.8	43.7	50.5
20	10	14.1	20.7	27.1	33.5	39.8	46.0
	15	21.1	31.1	38.6	50.3	57.7	69.0
	20	28.2	41.4	54.2	67.0	79.6	92.0
25	10	34.4	50.2	65.8	81.2	96.2	111.0
	20	45.8	66.7	87.8	108.0	128.0	149.0
	25	57.3	83.3	110.0	136.0	161.0	180.0
32	15	60.2	88.0	115.0	142.0	169.0	190.0
	20	80.2	117.0	154.0	190.0	226.0	260.0
	25	100.0	147.0	193.0	238.0	282.0	325.0
	30	120.0	176.0	230.0	284.0	338.0	390.0
40	20	105.0	154.0	202.0	249.0	383.0	343.0
	25	132.0	194.0	258.0	311.0	354.0	428.0
	30	158.0	232.0	306.0	374.0	444.0	514.0
	35	185.0	268.0	354.0	437.0	521.0	594.0
50	20	157.0	229.0	301.0	371.0	443.0	508.0
	25	197.0	287.0	377.0	465.0	554.0	636.0
	30	236.0	344.0	452.0	558.0	664.0	764.0
	35	270.0	400.0	530.0	650.0	776.0	885.0
70	20	299.0	437.0	572.0	706.0	838.0	970.0
	25	374.0	542.0	715.0	880.0	1 052.0	1 200.0
	30	448.0	650.0	858.0	1 060.0	1 262.0	1 440.0
	35	525.0	762.0	1 005.0	1 240.0	1 478.0	1 685.0

公称直径 D/mm	流速 v/(m/s)	压力 p/MPa					
		0.1	0.2	0.3	0.4	0.5	0.6
80	25	528.0	773.0	1 012.0	1 297.0	1 480.0	1 713.0
	30	630.0	926.0	1 213.0	1 498.0	1 776.0	2 053.0
	35	738.0	1 082.0	1 415.0	1 749.0	2 074.0	2 400.0
	40	844.0	1 237.0	1 620.0	1 978.0	2 370.0	2 740.0
100	25	784.0	1 149.0	1 502.0	1 856.0	2 201.0	2 547.0
	30	940.0	1 377.0	1 801.0	2 220.0	2 640.0	3 058.0
	35	1 099.0	1 608.0	2 108.0	2 600.0	3 083.0	3 568.0
	40	1 250.0	1 832.0	2 396.0	2 980.0	3 514.0	4 030.0

（4）热力管道设计布置原则

① 车间蒸汽管入口总管上应装有控制阀和压力表，并根据车间需要，在蒸汽管道上安装减压装置。当室外蒸汽管道地沟敷设时，应在进入车间入口处建筑物的墙上或车间地坪处预留安装孔。

② 根据电镀车间镀槽布置特点，车间热力管道一般敷设方式如下：

a. 车间工艺设计的镀槽布置方式采用靠墙一侧为单排时，靠墙一侧的管道尽量敷设在墙上，或沿槽敷设，或沿镀槽支柱敷设。

b. 工艺槽按环形自动线工作顺序布置时，则在镀槽的内侧（或当有操作踏板时，可在镀槽的外侧）设支柱敷设管道。采用架空方式敷设管道时，其高度一般不少于 2.5 m，以不妨碍通行为原则，并尽量减少对采光的影响。沿墙壁、槽壁敷设时，最低高度以不妨碍安装为宜，最高以不妨碍操作为宜。蒸汽管道采用地沟敷设时，需考虑防水、防腐和排水措施。

c. 电镀车间的酸性和有毒性的加热槽以及其他有可能使凝结水污染的耗热设备的凝结水，均不予回收至锅炉房，按工艺槽布置就近经过，将凝结水送至热水槽使用。

d. 热水管道安装时应有不小于 0.002 的坡度。

e. 管道穿墙、楼板和其他建筑物处应设置套管，套管的内径应大于所穿管道外径 20～30 mm 并用石棉嵌塞。

f. 管道不得穿过风管、风道。热力管道应敷设在上水管道、冷却水和回水管道上面。热力管与电力设备最小尺寸为 0.2～0.5 m。如不能符合要求时，在蒸汽管道外加绝缘层，可适当减小距离。

g. 敷设管道时，应考虑热膨胀问题。布置管道时应尽量采用自然补偿，如自然转弯处等。已有的弯曲段不能满足热补偿，应设置方形补偿器。

3.2.5.3 电加热装置

（1）电加热装置的类型

① 管状电加热器 管状电加热器是在金属管内放入电热丝，并在空隙部分填充有良好耐热性和绝缘性的结晶氧化镁。电热丝两端通过两个引出棒与电源相连，具有结构简单、寿命长、热效率高、机械轻度好、可以弯曲成各种形状、使用安全等优点，不但成本降低，且耐腐

蚀性提高。

管状加热器组件的型号、规格、性能形状及尺寸应根据生产情况选定。可参阅有关手册或生产厂家的产品目录选用。

② 氟塑料电加热器　这是一种新型耐强腐蚀的电加热器,用于各类腐蚀性液体的加热,具有优良抗老化性和较好的弯曲性能。接头采用全封闭式防酸碱,设有过热安全保护系统,使加热器不易烧毁、使用寿命长、全封闭、不腐蚀、不漏电、带接地保护、安全可靠,适用温度 110 ℃以下(在高浓度液体内加热,必须配置搅拌)。

③ 钛电加热器　钛电加热器采用纯钛管制作,适合于各种酸性液体中使用,如镀铬、化学镀镍、酸性镀铜等。

④ 不锈钢电加热器　适用于在 pH 值大于 7 的液体中加热,同时可制成日用管状电加热元件在干烧管、烘房、烤箱、静态、流动空气、油、水、压模等途径中使用。

⑤ 石英、陶瓷电加热　适用于在抛光及比较稠的液体中加热,抗酸碱,且防腐蚀。

⑥ 电热膜超薄型板式电加热器　采用钛板或不锈钢板制作,换热面积大、热效率高、使用寿命长,是一种全封闭的新型加热器。

(2) 电功率的计算

升温或工作时的电功率可按下式计算,即

$$P = \frac{Q'_h}{1\ 000}$$

式中　P——升温或工作时所需的电功率,kW;

　　　Q'_h——升温或工作时的总热损耗量,W。

(3) 电加热槽的安全接地

电镀车间的工作环境一般比较潮湿,如发生电加热组件漏电或玻璃加热管破碎等情况,会造成工人触电伤亡事故,因此需采用安全接地措施。

3.2.6　槽液的冷却装置

溶液的冷却方式有槽内冷却管冷却、槽外换热器冷却和临时性冷却。这里主要介绍普遍使用的槽内冷却管冷却方式及有关计算方法。

冷却管冷却的优点是结构简单、制造安装容易、不需要专门的换热器及溶液循环水泵。其缺点是占用了固定槽内部空间,影响装载量。由于槽液接近静止状态,换热器所需换热面积较大。

常用的冷却介质有自来水、冷冻水(机械制冷水)、氟利昂、氨等,选用冷却介质时,应根据需要维持的温度和费用确定。

溶液温度　−10～18 ℃　氟利昂和氨制冷机组;

溶液温度　18～25 ℃　自来水、冷冻水、氟利昂和氨制冷机组;

溶液温度　25 ℃以上　自来水。

自来水冷却不需要专门的制冷设备,所需的换热面积较大,只要水源充足、水温适宜,应优先采用自来水冷却,用过的冷却水可排至冷水清洗槽或热水清洗槽使用,以节约用水;若水温小于或等于 17 ℃,普通硫酸阳极氧化槽液也宜用自来水冷却。

冷冻水(机械制冷水)的温度(一般为 4～5 ℃)比自来水温度低,因而对溶液产生的温差较大,冷却效率比自来水高,冷却管内的压力为一般水泵的压力,但需要一套制冷机组和制冷循环泵。氟利昂和氨制冷机组直接蒸发冷却,即制冷剂在冷却管内蒸发,故效率高、冷却快,但冷却管内的压力较大,不工作时如气温太高、冷却管内压力超过其强度试验压力时应将制冷剂抽走。为防止冷却管损坏时溶液进入制冷机组,一般采用正压操作。氨的特点是单位体积制冷量比氟利昂略高一些,易溶于水不溶于润滑油,有臭味,漏气时易发现,含水分时对铜及铜合金有腐蚀。当空气中含有 13%～26% 的氨时,遇明火有爆炸危险,有刺激性臭味,对人体有害,应有必要的安全保护措施。

氟利昂的特点是单位体积制冷量比氨略小些,与水不化合,极易溶于润滑油,无臭味,渗漏性强,对钢铁金属无腐蚀性,不燃烧,也无爆炸危险,无毒性。氟利昂制冷机组能自动控制,操作管理方便。氟利昂管道系统是否渗漏,可用卤素检漏灯检验。由于氟利昂制冷系统的广泛应用,其泄露物会破坏大气臭氧层,因此国际上限制使用,各国都在开发新的无公害制冷机组。

(1) 冷量计算

镀槽中产生的热量,主要取决于输入槽内的电流和电压,此外车间环境温度对溶液温度亦有较大影响,空气中的热量主要是通过液面和槽壁传递给溶液引起温度升高的。化学反应产生的热量由实际经验确定(可通过最大装载量时每小时溶液温度升高的度数来确定),一般只按电流和电压计算再乘上附加系数即可。

工作时槽产生的热量

$$Q_1 = 3.6UI$$

式中　Q_1——工作时槽产生的热量,kJ/h;

　　　U——平均工作电压,对于普通硫酸阳极氧化槽,取 $U \approx 18$ V;对于硫酸硬质阳极氧化槽,取 $U \approx 40 \sim 110$ V;

　　　I——工作电流,A。

槽液冷却时所耗冷量

$$Q_2 = \frac{V\rho c \Delta t_0}{\tau_0} \times (1.05 \sim 1.1)$$

式中　Q_2——预冷时的耗冷量,kJ/h;

　　　V——溶液体积,L;

　　　ρ——槽液的密度,kg/dm³;

　　　c——槽液的比热容,J/(kg·℃);

　　　Δt_0——自室温或溶液的实际温度降低到工作温度的温度差,℃;

　　　τ_0——预冷时要求的降温时间,h;一般可取 $\tau_0 = 2 \sim 3$ h。

但是如果槽体体积太大,温差又相当大,则计算出的冷量非常大,那时就应该核对这个数值是否只有在初次生产或假期后才相当大,而在平时 24 h 连续生产时数值很小。如果这样的话,就应该以维持槽液工作温度所需的冷量来计算。

工作时的计算冷量按下式确定,即

$$Q_j = (1.1 \sim 1.3)Q_1$$

式中　Q_j——工作时的计算冷量,kJ/h;

　　　Q_1——工作时槽产生的热量,kJ/h;

　　　$1.1 \sim 1.3$——冷量附加系数,适用于有绝热层的槽体,中小型槽取大值,大型槽取小值,工作温度高于室温的固定槽,此系数取 1。

确定冷量时,应算出 Q_1 和 Q_2 的数值,视它们的差数,再从具体情况出发,研究确定适量的冷量。

（2）冷却管的换热面积

$$F = \frac{Q'}{k \Delta t_2}$$

式中　F——冷却管的换热面积,m^2;

　　　　Q'——工作时的计算冷量,kJ/h;

　　　　k——冷却管的传热系数,影响的因素较多,如材料、溶液搅拌情况等,一般可参考下列数值选用,对于铅或铅锑合金管,当用自来水或冷却水冷却溶液时,可取 $k=1\,000\sim12\,350$ W/($m^2 \cdot {}^\circ\!C$);当用氟利昂时,$k=400\sim500$ W/($m^2 \cdot {}^\circ\!C$);用氨可取 $k=580\sim630$ W/($m^2 \cdot {}^\circ\!C$);对于聚四乙烯塑料冷却管,用自来水或冷却水冷却溶液时,可取 $k=800\sim1\,000$ W/($m^2 \cdot {}^\circ\!C$);

　　　　Δt_2——溶液与冷却介质的平均温度差。

$$\Delta t_2 = \frac{1}{2}(t_1 + t_2) - (t'_1 - t'_2)$$

式中　t_1——溶液的最低温度或初温,${}^\circ\!C$;

　　　　t_2——溶液的允许最高温度或终温,${}^\circ\!C$;

　　　　t'_1——冷却介质进冷却管时的温度,${}^\circ\!C$;

　　　　t'_2——冷却介质出冷却管时的温度,${}^\circ\!C$。

自来水或冷却水进出冷却管时的温度差可近似地取 $2\sim4$ ℃;直接蒸发冷却时,冷却介质进出冷却管（即蒸发管）的温度相同即蒸发温度;氟利昂或氨直接蒸发时,对硫酸普通阳极氧化槽,可取 $\Delta t_2 = 20$ ℃;对硫酸硬质阳极氧化槽,可取 $\Delta t_2 = 10$ ℃。

（3）自来水消耗量或冷却水循环量

冷却介质循环量的计算公式为

$$G = \frac{Q_j}{\rho c \Delta t_3}$$

式中　G——自来水消耗量或冷却水循环量,L/h;

　　　　Q_j——工作时的计算冷量,kJ/h;

　　　　Δt_3——冷却水进出冷却管时的温度差,可近似地取 $2\sim4$ ℃,或按实测确定。

（4）冷却管结构

自来水或冷却水冷却管长度按下式计算,即

$$L = \frac{F}{d_0}$$

式中　L——冷却管有效长度,m;

　　　　d_0——冷却管内径,m;

　　　　F——冷却管的换热面积,m^2。

冷却管一般用螺旋盘形管,其冷却水入口处的压力(kPa)用于克服管中的摩擦阻力、弯管局部阻力和生产冷却水流速,管子越长、管径越小、流速越大其摩擦阻力越大。冷却水的入口压力应大于各种阻力损失总和。表 3-18 按流速为 0.8 m/s 算出钢管每 10 m 长度的摩擦阻力损失粗略值供参考,用于铅管、钛管、聚四氟乙烯塑料管时摩擦阻力值可稍小些。

表 3-18　　　　按流速为 0.8 m/s 算出钢管每 10 m 长度的摩擦阻力损失粗略值

冷却管内径/mm	20	25	32	40
摩擦阻力损失/kPa	11.27	8.33	5.65	4.64

流速为 0.8 m/s,弯曲管径为 3 倍管子直径的弯管,每一个 90°弯管的局部阻力可按 0.118 kPa 估算。自来水或冷却水一般压力为 196～392 kPa。当用铅锑合金冷却管时,管壁厚度可按表 3-19 中数值选用。

表 3-19　　　　　　　　　用铅锑合金冷却管时的管壁厚度

冷管内径/mm	≤25	≤40	≤50
管径厚度/mm	3	4	5

3.2.7　槽液的搅拌装置

搅拌溶液的目的是使溶液温度均匀,零件周围的溶液能不断更新,保证有较高的电流密度和沉积速度;促进零件的清洗,改善清洗效果。镀液搅拌装置的形式有压缩空气搅拌、阴极移动搅拌、泵搅拌、振动搅拌等。

(1)压缩空气搅拌

压缩空气搅拌是最常见的溶液搅拌。通常在对溶液要求较高、要求进行连续和定期过滤时采用压缩空气搅拌。为了防止把油带入,要用无油鼓风机。由于空气搅拌对溶液的翻动较大,对某些镀种难免使阳极泥渣移向阴极并附在上面,使镀层表面产生毛刺,因此这些溶液必须经常过滤,最好配用连续过滤。

压缩空气搅拌装置的结构见图 3-24,它由钢管、铅管或硬聚氯乙烯塑料管制成,一般在槽底设置水平直管,空气由槽孔进入向下弯曲至槽底,在水平管上钻 φ3 mm 的两排小孔,孔向上斜开,两排孔中心线互成 90°,使压缩空气喷出后成为两个斜面,以促使溶液流动。各孔间距可取 80～130 mm,小孔面积的总和约等于搅拌管的截面积的 80%。对于中小型的固定槽,供气管可用公称直径 20～25 mm 的管子。搅拌管底面距槽底约 25 mm。压缩空气的消耗量,可按溶液表面积计算。对于中等程度的搅拌,每平方米液面约需压缩空气 0.8 m³/min;所需压缩空气压力可按每米深度 0.016 MPa 计算。

(2)阴极移动搅拌装置

阴极移动搅拌在电镀中应用比较普遍,阴极移动装置使阴极在电镀液中缓和地往复移动,其目的在于利用工件的移动来除去吸附在其表面的气泡和均匀

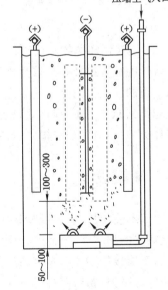

图 3-24　压缩空气搅拌装置

工件周围的溶液,同时也能改变工件与阳极的相对位置,消除不良影响。

　　移动阴极杆的方式,一般分为水平移动或垂直上下移动两种。阴极水平往复移动装置是机械搅拌的主要装置之一,由电动机、减速器、偏心轮、连杆及支撑滚轮等部件组成,如图3-25所示。阴极水平移动速度一般为1.5～5 m/min,水平移动频率10～30次/min,移动幅度40～140 mm,可调节偏心机构的偏心距来改变其行程。对于电解抛光多用垂直移动。垂直移动机构应比水平移动机构所选用的电动机功率稍大些。垂直移动往复次数50～90次/min,行程32～100 mm。对于不同零件和不同移动长度,采用不同功率的电动机,一般常用的为90～400 W。

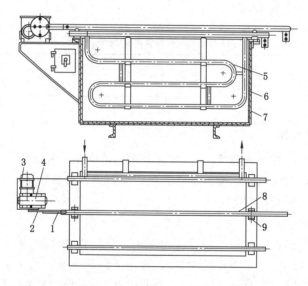

图 3-25　阴极水平移动机构
1——连杆;偏心轮;3——电动机;4——减速器;5——加热管;6——衬里;7——钢槽;
8——导电极杆;9——滚轮

　　(3) 溶液循环搅拌装置
　　溶液的循环搅拌是比较强烈的搅拌方式,主要利用溶液在槽外用换热器、冷却或连续过滤来实现的。在槽内除了连续进出口连接管外,没有任何搅拌配件占用内部空间,可使固定槽体积得到充分利用,搅拌效果也好,但进水管口的位置应选择合适,溶液流速要恰当,以免小零件被冲掉,或沉积在槽底造成溶液污染。

3.3　滚镀设备

　　滚镀不使用挂具,可以节省大量装卸零件的时间。滚镀过程中零件不断翻转、搅拌和摩擦,使镀层的均匀性、光洁度有所提高,但滚镀零件的形状、大小和镀层厚度有限制。
　　适于滚镀的零件有螺栓、螺帽、垫圈等,而弹簧、薄片等易贴合在一起的零件,以及容易变形、容易碰损、要求保持棱角的零件,则不能采用滚镀。适合滚镀的镀种较多,如Zn、Cd、Ag、Sn、Cu、Ni等。
　　为了克服滚镀的某些局限性,近来滚镀设备在扩大滚筒直径和长度、简化装料操作和自动化操作,改善滚筒溶液的循环等方面做了一些工作,从而使滚镀的产量得以提高,适宜滚镀的零件的范围扩大,操作大大简化。

3.3.1　卧式滚筒镀槽

卧式滚筒镀槽(单体式滚镀机)是使用最广泛的一种滚镀设备,主要由水平旋转的多孔滚筒、槽体及传动系统等组成,其典型结构如图 3-26 所示。

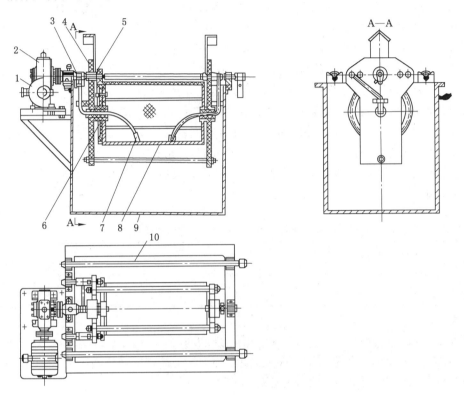

图 3-26　卧式滚筒镀槽

1——电动机;2——减速器;3——拨爪离合器;4——滚筒吊架;5——小齿轮;6——大齿轮;

7——阴极导电装置;8——滚筒体;9——槽体;10——阳极杆

3.3.1.1　滚筒结构

滚筒驱动的动力由爪型离合器传至主动小齿轮,通过与滚筒联成一体的大齿轮,使滚筒旋转。

(1)滚筒材料

除导电部分外,浸没在溶液中的滚筒构件都用绝缘的耐腐蚀材料制成。最常用的材料是硬聚氯乙烯塑料,其次是聚丙烯,小型滚筒可用有机玻璃。有机玻璃脆性大,表面易拉毛,因此只适用于电镀过程中需经常观察镀件情况的场合,如镀金等。

(2)滚筒形状

滚筒经常采用六边形和圆形,大型滚筒采用八角形。从零件翻动均匀性来看,六角形优于圆形,尤其在装载量不超过容积 1/2 时尤为明显。圆形滚筒制造方便,而且当外形尺寸相同时,圆形滚筒的装料量比六角形滚筒多 21%。当滚筒的内切圆直径大于 420 mm 时,应采用八角形滚筒,使其内切圆的半径相差小一些,以利于安稳导电。

（3）筒壁开孔

筒壁开孔是为了使阴极与阳极之间电流顺利导通,同时形成溶液对流的通道。孔按形状不同有圆孔、方孔、矩形孔等。用塑料板材加工时应根据零件尺寸选择钻孔孔径,圆孔可以随时根据生产产品尺寸在未曾开孔的新滚筒上任意钻孔,比较方便;而方孔、矩形孔或其他特殊形状的开孔,则应在制造滚筒时预先确定孔的形状和尺寸,按计划订购加工好的多孔板。圆孔的开孔面积占筒壁面积的百分比值较方孔和矩形孔小,因此对电力线的通过和溶液的流通没有方孔和矩形孔好,比较新式的滚筒结构都采用方孔和矩形孔。同时由于开孔面积的增大,可减少滚镀时的溶液带出损失,减轻废水处理设施的负荷和费用,降低滚镀时的槽电压,减少溶液温升等,有利于降低滚镀成本,提高企业的经济与环境效益。

对于圆形滚筒,当被镀零件最小部分直径为 1.8 mm 时,一般采用垂直于筒壁的小孔,孔的直径可稍大些。孔的数量在保证滚筒的强度和刚性的前提下,应尽量多些,两排孔的位置相互交错,以正三角形排列为好。当开孔直径超过 5 mm 时,孔的中心距不应过大,否则在大电流密度下工作时,零件容易局部烧焦,出现孔印似的点状花纹。表 3-20 所列为正三角形排列时垂直开孔孔径与中心距的关系。

表 3-20 正三角形排列时垂直开孔孔径与孔中心距的关系

开孔直径/mm	$\phi1.5$	$\phi2$	$\phi3$	$\phi5$	$\phi7$	$\phi10$
孔中心距/mm	4	5	7	9	11	13
开孔面积占筒壁面积百分比/%	12.75	14.51	16.66	28	36.7	43.47

被镀零件最小部分直径小于 1.8 mm 时,孔径可取为小于或等于 2 mm。正三角形排列,孔中心距为 5 mm 时,钻孔时宜钻斜孔,使孔的轴线与筒壁平面夹角为 45°～60°,轴线应向滚筒旋转方向倾斜,使旋转时溶液易于进入筒内。

加工小孔时,可先在方格坐标纸上画出中心位置,贴在滚筒壁上进行钻孔,然后将纸洗去。加工数量较多时,可以先加工一下模板,以提高加工效率和精度。

（4）滚筒门

滚筒门的结构,应保证闭合可靠,开关方便,并有足够的刚性。常用的滚筒门多为带插闩的平板结构,门的开口为六角滚筒的一个侧板上或圆形滚筒的侧壁上开一方孔。除插闩筒门外,还有用不锈钢弹性卡板来紧固平板筒门的。

由于上述两种筒门都是人工开启,工人必须触及滚筒,操作无法实现自动装卸料。为此一些新型的适应自动装卸的滚筒应运而生,现在应用于生产的有自动开闭门滚筒和开口滚筒两类。

自动开闭门分为自动摆动开闭的和自动滑动开闭的两种;开口滚筒分为水平摆动滚筒和蜗壳式滚筒两种。

自动开闭门一般是利用滚筒的自重存在的惯性,在滚筒正向运转时,筒门在拨杆的作用下自动关闭,进入镀槽内滚镀,而到装卸位置时,驱动装置使滚筒倒转,此时,筒门被拨杆推开,一边转动一边卸料,并在卸料终止时位于向上倾斜的固定位置,等待自动装料。

水平摆动滚镀的筒门没有盖板,在滚镀过程中始终敞开,滚筒不进行整圈旋转而绕水平

轴线摆动 $180°$,因而滚筒的开口总是在向上位置,装好零件后左右摆动,滚镀零件不可能在滚镀过程中掉出来,在滚镀结束以后,滚筒进去装卸位置,驱动装置带动滚筒连续旋转,零件全部卸出,最后停止在向上倾斜的固定位置,等待再次装料。

蜗壳式滚筒的横截面呈蜗壳曲线状,筒门开口直接敞开,在滚镀过程中开口朝向滚筒旋转方向,滚镀零件在筒内沿蜗形曲线向内滑行,转动一圈后跳过筒门开口处而继续在筒内滑动,每转一圈有一次大的跌落,翻动比较剧烈;当卸料时只要将滚筒反转,零件自动滑出从滚筒门的开口处卸料。

这些滚筒门的结构,各有其特点,必须根据滚镀零件的特点来选用。如自动开闭门滚筒的结构比较精巧,对于较重和较大的零件,容易引起筒门变形或卡住门板;水平摆动滚筒的翻动是靠下部筒壁的凸起实现的,每摆动一个往返,反复翻动两次,当开口处于水平位置正对左右阳极时,导电条件最好,而滚筒口向上时只靠侧壁开孔导电,因而滚镀零件承受的电流进行周期性波动,这种滚筒适宜于允许电流密度范围较大的电镀工艺过程和比较容易翻动的零件的滚镀。蜗壳式滚筒适用于螺钉、螺母及球状零件的滚镀,对于薄片状零件及质轻、易漂浮的零件,往往会在出料时粘贴在内壁上,无法自动卸料,或者在滚镀过程中随着旋转造成筒内溶液旋涡而将零件飘出筒外。

(5)滚筒内的阴极导电装置

阴极电流通过阴极导电装置传递给零件,这一导电过程是否连续、稳定,对镀层质量和产量有很大影响。同时,阴极导电装置在滚镀过程中与溶液接触的部分也会被镀上金属,所以,使用一段时间后,要清除过厚的镀层或镀瘤。如用化学退镀法快速清除镀层;对不易退除的镀镍层等,需定期更换导电装置。除与零件接触的导电部分外,都应采取绝缘措施,以免过多消耗电量,也便于清理。

最常使用的是"象鼻"式阴极导电装置,它是用一根绝缘的铜线电缆端头焊接一个铜头,伸入滚筒下部与零件接触,电缆另一端由滚筒端部空心轴孔穿出,与阴极导电座相连,达到导电的目的。当滚筒长度小于 600 mm 时,一般在滚筒左右两端各设一根"象鼻"式电缆。铜头的直径为 $20\sim40$ mm,长度为 $40\sim60$ mm。软电缆铜芯插入铜头中心孔内,用螺钉压紧或用锡焊焊牢。滚筒长度大于 600 mm 时,可在滚筒轴线中央安装一根绝缘的铜轴,从其上引出 $3\sim4$ 个"象鼻"电缆。当被镀零件自重较大,翻动均匀性不好时,还要求阴极导电装置兼作搅拌作用。

(6)滚筒的装料量

滚筒的装料量,以零件容积占滚筒内部容积的 $1/3$ 左右为宜。装载量小,产量低,零件翻动不良;装载量过大,除翻动不良外,滚筒内部溶液与外部溶液浓度差别大,造成零件上镀层不均匀,沉积速度慢。

(7)滚筒转速

滚筒的最佳转速与镀种、滚筒直径及零件表面粗糙度要求等有关。因此选择滚筒转速时,首先要考虑镀种,其次考虑滚筒直径及对镀层光亮度的要求,而零件的形状和尺寸是次要因素。对于不同镀种应选用相应的滚筒转速,对镀锌等硬质较低的镀层,为减小镀层磨损,宜选用 $4\sim8$ r/min。对镀镍和镀铜等光滑镀层则可适当采用较高转速,一般为 $8\sim12$ r/min。滚镀银转速为 $3\sim6$ r/min,滚镀锡转速为 $6\sim10$ r/min。对于镀铬等要求连续导电、电流非常稳定的镀层,为避免滚筒造成零件滚镀过程中连续通电,其转速仅为 $0.2\sim1$

r/min,零件尺寸越小,转速越慢。

　　滚筒直径和转速对于零件的翻动剧烈程度,从翻滚周期长短考虑,相同转速时直径越大,翻滚周期越长,对滚镀镀层均匀性越不利。因此,选用大直径滚筒时,要保持必要的翻滚周期,必须加大转速,因为转速越高,翻滚周期越短;但是滚筒转速是有限的,不能单纯从增大直径来提高产量,为了增加装料量,还可以通过适当增加滚筒长度来解决。还有的在一个滚筒支架上用一套驱动系统带动两个或者更多的细长型滚筒,成为孪生滚筒或行星滚筒,可以有效地提高滚筒槽的产量。

　　从镀层磨损滚光程度来考虑,滚筒直径大时,零件在筒内翻动的路线越长,磨损相对大一些。要减少磨损,就只有对直径较大的滚筒选用较低的转速,对直径较小的滚筒可以采用较高的转速。若要求镀层有较高的光亮度时,可选取上限转速。

3.3.1.2　镀槽

　　滚镀用的镀槽包括槽体、阳极导电装置和溶液调温装置等。其材料和结构与相同镀种的固定槽相同。

　　滚筒外部尺寸和阳极之间的距离一般为 80～150 mm,滚筒距槽底一般为 300 mm 以上,液面距槽边约为 80～100 mm。实际盛装溶液的容积应为按长、宽和液面高度计算后扣除滚筒装料后的实际容积。滚筒槽的容积应比较宽裕一些,除要考虑到电化学反应引起的成分变化之外,还应考虑滚筒带出溶液的损失会使溶液日渐冲淡,容积稍大一些可延长调整周期,使浓度波动不致很大,也有利于溶液的自然冷却。

　　滚筒在镀液中的浸没深度,可以说是影响电镀质量的关键因素之一。原则上说,滚筒在溶液中的浸没深度应尽可能大,这样可提高零件的电镀面积。特别注意的是:零件不可露出液面,最好应低于液面一段距离。否则,电流无法通过滚筒上部镀液进行导电,占相当大比例的零件上表面无法沉积镀层,电流只能通过滚筒的侧壁小孔对紧贴在筒内侧壁的零件进行电镀。电镀时滚筒内产生的气泡应能及时排除,并能使滚筒内外溶液自然循环流动。

3.3.1.3　传动系统

　　滚筒驱动系统按其使用条件分为多台滚筒联合驱动系统和单台滚筒独立驱动两种情况。

　　多台滚筒联合驱动系统有通过总轴齿轮传动和链条链轮传动两种。总轴齿轮传动方式由电动机经减速机、总传动轴、每个工位的正交斜齿轮、小齿轮和大齿轮等使滚筒转动。链条传动方式由电动机经减速器、链轮拖动置于水平导槽内的滚子链,逐个拖动滚筒支架上伸出的链轮,再经小齿轮、大齿轮使滚筒转动。

　　独立驱动的滚筒也有两种形式,一种是在滚筒上带一套驱动机构,由电动机经减速器、小齿轮、大齿轮,使滚筒转动;另一种是在滚镀槽上安装驱动系统,通过离合器或小齿轮连接到滚筒支架上的齿轮传动系统,使滚筒旋转。

3.3.2　倾斜潜浸式滚镀机

　　倾斜潜浸式滚镀机操作轻便、灵活,易于维护。它的结构设计非常巧妙,其装卸料导槽里端正对滚筒开口的边缘,当滚镀结束需要卸料时,将升降把手压下,滚筒逐渐离开液面,筒内溶液排尽,在滚筒轴线处于水平状态时,导料槽里端槽口自动降低到滚筒开口下沿,这样滚筒继续上翘直到工件滑出筒口,落在导料槽里而进入地上的料框中。倾斜潜浸式滚镀机的典型结构如图 3-27 所示,主要由电动机、减速器、滚筒、阴极导电装置、导料槽、手把、伞形挡液套、固定槽、阳极导电装置等组成。

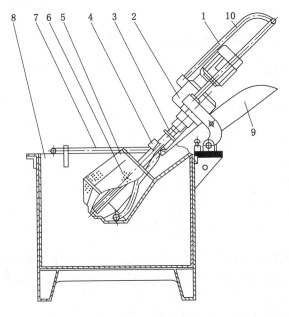

图 3-27　倾斜潜浸式滚镀机

1——电动机;2——减速器;3——快速拆装联轴器;4——伞形挡液套;5——滚筒;6——阴极导电装置;
7——阴极汇电杆;8——槽体;9——导料槽;10——手把

　　滚筒的敞口断面通常制成八角形或圆形,滚筒工作时,轴线与水平线的夹角为 40°～45°,筒壁一般用 5 mm 厚的硬聚氯乙烯板或有机玻璃板制成。为保证滚筒的强度,壁上开孔直径不宜大于 4 mm,开孔尺寸的选择原则与卧式滚筒相同。

　　阴极导电装置一般采用较粗的橡胶绝缘铜芯软电缆,或用绝缘的实心硬铜杆作为主导电杆插入滚筒中,末端接一根短的"象鼻"式阴极,使端部具有一定的弹性。这种滚镀机的最大装载量为 15 kg,最大工作电流为 200 A 左右,滚筒为钟形结构,转速一般为 10～12 r/min。批量不大、尺寸精度要求高的零件,可用这种滚镀机电镀。

　　全机动倾斜式滚镀机是在倾斜式滚镀机的基础上去掉升降手把,改为电动的滚筒摆动升降装置。滚筒摆动升降的极限位置,由行程开关控制。

3.3.3　卧式滚镀铬机

　　由于滚镀铬的电流效率低,所以滚镀铬比滚镀其他常用镀层困难得多,以致滚镀铬的工艺和设备具有一些与一般镀层工艺和设备不同的特点。

　　卧式滚镀铬机是在卧式滚筒镀槽的基础上按照滚镀铬的特点演变而成的。主要由滚筒、槽体以及传动系统等组成,如图 3-28 所示。由于镀铬工艺的特殊性,对旋转滚筒的结构需做特殊处理。

3.3.3.1　滚筒

（1）结构及工作原理

滚筒壁由普通方格钢丝网卷成,截面呈圆形(不能用多边形)。滚筒端头板为绝缘材料

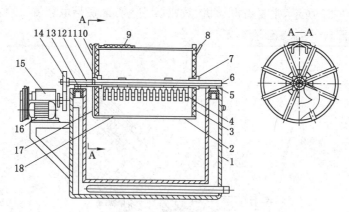

图 3-28 卧式滚镀铬机

1——槽体；2——滚镀壁；3——端头板；4——不溶性阳极；5——阳极导电座；6——中心轴；
7——挡圈；8——吊耳；9——插闩式门；10——绝缘套；11——法兰盘；12——阴极导电铜轴；13——阴极导电座；
14——齿轮(绝缘材料)；15——减速器；16——电动机；17,18——电动条

（硬聚氯乙烯板等），滚筒中心轴是实心铜杆，也是阳极导电杆。轴上安装着不溶性内阳极，阳极导电杆和阳极不随滚筒旋转。阴极电流自阴极导电座、经阴极导电铜轴、法兰盘、阴极导电装置等传给镀铬零件。

（2）滚筒装料量及其在溶液中的浸没深度

滚筒装料量一般不超过 5 kg。零件在溶液中的浸没深度，一般为滚筒直径的 30%～40%。

（3）滚筒转速

滚筒的转速与镀铬零件的尺寸有关，零件较大时，不超过 1 r/min；小零件一般为 0.2 r/min。滚筒转速过快或过慢都会影响镀铬质量。

（4）内阳极

不溶性内阳极的材料，以铅-银-锡三元合金(含银 0.5%～1%；锡 2%；其余为铅)为最好，其次为铅锑合金(含锡 30%)，纯铅最差。阳极表面越光滑，使用寿命越长。

不溶性内阳极的形状与尺寸是影响滚镀铬质量好坏的关键因素之一，使用效果较好的是多片或扇形阳极。内阳极和阴极网壁的间距约 60～90 mm，镀铬零件堆放厚度一般为 15～20 mm，应保持零件表面至阳极底面的最小间距为 40～50 mm 较好。

（5）网孔大小及筒壁材料

筒壁钢丝网通常选用网孔 4～14 mm、长为 1.5～6 mm 的未镀锌的钢丝网。新制成的钢丝网应先镀上一层铬。使用一段时间后，网孔会因镀上过厚的镀层而封住，应更换新网。因此，钢丝网壁应制作成可拆卸的结构。网壁材料不能用钢丝网，因其强度较低，而且镀上铬层后会变脆断裂，造成事故。

由于内阳极电力线分布不均，筒壁钢丝网的两端会出现镀不上铬而逐渐被溶液腐蚀的现象，应在发现镀不上铬的部位，附加小块外阳极进行保护。当滚筒停止使用时，必须将滚筒吊出槽外仔细用水冲洗干净，另行放置，不允许在不通电的情况下将滚筒浸泡在镀铬溶液中。筒体中间安装阳极滚镀时，旋转的滚筒一半浸在镀铬溶液中，靠零件的自重与铁丝网阴极接触而通电。设备比较简单，制造方便。滚镀时电流时断时续的，镀层光亮度差，结合力也不好。

3.3.3.2　槽体

滚镀铬机的槽体与挂镀用的镀铬槽相似,只是滚镀槽中不设置外阳极的导电杆。

槽体端部固定转动系统,驱动方式通常是由电动机经减速器减速后,通过齿轮啮合把动力由轴和法兰盘传递给滚筒端头板,使滚筒低速平稳旋转。

3.3.4　螺旋式自动滚镀铬机

螺旋式自动滚镀铬机由螺旋滚筒、振动器、进料装置、传动机构、导电装置、升降机构和镀槽等部件组成,如图 3-29 所示。

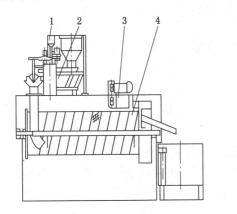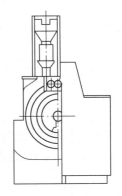

图 3-29　螺旋式自动滚镀铬机

1——料斗;2——振动器;3——双极蜗杆减速器;4——螺旋滚筒

螺旋式自动滚镀铬机的特点是:由于电磁振动均匀送料,每次数量相等,电流容易控制,因此镀层质量稳定;镀件翻动幅度较大,能使镀层厚度比较均匀,亮度一致;滚镀时间固定,进出料自动,可连续不断生产,生产效率高,操作方便;在滚镀小薄片零件时,进出口处有时有少量漏出现象。

3.3.5　离心式滚镀铬机

离心式滚镀铬机的原理是在快速旋转(200～250 r/min)的平台上垂直对称地安装两只不锈钢制的滚筒实现的。滚筒接阴极,工作时平台与滚筒以相反方向旋转。由于平台的快速转动,筒体内的镀件受离心力作用而紧贴筒壁,形成良好的电接触。同时筒体又以逆平台旋转方向转动(2～3 r/min),滚筒内的镀件就能自由地产生翻滚,保证了镀件均匀镀覆。因此,不仅解决了老式滚筒的电接触不良和电镀时间长的缺点,而且也解决了特别细小、质轻和针状零件的滚镀铬问题。滚镀时间只需 5～6 min,离心式滚镀铬装置示意图如图 3-30 所示。

3.3.6　溶液循环式滚镀机

搅拌电镀溶液能改善近阴极区扩散层的金属离子供给,有效地提高镀层沉积速度。滚镀由于滚筒使用阴极附近的溶液(滚筒内部)与槽内其他溶液受到多孔筒壁的隔离,随着电镀过程的不断进行,造成滚筒内部近阴极区溶液浓度下降,金属离子供给不足,因而滚镀沉积速度低于挂镀速度。由于不断滚磨,镀液厚度也很难达到 10 μm 以上,这就给滚镀工艺的应用造成不利影响。

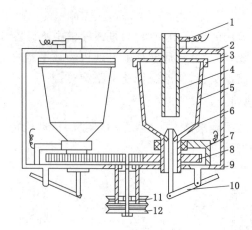

图 3-30   离心式滚镀铬装置示意图

1——阳极电刷；2——上平台；3——密封圈；4——阳极；5——滚筒；6——密封圈；7——阴极电刷；

8——齿轮；9——下平台；10——出料装置；11——平台转动带轮；12——筒体转动带轮

为了改善溶液均匀性，利用水泵使滚筒内外的溶液机械循环搅拌是一种有效途径。溶液循环式滚镀机就是采用这种原理设计的。它由滚筒、槽体、液下泵等组成。其结构原理如图 3-31 所示。

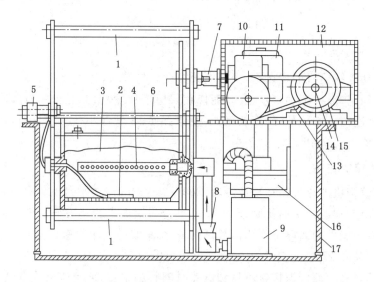

图 3-31   溶液循环式滚镀机示意图

1——滚筒支柱；2——阴极触头；3——滚筒；4——喷管；5——阴极导电座；6——阳极；7——连接套；8——橡胶塞；

9——过滤筒；10——减速器；11——水泵电机；12——护罩；13——V 带；14——带轮；15——电机；

16——液下泵；17——电镀槽

这种循环方式能使溶液很均匀，液流较快，对提高沉积速度比较有效。液下泵抽出的镀液经过滤后，送入滚筒内喷管喷出，达到强制镀液循环流动的目的。

这类滚镀机除进行一般的金属电镀和合金镀外，还特别适用于复合镀层的滚镀，可以使复合镀层的微粒均匀有效地悬浮在溶液中，解决了复合镀层小零件的滚镀困难。

3.3.7　微型滚镀机

当电镀工件的尺寸和批量较小(每次不超过 2 kg)时,可采用微型滚镀机。微型滚镀机的形式有多种,常见的是自带电力传动系统的卧式小滚筒,如图 3-32 所示。

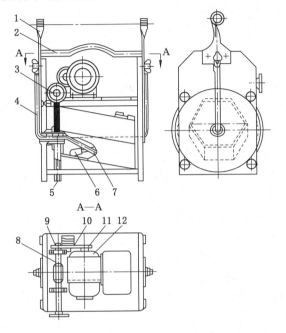

图 3-32　微型滚镀机

1——导电钩;2——提梁;3——手轮;4——滚筒支架;5——涡轮;6——阴极导电装置;7——滚筒;
8——蜗杆;9,11——齿轮;10——中间齿轮;12——电动机

全机质量为 6 kg 左右,工作时可以直接挂在普通镀槽的阴极杆上。微型滚镀机的滚筒采用六边形,工作长度不超过 200 mm,六边形内切圆直径不超过 125 mm。滚筒在支架上安装时,滚筒的轴线与实际旋转轴线有的成 10°～15°夹角,有的水平。倾斜安装的滚筒翻动较好,零件在筒内既可上下旋转翻滚,又可左右窜动,滚筒内外的溶液对流条件也好一些。滚筒材料为有机玻璃、聚氯乙烯、聚丙烯等。电动机功率为 10～15 W,有用直流电机,也有用单相交流电动机,10 W 的单相交流减速电动机可以选购微电机厂的定形产品,不同的减速比有不同的规格。直流电机宜选用 12 V 电源,对于稍大一些的微型滚镀机,可以选配10～15 W 的电动机。

3.3.8　振动式电镀机

在电镀生产中,小型零件电镀多采用滚镀加工。由于滚镀存在一些固有的缺点,例如:零件在滚筒内导电不畅,电阻较大,溶液升温较快;滚镀时滚筒内外溶液循环对流受阻,对筒内的金属离子补充不利,允许电流密度较小;滚筒旋转时电镀零件承受一定的滚磨和冲撞,对一些精度要求高的零件,如钟表零件、继电器精密零件、易损坏的脆性材质(如钕铁硼等)零件等,影响其加工尺寸精度;滚筒自动装卸料的设备比较复杂,影响生产效率的提高;滚筒清洗时带出溶液较多,增加了污染治理费用和生产成本等,妨碍了它的进一步扩大利用。

为了改变这种状况,采用振动技术代替滚筒翻滚办法。振动电镀就是将待镀的零件置于筛状振动容器内,使零件在电镀过程中始终保持一定频率和振幅的振动状态的一种电镀方法。振动电镀时,电镀件与溶液处于快速的相对运动之中,与阳极间具有比较均匀的电力线分布,处于阴极的零件表面得到了充足的金属离子补给和良好的电能供应,具备了比较合理的电沉积条件,能够得到较高电镀速度和优质电镀产品。

振动电镀工艺与挂镀相比,镀层沉积速度快,振动混合条件可以调节控制,生产效率高,不产生挂印。与滚镀相比,零件导电条件、电力线分布、溶液浓度变化等都优于滚筒滚镀,而且装卸料极为方便,还可以中途取出零件进行质量中间抽验;产品没有碎裂和表面擦伤现象。该工艺特别适合仪器仪表和电子产品的小型精密易碎零件电镀加工,成品效率极高。

目前国内生产的振动电镀机主要有电磁调幅式和电磁调频式两类。

电磁调幅式振动电镀机的振动元件采用工频电流工作,频率为 50 Hz。由于振动元件体积较小,可以用一个振动元件集中驱动,也可同时使用多个元件组合驱动电镀槽内的料筐振动。镀槽尺寸可以制作大一些,溶液一般在槽内静置,也可以槽外循环,机械维修保养比较方便。它适用于镀锌、镉、铜、锡及金、银等贵金属。

这类设备又分为下驱动和上驱动两种。振动机构设在镀槽下方,由穿过槽底的密封连杆将振动传递给料筐的,称为下驱动式振动电镀机;密封的振动机构设在镀槽上方和四周的,称为上驱动式振动电镀机。下驱动电磁调幅式振动电镀机由于槽内的料筐振动盘与设在镀槽下方的振动连成一体,槽下空间较大,可以制成驱动功率大的振动电镀机。现在生产的上驱式振动机多采用小型吊篮式。调节振子电源的输出功率,可以改变其振幅,以控制零件在槽内的运动情况。

电镀机配上高频振动器,可以使振子产生高频振动而且可无级调频。它兼有振动研磨和间歇脉冲电流电镀的特点,不仅能提高允许电流密度,还能得到结晶细致的镀层,设备的适用范围也更加广阔,特别适合贵金属电镀。

此外还有磁致式超声波振动电镀机,它是采用超声波振子来驱动料筐的,使设备同时具备超声波电镀和振动电镀的特长。这种设备加工的电镀件不仅镀层均匀细致,而且结合力强,特别适合管件和深孔件的电镀。

图 3-33 为振镀机结构示意图。其振动原理是小零件在振筛中受到振动作用后绕传振轴自转和公转的过程中而受镀。振镀的过程如下:振筛装在零件没入镀液中,零件靠自身的

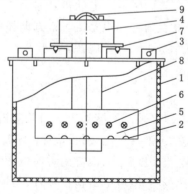

图 3-33　振镀机结构示意图

1——镀槽;2——阴极导电块;3——阳极;4——激振器;5——振筛;6——网孔盖;7——信号输入;
8——传振轴;9——提手

重力与镶嵌在筛底的阴极导电块相连。振筛的激振器接受来自振动电源(简称振源)的超声波信号,然后带动振筛进行竖直和水平方向的摇摆振动,零件在振筛内受各部位不同振幅作用进行自转和公转运动而受镀。振筛上部敞开,中心通过传振轴连接激振器,传振轴与筛壁之间是盛装零件的环形轨道,小零件就是在这样的装置内进行电镀的。这种设计零件与阳极之间不存在任何阻挡,电镀时电流阻力小,镀层沉积速度快,厚度均匀。

3.4　电镀自动线

电镀自动线是按一定的电镀工艺过程要求,将有关镀槽、镀件提升运转装置、电气控制装置、电源设备、过滤设备、检测仪器、加热与冷却装置、滚筒驱动装置、空气搅拌设备及线上污染控制设施等组合为一体的总称。与手工操作的电镀生产线相比,电镀自动线可以大幅度提高产量,稳定产品质量,降低劳动强度,提高劳动生产率,简化生产管理,缩小占地面积,改善车间环境,减少有害气体,使车间整齐美观,从而创造良好的工作环境。

电镀自动线一般按其结构特点、镀件装挂方式和镀层种类来分类。按结构特点可分为直线式(程控行车式)自动线和环形(椭圆形、U 形)自动线;按镀件装挂方式可分为挂镀自动线、滚镀自动线和带(线)材连续自动线等;按镀层种类可分为镀锌、铜镍铬和铝氧化等自动线。

选用电镀自动线的结构类型时,必须考虑生产规模、设备投资可能性、线上各设备的负荷率、工厂日常管理维修的技术水平以及改变工艺流程和调整处理时间的可能性等因素。

3.4.1　直线式电镀自动线

直线式电镀自动线是把各工艺槽排成一条直线,在它的上空用带有特殊吊钩的电动行车来传送挂有工件的极杆或滚筒。其传送方式可自动控制,也可手动控制。按电镀方式可分为挂镀自动线和滚镀自动线。按行车的车体结构类型可分为门式、悬臂式和其他特殊形式。

凡同类型镀件采用多层镀层结构,年产量在 10 000 m² 者,选用直线式电镀自动线是比较经济合理的。某些小零件虽然年产量没有这么多,但数量较多,生产又连续不断,选用小型直线式电镀自动线,也是适当的。

直线式电镀自动线具有机械结构简单、造价较低、建造方便、投产较快、行车不占用地面等优点。其缺点是辅助槽的利用率低,行车的单元动作比环形自动线多,自动控制设备比较复杂。

3.4.1.1　门式行车自动生产线

门式行车自动生产线采用门式行车来吊运电镀零件。电镀各工序所需要的各种镀槽平行布置成一条直线或多条直线,行车轨道作直线运动,利用行车上的一对或两对升降吊钩吊运,使自动线按要求程序完成加工任务。门式行车是国内使用最广泛的电镀自动行车。这种行车利用对称的两个升降吊钩平衡提升槽内阴极导电杆,传动较平稳,提升力较大,车体刚性较好,行车轨道布置在行车两侧,运行过程中比较平稳,特别适于吊运大型工件。目前应用这种行车的镀槽其宽度(自动线宽度方向)一般在 1 500～2 500 mm 范围内,吊重设计为 500 kg 以上。吊钩升降速度一般设计在 8～12 m/min 范围内。速度过低会影响自动线产量,速度过高极杆或滚筒就位时的冲击较大,溶液易溅出,零件也易漂落。为了使零件离开电镀槽时带出的溶液减少,挂具在电镀槽提升后可延时停留 1 s 左右的时间,以滴净溶液。

门式行车由车体、吊钩、传动系统、镀槽和控制系统等组成。

(1) 车体

门式行车按其行走轮所处部位和轨道高度,分为上轨式、中轨式和下轨式三种。

上轨式行车的行走轮和传动机构均安装在行车上部,行车轮运行在行车上侧面(或顶部)的轨道上,使行车前后移动,如图 3-34 所示。由于这种行车的吊重(电镀零件和阴极杆)在行车轮下面,即重心在支点的下方,当启动和停车时易产生摆动。吊钩行程越大,重心距支点越远,摆动距离越大。摆动容易使主动行走轮抬离轨道,使刹车失灵,降低停位精度,同时产生较大的振动。因此,这种形式的行车运行速度较低,一般在 12～20 m/min 范围以内。

上轨式的行车优点是电气控制元件可以固定在上部轨道侧面及行车上部,电镀车间内电镀液的飞溅及地面腐蚀性气体对其影响较小,相对地提高了这些元件的工作可靠性。因此,当厂房条件适合于将轨道固定在上部时,使用这种行车较为合适。特别是厂房不太高时(5 m 左右),上部轨道固定简单,下面没有支柱,厂房内操作区比较开阔,目前国内主要使用此类行车。由于轨道及行车重力全部由建筑物承担,对于旧有厂房应进行结构验算,且安装调整较麻烦,一般在新建工厂采用这种结构。

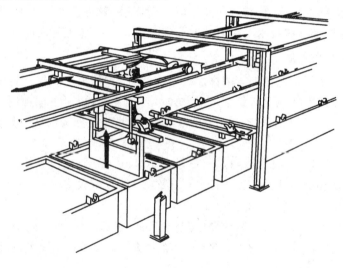

图 3-34　上轨式行车

下轨式行车的四个行走轮固定在行车下部,轨道支持在镀槽两侧的支架或地面上(图3-35),对厂房条件没有严格的荷重要求;而且行车、轨道与镀槽成为一个整体,设备可以在设备制造厂调整后运到现场安装,与建筑物的关系不如上轨道密切;同时,电气控制元件及电气元件受电镀溶液的影响较大,而且行车的重心在行走轮的上部,当行车启动和停车时,由于行车与零件的惯性作用产生较大倾覆力矩,当速度过快时有翻车的危险。所以,设计时一般运行速度均限制在较低的范围内(15 m/min 以下)。该类行车多用于轻型屋架的厂房和厂房条件较差的车间技术改造。当电器元件及机械结构采取必要的防腐措施后,这种行车的优点就能充分发挥出来。

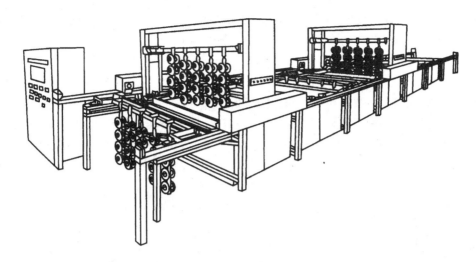

图 3-35　下轨式行车

鉴于以上两种行车存在的弱点,特别是为了进一步提高运行速度和便于电气控制元件的维护,中轨式行车得到了推广。这种行车质量重心接近于轨道高度,行车在轨道上的状态比较稳定,当行车在高速运行突然停止时,由于行车重心接近于轨道水平面,因而产生的倾覆力矩最小,从而减小了翻车和摇摆的可能性。由于提高了行车的水平运行速度(36 m/min 甚至到 46 m/min),生产线的工序间辅助运行时间减少,运行周期缩短,从而提高生产线的生产能力。

轨道设置在 2 m 左右高度,既提高了电气元件的工作可靠性,又便于工人在地面上检测更换。轨道间的支柱间隔可以取 3 m、4 m 及 6 m,视选用支柱的断面而定。这种设备安装在地面上,对厂房没有承受载荷的要求,所以安装在任何类型的厂房内都可以生产,搬迁调整也较方便。

为了保证在高速运行情况下迅速停车并保证停位精度,中轨式行车的运行轮只起承重作用,进退传动是由一对链轮与固定在轨道上的链条实现的,因此,没有打滑的可能。为了保证启动和停车平稳,可采用双速电机,或者变频调速电机,在启动初期、停车前的几秒内或水平运行很短即需停车的情况下使用低速,其他情况下使用高速。这样既提高了自动线产量,又较好地改进了行车水平运行的平稳性。

(2) 吊钩

目前使用的吊钩,在吊钩数量、导轨布置和吊钩钩体结构等方面都有很大的差别,各有其特点。

① 吊钩数量

国内应用的门式行车,按吊钩数量可分为单钩(一对吊钩)和双钩(两对吊钩)两种。

单钩行车只能一次完成装料或卸料一种工作,因此,行车有往返的空程或多位槽需要设空工位,增加了辅助时间,镀槽液不能被充分利用。而双钩行车则同时进行装料和卸料,行车没有往返空程,前一组吊钩先将槽内已有的零件吊出,后一组吊钩即可将随行车吊来的零件立即装入镀槽。因此,镀槽和行车的利用率大大提高,行车的自动控制程序也容易灵活安排。所以大多数工厂使用的自动线均采用双钩行车。对装筐生产和滚镀滚筒的调运工作,由于吊运物宽度或直径较大,采用双钩结构会使吊钩外形尺寸过大,而且镀槽处理时间较长,只要不严重影响镀槽和行车的利用率,仍可采用单钩结构。

② 吊钩导轨的布置

吊钩的运动是为了完成上下吊运零件。为此,绝大多数吊钩的导轨垂直于地面布置。对于双钩行车,现在大多数采用两条相互平行的升降导轨。两组平行导轨的间距视吊运物的大小而定,对于一般中型零件一般为 400~600 mm。选择导轨间距时应保证两组吊钩同时吊运零件(阴极杆)后互不相撞,但间距过大也会多余地增加行车的外形尺寸和结构质量,另外,确定两钩间距时还应考虑两钩是否有同时工作机会,以便节省行车时间,提高自动线产量。

(3) 传动系统

① 减速结构

行车所采用的电动机的转速多为 1 450 r/min。但是行车的运转速度和行车速度多在10~20 m/min,最高也不超过 46 m/min,传动系统的总速比一般在 10~70 范围内。要达到这样高的比速,同时又要结构小巧轻便,一般采用蜗杆减速器。

② 制动机构

行车的停车位置有严格要求,同时电动车在断电后又有惯性,所以要有可靠的制动装置,常采用的制动方式有锥形转子电动机制动,以适应短距离的频繁启动。近年来采用双速或三速电机驱动,有的采用变频调速电机进行无级变速,使停车和启动非常平稳,定位准确,能有效提高行车运行速度,缩短行车在线上的运行周期。为增加行车运行的可靠性,减少运行噪声,多数行车的行走轮外沿压铸上一层聚氨酯橡胶,也有的采用在轨道上加装齿条或链条,在行车车架上安装齿轮或链轮驱动,以提高运行停位精度。

③ 水平运行及升降传动方式

行车的平移运行多采用链传动系统将减速器输出轴的动力传送给水平运行轴,平移动作是依靠两个主动水平运行轮与轨道顶面的摩擦来实现的。主动水平轮采用聚氨酯橡胶轮,耐磨、抗振、噪声低。对于高速运行的行车,由于摩擦传动的停位精度不易保证,所以不少厂家采用链轮与轨道旁边的链条啮合来传递平移运动。这时,所有的水平运动轮都是被动轮,只起承担行车重力的作用。

行车的升降结构的传动,在原有的链条拖动的基础上,开始采用尼龙片基增强纤维带拖动,使吊起工件时实现先慢后快、下降时先快后慢的软着陆运动状态。增加纤维带传动利用顶部的卷筒使吊钩上升,而下降则利用自重自然下垂。这不仅简化了行车的机械结构,也减少了传动件的受腐蚀程度,提高了行车的使用寿命。

(4) 镀槽的布置及尺寸

直线式自动电镀机中镀槽的布置顺序及尺寸的计算是设计制作过程中的重要环节,对提高自动线产量有着重要意义。

① 镀槽布置

直线式自动电镀线,由于行车的运行轨道为直线,因此,镀槽必须沿轨道呈直线布置,以使行车在镀槽上完成工序间的吊运工作。

根据车间平面布置及工艺流程情况,镀槽可分为单行和双行两种布置方式。

单行布置可以在自动线同一端装卸料,也可以在两端装卸料。在一端装卸料的方式可由一组工人同时兼管装卸料,在操作不太繁忙或运输路线比较合理的情况下采用较多。当厂房的布置适合于一端装料另一端卸料,并且生产任务较重,一组工人不能同时兼管装卸工作而适宜分开操作时,采用两端装卸布置较为合适。

当厂房长度方向受到限制,而自动线总长度较大时,还可以布置成双行直线方式。采用门式行车时,两行直线的一端可用一个长的清水槽进行横向连接,清水槽可以设置横向运送小车,阴极杆可以在两列间相互传送。这种方式也是同时在一端装卸料,其装卸位置分别在两列镀槽的端头,操作空间较大。

对于长度较大的自动线,为了提高产量,常采用多台行车分段进行。这时,两台行车运行相交处,应设有交换极杆的工位,一般设置在清水槽或利用其他单工位辅助槽。

在进行直线式自动线镀槽排列时,还应注意各槽液的相互干扰,因直线式自动线吊运零件时难免在其他镀槽上空经过,带有各种化学成分的液体滴入镀槽后,会带来不良影响。因此,对杂质较为敏感的镀液一定不要让或少让挂具从其上空经过。有些镀种成分的镀液对其他镀液的影响较大(如镀铬溶液),一般都应设计到接近出料端的位置,这样从镀槽吊运出的带有其他化学成分的挂具经过其他镀槽的上空时,经过多次的水洗及回收,对其他镀槽的影响已限制到最低程度。另外,还应注意镀液挥发的有害气体对其他镀槽的干扰,如镀铬槽与其他镀槽一般均用除油、酸洗等辅助槽隔开。

② 镀槽尺寸

因自动线各工序间的镀件传送是由同一尺寸的行车传送的。因此,所有镀槽的宽度均应一致。在镀槽两侧或一侧一般设置有人行过道,过道以下可以安置排风管道、导电汇流排、上下水管道、蒸汽管道、压缩空气管道、阴极移动机构等。过道的高度应根据镀槽高度确定,以便于工人操作为原则。

a. 镀槽的容积

镀槽的容积既要满足产量上的需要,又要保证容纳最大工件,包括挂具。首先根据车间生产纲领、工作制度、设备年时基数、电镀时间、每天净生产时数等,计算各镀槽的单位负荷量,然后根据每米(有效长度)极杆可悬挂镀件的有效面积(一般为 $60\sim80\ dm^2$)或件数,参考车间宽度,估计每根极杆的长度,从而计算出各槽极杆的根数和每根极杆上挂具和镀件的实挂面积或件数,还要使负荷不超过 90%,留有增产余地。

b. 镀槽长度的确定

镀槽的长度是决定直线式电镀自动线宽度的主要参数。镀槽内部长度的计算公式为

$$L = l_1 + 2l_2 + l_x$$

式中 L——镀槽的长度,mm;

   l_1——镀件或挂具边缘的距离,mm;

   l_2——镀件或挂具边缘与槽壁的距离,一般为 $60\sim70\ mm$;

   l_x——阴极移动的行程,mm,如不用阴极移动,则 $l_x=0$。

在直线式电镀自动线中,由于行车运载同一尺寸的阴极杆到各槽中进行处理,所以所有镀槽的长度应相同。镀槽的内部尺寸确定后,加上衬里和镀槽的厚度,即得镀槽的外部尺寸。在施工中,常把镀槽的外部长度制成同一尺寸,把槽体和衬里材料的厚度差异忽略不计。

c. 镀槽宽度的确定

镀槽宽度的计算公式为

$$B=nb_1+2l_3+(n+1)b_2+2l_4+yb_3+yl_5$$

式中　B——镀槽的宽度,mm;

　　　n——挂镀件极杆的根数;

　　　b_1——镀件或挂具的宽度,mm;

　　　b_2——槽中固定电极的厚度,mm;

　　　b_3——加热管的内径,mm;

　　　l_3——镀件边缘与电极的距离,一般为 200 mm;没有电极的辅助槽则指与槽壁的距离,一般为 150 mm;

　　　l_4——电极与槽壁加热管的距离,一般为 50 mm,没有电极的槽子 $l_4=0$;

　　　l_5——加热管与槽壁的距离,一般为 50 mm;

　　　y——加热管的个数,两侧加热取 2,单侧加热取 1,不设加热管取 0。

l_3 取决于行车从运行到停止时挂具的晃动程度,只要镀件进出槽口不碰擦,该距离越小越好。镀铬槽电流密度较大,为了保证镀铬溶液不会发生过热现象,其镀槽的宽度比一般槽要大些,如单阴极镀铬槽的宽度可定为 800～850 mm。

d. 镀槽高度的确定

槽子高度的计算公式为

$$H=h_1+h_2+h_3+h_4$$

式中　H——镀槽的高度(即深度),mm;

　　　h_1——镀件的高度,mm;

　　　h_2——液面与槽沿的距离,一般为 100～200 mm;

　　　h_3——镀件最高点与液面的距离,一般为 20～50 mm;

　　　h_4——镀件最低点与液面的距离,一般为 150～300 mm。

在自动线中挂具的高度一般比手工槽的高,所以镀槽的高度多数为 1 100～1 350 mm。装有空气搅拌的镀槽,h_4 可取 350 mm,h_2 可取 200 mm。

(5) 控制系统

自动电镀机的控制系统由手动控制(简称手控)系统及程序自动控制系统(简称程控)两部分组成。在调试、检修、事故处理及吊运阴极杆等工作时用手控系统,自动线正常生产时用程控。手控与程控都设计在控制线路中,并且互锁。控制台可安装在自动线操作面的行车侧架下方,也可以设在便于观察及操作的地方或者设立单独的控制室。从电气设备的防腐及改善工人的工作环境来看,设立单独的控制室较为合适。

程控是按照电镀工艺的要求,预先编制好一定的程序,然后程控系统按照所编制的程序,自动指挥行车上的电动机使其正转或反转,从而在完成某个指定动作后,由检测元件发出一个反馈信号,使程序转入下一个动作。这样装有零件的阴极杆或滚筒,按照电镀工艺顺序及各种镀种规定的电镀时间通过各个工艺槽,完成全部过程。

虽然程控装置的种类较多,但其基本组成仍然是信号输入机构、控制单元及执行机构三个部分。下面分别简述。

① 信号输入机构

信号输入机构是由主令元件、现场检测元件及定时检测元件组成。

a. 主令元件

有手动按钮、开关等电器,用以实现"手动""自动""开机""停机"等状态的转换。

b. 现场检测元件

现场检测元件的作用是当一个动作完成后发出改变动作的信号,使自动电镀机转入下一个动作。常用的有行程开关、光电转换开关等。

行程开关又叫限位开关,它在撞块的配合下,能将机械信号转变为电气信号,可起到自动线行车定位的作用。根据检测对象,一个行车上应装有四种行车开关,分别控制前进、后退、上升、下降四个动作的终点。

"前进"行程开关在行车前进过程中对行车位置进行检测发出信号,行车后退过程则不起作用。"后退"行程开关则相反,行车前进时不起作用,后退过程才起作用。"前进"及"后退"行程开关均安装在行车侧面接近轨道的位置,行车轨道上则安装与行程开关相对应的撞块。撞块分为前进撞块和后退撞块两种,分别与前进及后退行程开关相配合。当撞块碰到行程开关时,开关动作,发出电气信号。前进撞块只对前进行程开关起作用,应安装在行车在前进过程中需要改变动作的工位所对应的轨道部分。后退撞块只对后退行程开关起作用,应安装在行车在后退过程中需要改变动作的工位所对应的轨道部分。如果一个工位在前进和后退过程中均需要改变动作,则改工位对应轨道上应分别安装前进及后退撞块各一个。

"上升"及"下降"行程开关分别当吊钩上升或下降到终点时与上升及下降撞块配合发出转换信号。一个吊钩上安装一个撞块,升降行程开关分别安装在导轨上端及下端。当吊钩上升到最高位置时,撞块撞压上限行程开关;吊钩下降到最低位置时撞块撞压下限行程开关,发出动作转换信号。

当撞块离开行程开关后行程开关复位,为下次发出信号做好准备。

实际生产中,行程上除了安装有四个行程开关外,一般还装有限位保护的开关,当行车出现到达自动线两端终点时未停止,或两台行车相撞,或吊钩升降到终点位置未停止等故障时,保护行程开关会自动发出停止信号,从而保护设备不被损坏。

综上所述,单钩行车一般应安装八个行程开关(四个做现场检测元件,四个做限位保护)。平行双吊钩行车应设十二个行程开关(六个做现场检测元件,六个做限位保护)。

由于触压式行程开关工作稳定可靠,安装调试简单,为大多数工厂所采用。但工作时要注意防止行程开关上的触点发生腐蚀而影响行车动作的准确性。

随着电子技术的发展,国内外已有不少直线式自动电镀机行车采用光电转换开关来实现现场信号的检测。红外光波长位于可见光波长之外,穿透能力较强,使用红外发光二极管发出的红外线可穿透两张普通白纸,因此在车间雾气较大时仍可采用。信号接收元件采用光敏二极管。发光二极管与光敏二极管间采用薄铁皮进行遮挡,薄铁皮在遮挡与不遮挡时,光电转换开关系统内部的电子电路处于不同工作状态。如果将薄铁皮安装在行车轨道上,当行车经过时,红外线发光二极管的光线被薄铁皮切断,光敏二极管收不到红外线,使相应电路的状态发生改变,从而发出信号。

采用光电耦合装置做现场检测元件,工作可靠性较高,但线路复杂,成本较高。

除以上介绍的两种现场检测元件外,还有的自动线采用无触点接近开关等装置。从上面讨论可知,无论哪一种现场检测元件,都是由两部分组成,一部分安装在行车或吊钩等移动物体上,另一部分安装到静止物体上,两部分相互配合完成发出信号工作。

c. 定时检测元件

自动电镀线行车在进行吊运零件过程中,常常需要在某些工位停留较长时间,以满足工艺的要求。如停留时间较长,大于一个节拍,可采用增加工位数量的方法加以解决。如停留时间较短,小于一个节拍,则控制系统应设有延时动作。当行车进行到该工位时控制系统发出指令,行车停车在原位置不发生任何操作。当预定时间结束后,定时检测元件发出信号,控制系统便结束延时,开始下一个动作。常用的定时检测元件是时间继电器。在数字程序控制系统及微型计算机程序控制系统中,定时信号可由数字编码或程序指令来完成。

② 控制单元

控制单元是程序控制系统的核心部分。它能够记忆自动线动作变化规律。当输入机构发出的现场检测信号送入控制单元后,控制单元做出判断,确定一个动作的类型,并对执行机构发出指令,从而完成动作之间的转换。

a. 手控

一般是在行车的吊臂一侧安装控制行车电动机的按钮开关,或将其集中安装在自动线的控制器中,由工人来控制行车作平移及吊钩升降运动。这种控制电路比较简单,工作十分可靠,但必须由专人操作按钮开关,跟随行车来回行走,很不方便。

在使用先进自动控制装置的自动电镀机中,一般同时装有与自控电路并联的手控按钮,当自动控制开关损坏或维修安装需要调试行车时,就用手控来完成任务。

b. 微型计算机程序控制装置

电子计算机是近年来迅速发展起来的一门技术,在电镀生产中也获得了日益广泛的应用。微型计算机用于自动线程序自动控制,可实现节拍时间控制及显示、班产量计数及显示、行车运行位置显示及程序步数等功能,与其他控制方式相比具有功能多、性能稳定、改变程序顺序容易等优点。另外,微型计算机在实行自动程序控制的同时,还可实现恒电位、恒电流密度、恒温、稳定液位、稳定 pH 值、光亮剂自动添加、镀层厚度控制、各种数据的存储和打印等功能,应用于电镀生产,容易实现全线集中监控,因而具有广泛的前景。

(6) 行车周期

行车周期是指带有一挂极杆待镀零件的行车,往返一次至原地并开始吊装下一挂极杆零件所用的时间。对于单行车自动线,行车周期是指完成电镀工艺流程全部工艺的时间。对于多行车自动线,由于全部工序分别由数架行车完成,因此行车周期不是指全部的电镀工序由一台行车来完成所需的时间,而是指多台行车共同完成所有电镀工序的时间。由于各行车完成一次循环的全部动作时间不相等,因此,完成较早的行车就要进行延时等待其他行车。当所有行车完成一次循环全部动作后,再同时开始下一个循环。因此,行车周期必须包括这一段等待时间。一般程序中称这段时间为"同步"。行车程序中若没有此动作,各行车间的工作秩序就会发生混乱,以致不能进行正常工作。

行车周期由下式计算,即

$$T = T_1 + T_2 + T_3 - T_4$$

式中　T——行车的周期,min;

T_1——行车水平往返一次的时间,$T_1 = \dfrac{2L_1}{V_1}$,min;

T_2——各工序的升降时间,$T_2 = \dfrac{2nL_2}{V_2}$,min;

T_3——各有关工序的总延时，$T_3=T_{3a}+T_{3b}+\cdots$，min；

T_4——两钩同时动作所节省的时间，min；

L_1——行车单程的总长度，m；

L_2——吊钩升降的总距离（单程），m；

V_1——行车的水平移动速度，m/min；

V_2——行车的升降速度，m/min；

n——行车的吊钩升降次数；

T_{3a}——该工序的延时时间，min；

T_{3b}——吊钩下降立即上升的延时时间，min。

图 3-36 所示为双钩双行车电镀自动线的布置。A 行车从装卸处水平运行至工序 22 处，L_1 为 10.1 m，水平速度 V_1 为 13 m/min。吊钩升降次数 n 为 17 次，吊钩升降距离 L_2 为 1.4 m，升降速度 V_2 为 14 m/min。酸洗槽中延时 T_{3a} 为 1 min，行车至热水、流动水、回收、活化等槽时，吊钩下降后立即上升，延时各为 1 s，共 10 处，$T_{3b}=10\ \text{s}=0.17\ \text{min}$。工序 5 的换钩是在延时中进行的，节省了 0.41 m 的水平移动行程，即 $T_4=0.41/13=0.03\ \text{min}$，$T_3=0.13\ \text{min}$。

则
$$T=\frac{2\times10.1}{13}+\frac{2\times17\times1.4}{14}+1+0.17-0.03\approx6\ \text{min}$$

因此，A 行车的周期为 6 min。

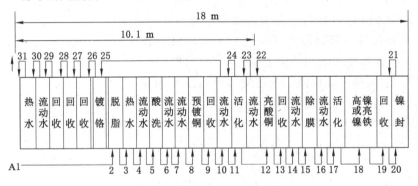

图 3-36　双钩双行车电镀自动线布局

行车周期与产量有直接关系，周期越短，产量越高。缩短周期的途径很多，在保证镀层质量的前提下，可采用以下方法：

a. 使用多辆双钩行车；

b. 尽可能提高车速；

c. 缩小辅助槽的宽度；

d. 尽可能缩小槽与槽之间的间隙；

e. 采用抑雾剂，省去吹风罩的占地；

f. 缩短延时时间；

g. 采用效率高、沉积速度快的电镀工艺。

以上各种措施需相互配合。

（7）行车运行速度

直线式自动电镀机吊运零件进行上升、下降、前进、后退等动作，自动完成各工序处理的过程是按预先排好的动作顺序,在自动控制系统指挥下完成的,这个预定的动作顺序称为行车运行程序。由于行车一个周期只能在槽中放入或取出一个极杆的零件,多工位槽中的零件就要在若干个周期依次放入或取出,行车要经过若干个周期后才能重复第一个周期所有动作。为了明确起见,将一个周期中行程运行所进行的全部动作顺序称为一个大程序,一个大程序中包含若干个小程序。行车运行程序应根据电镀工艺要求确定。如行车运行程序设计不合理,虽采用先进的工艺及设备也不能取得较好的收益。因此,对行车运行程序进行讨论具有重要意义。

① 行车运行曲线

一个周期内行车吊钩完成吊运一挂极杆的零件往返至原地在空间所行车的轨迹称为行车运行曲线。由于行车运行曲线可以直接反映出整个工艺流程,又称之为工艺流程图或行车行程图。

a. 行车运行曲线作图规律

行车运行曲线是由各代表平移运动及升降运动的线段顺序连接而成。

行车平移运动分前进和后退,其方向是人为规定的。一般将离开装卸零件的方向规定为前进方向,否则为后退。平移动作由水平箭头"→"或"←"表示,箭头方向所示为行车运行方向。箭头的始端和末端表示平移运动的开始工位及终止工位。

行车升降运动是由竖直箭头"↑"或"↓"表示的。箭头方向所示为吊钩运动方向。箭头长度视图纸大小而定,并不与吊钩实际升降高度成比例。为了便于叙述起见,将单吊钩行车所完成的动作分为两类,一个周期内行车吊钩将零件放入槽中又由同一个吊钩取出的过程称为浸渍过程;行车将槽中已处理完的零件取出,将未经处理的零件放入的过程称为交换极杆。图 3-37 所示为单吊钩行车运行曲线示意图。在 i_1 工位行车吊钩进行升降动作各一次,对零件进行浸渍处理。在 i_2 及 i_3 工位,行车将已处理完的零件和待处理的零件进行交换。因单吊钩行车

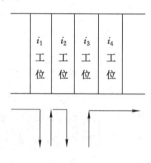

图 3-37　单吊钩行车运行
曲线示意图

每次只能吊运一挂极杆的零件,为了减少行车运行时间,多工位槽中应设有空工位。吊钩先在 i_2 工位下降,将未处理的零件放入,然后右移至工位 i_3,将已处理好的零件取出。

双吊钩行车两个吊钩进行的动作各不相同,应分别用两条曲线表示。以运动方向为标准,先进行升(或降)动作的吊钩竖直箭头的位置应稍有超前,后动作的吊钩竖直箭头位置偏后,这样可将两钩升降动作的先后顺序在图中明确表示出来。双吊钩行车所完成的动作除上述两类外,还有一种换吊钩的动作。所谓换吊钩动作是指行车将装有零件的极杆由前面一个吊钩(以行车运动方向为标准)转到后面一个吊钩上的过程,其目的是避免行车在采用满位安排工位交换零件时向反方向运动。

平行双钩行车运动曲线如图 3-38 所示,其中 1 号钩在右,2 号钩在左。2 号钩向右运行至 i_1 工位时进行下降动作,将所吊零件放入,然后行车向右平移;当 2 号钩位于 i_1 工位时,2 号吊钩上升,将 1 号钩放入的零件取出。这时,零件已由 1 号吊钩转移到 2 号吊钩,完成换吊钩工作。行车继续右移,在 i_2 工位进行交换极杆工作。从图中分析可知,如两个吊钩的动作顺序颠倒,则运行后的结果截然不同。因此绘图时一定要注意这个问题。在 i_4 工位,1 号

吊钩所吊运的零件进行一次浸渍处理。

图 3-38 中实线表示本次小程序所进行的动作。虚线表示其他各小程序所进行的动作。这样可简化作图,只用一条行车运行曲线即可表达所有小程序中的动作。

多台行车自动线,由于每行车只完成其中一部分工步,因此,在不同行车之间应进行零件的交换。图 3-39 所示为两台单吊钩行车交换零件的一种方式。其中 1 号行车带有待交换的零件右移放入 i_3 工位,左移将 i_2 工位的零件取出,再左移至 i_1 等工步进行处理。2 号行车则左移将零件放入 i_2 工位,右移至 i_3 工位,将 1 号行车放入的零件取出,送至 i_4 等其他工步进行处理,两台行车进行零件交换是在 i_3 和 i_3 工位进行的。

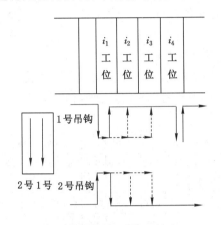

图 3-38　平行双钩行车曲线示意图　　　　图 3-39　两台单吊钩行车交换极杆示意

b. 行车运行曲线示例

为了更好地掌握行车运行曲线的作图方法,下面以镍-铜-镍-铬一步法电镀工艺自动线为例进行讨论。工艺流程图见表 3-21。假设水平速度为 15 m/min,升降速度为 1.4 m/min,升降高度为 1.4 m。

表 3-21　　　　　　　　　　　　镍-铜-镍-铬电镀工艺流程

序号	1	2	3	4	5	6	7	8	9	10	11	12	13	14	15
工步名称	装挂具	还原	电解除油	热水	清水	酸蚀	清水	活化	清水	预镀镍	回收	清水	活化	清水	镀铜
备注			四个工位												四个工位
序号	16	17	18	19	20	21	22	23	24	25	26	27	28	29	30
工步名称	回收	清水	活化	清水	镀亮铬	回收	清水	淡铬酸	镀铬	回收	回收	清水	清水	热水	下挂具
备注					四个工位										

例 3-1　单台平行双钩行车运行曲线。

单台平行双钩运行曲线如图 3-40 所示,自动线中所有工步均由一台双钩行车完成。设左侧吊钩为 1 号吊钩,右侧吊钩为 2 号吊钩。一个大程序由四个小程序组成。下面只讨论一个小程序,其余程序留待自己分析。

行车工作开始时初始位置为:2 号吊钩吊有已镀好的零件位于工位 1 右侧上升位置;1 号吊钩位于工位 1 下降位置。工作开始后,行车先在工位 1 交换极杆;前进至工位 38 交换极杆,然后改变水平运动方向进行后退,在工位 37 交换极杆;在工位 28 至工位 33 由 1 号吊钩对零件进行浸渍;在工位 27 换吊钩;2 号吊钩在工位 26 至工位 23 对零件进行浸渍;在工位 22 交换极杆;在工位 18 至工位 17,由 1 号吊钩对零件进行浸渍;在工位 16 换吊钩;在工位 15 对 2 号钩进行浸渍;在工位 14 交换极杆;在工位 10、工位 9、由 1 号吊钩对零件进行浸渍;在工位 8 换吊钩;在工位 7 交换极杆;由 1 号吊钩在工位 6 至工位 3 对零件进行浸渍;在工位 2 换吊钩,最后行车后退至 1 号吊钩位于工位 1 时停止,这时 1 号吊钩位于工位 1 下降状态;2 号吊钩位于工位 1 右侧上升位置,与行车初始状态完全相同,这时,行车完成一个小程序全部动作。

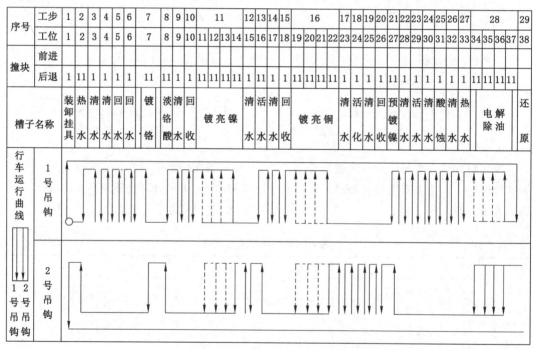

图 3-40　单台平行双钩行车运行曲线

② 行车运行程序编制基础

直线式自动电镀机的行车在自动控制系统的指挥下,自动完成各种预定的操作。这一过程是按照预先编制的程序进行的。控制系统的类型不同,对程序编制要求也不同。但无论采用哪一种控制装置,都要先根据工艺要求及现场检测元件的位置,确定行车的动作程序,然后再根据这一动作顺序,按控制器的具体要求来编制程序。对于不了解电镀工艺的其他专业技术人员来说,正确确定行车的动作顺序尚有一定的困难,如果电镀专业技术人员能够加以协助,则会给行车运行程序编制工作带来很大的方便。另外,当电镀工艺改变后,一般行车运行程序也要改变,而改变电镀工艺在电镀生产中是经常出现的,所以,电镀专业技术人员掌握一定的编制程序的方法是很有必要的。下面讨论的是编写程序的基本知识,其范围只限于将其程序的动作顺序排列出来,具体的程序则应根据控制方式不同而由自控专业人员共同协助编出。

a. 行车动作

要想列出行车的动作顺序,就要先搞清怎样才算一个动作。前面已对自动线的控制装置进行了讨论,由讨论可知,信号输出机构每向控制单元输入一个信号,存储单元中的动作指令就要向后变化一步,从而发出下一个动作命令。动作的改变与信号输入机构所发出的信号有直接关系,因此,可以用信号来确定行车动作,即行车在两个信号输入之间所进行的操作称为一个行车动作。当自动线刚开始工作时,第一个输入信号是由主令开关提供的。正常工作时,输入信号则是由现场检测元件或定时检测元件发出的。

根据电镀工艺的要求,一台行车工作过程中应有若干种动作。如行车水平运动有"前进"和"后退"两种;"延时"动作根据延时长短分为"延时 1"、"延时 2"⋯⋯吊钩升降动作则是由行车种类确定,单吊钩行车只有"上升"和"下降"两种;平行双吊钩行车则有"1 号钩升""1号钩降""2 号钩升""2 号钩降"四种。多台行车自动线,为了协调各行车间的动作,应设有同步动作。已完成工作的行车执行"同步"动作时,行车处于静止状态,等其他所有行车工作全部结束后,才同时进行下一个循环的动作。以上介绍是目前使用的行车的常用动作,有的控制设备根据控制的需要,也设置其他功能动作,应根据具体情况确定。

b. 行车动作程序的编制

将行车的各种动作,按电镀工艺顺序排列起来,就组成行车动作程序。当电镀工艺、行车运行曲线等确定之后,即可进行程序的编制工作。编制程序前应先根据工艺要求,确定轨道上前进撞块与后退撞块的安装位置。再根据行车运行曲线图的顺序,将行车的动作逐个进行统计,列入动作顺序表中。应注意的是,在行车运行曲线图中,行车的延迟、同步动作是无法直观看出的,应按工艺要求确定,编制过程不要将这些动作漏掉。在多工位槽中,因行车在不同小循环程序中,装入和取出零件的工位也不相同,所以编制程序时,常常出现多个"前进"或"后退"动作连续执行的情况。另外,由于一个大循环程序是由若干个小循环程序组成的,各小循环程序之间的动作顺序不完全相同。因此,一个完整的程序也应包括所有的小程序。下面以平行双钩单行车自动线的动作程序为例加以讨论。

该自动线行车运行曲线如图 3-40 所示,其中各工步的工位数分别为一个、二个和四个,因此,一个大循环程序中应包括四个小循环程序。表 3-22 列出了第一个小程序的动作顺序。其中"1 升、1 降、2 升、2 降"分别表示 1 号、2 号吊钩的升降动作;"进、退"表示行车的水平前进及后退;"延 1"表示延时;"同"表示同步动作。后面有关表格的规定亦与此表格相同。由于一个大循环程序是由四个小循环程序组成,所以大循环程序的总数应为所有小循环程序动作数量之和。在单台平行双钩行车运行曲线例中其他小循环程序的动作数量与第一个循环程序动作数量相同,则一个大程序动作总数为:$117 \times 4 = 468$ 个。其他小循环程序除电解除油、镀铜、镀镍三个工步的动作顺序与第一个小循环程序略有不同外,其他工步则无区别,表 3-23 列出了电解除油槽中四个循环程序的动作顺序,镀铜、镀亮镍工步的区别可参照表 3-23 自行分析。

表 3-22 平行双钩单行车自动线第一循环动作顺序

动作序号	1	2	3	4	5	6	7	8	9	10	11	12	13	14	15	16	17	18	19	20
动作名称	1升	退	2降	进	2升	进	1降	退	1升	退	2降	退	退	退	退	退	退	退	1降	1升
动作序号	21	22	23	24	25	26	27	28	29	30	31	32	33	34	35	36	37	38	39	40
动作名称	退	1降	1升	退	1降	延1	1升	退	1降	1升	退	1降	1升	退	1降	1升	退	1降	退	2升
动作顺序	41	42	43	44	45	46	47	48	49	50	51	52	53	54	55	56	57	58	59	60
动作名称	退	2降	2升	退	2降	2升	退	2降	2升	退	2降	2升	退	1升	退	2降	退	退	退	退
动作程序	61	62	64	64	65	66	67	68	69	70	71	72	73	74	75	76	77	78	79	80
动作名称	退	退	退	1降	1升	退	1降	1升	退	1降	退	2升	退	2降	2升	退	1升	退	2降	退
动作顺序	81	82	83	84	85	86	87	88	89	90	91	92	93	94	95	96	97	98	99	100
动作名称	退	退	退	退	退	1降	1升	退	1降	1升	退	2升	退	2降	2升	退	1升	退	2降	退
动作顺序	101	102	103	104	105	106	107	108	109	110	111	112	113	114	115	116	117			
动作名称	1降	1升	退	1降	1升	退	1降	1升	退	1降	退	2升	退	2降	2升	退	同			

表 3-23 电解除油槽动作顺序

	动作序号	8	9	10	11	12	13	14	15	16	17	18	19
动作名称	程序一（动作数117）	退	1升	退	2降	退	退	退	退	退	退	退	1降
	程序二（动作数117）	退	退	1升	退	2降	退	退	退	退	退	退	1降
	程序三（动作数117）	退	退	退	退	1升	退	2降	退	退	退	退	1降
	程序四（动作数117）	退	退	退	退	退	退	1升	退	1降	退	退	1降

3.4.1.2 悬臂式行车直线式自动生产线

悬臂式行车自动电镀生产线如图3-41所示。它的轨道一般固定在镀槽后面的支架上，分为上下两条，分别承受行车及零件的重力和平衡悬臂结构的力矩。这种自动线不与建筑物发生关系，因此，可安装在厂房内的任何地点。控制元件安装在轨道后面，离槽较远，且便

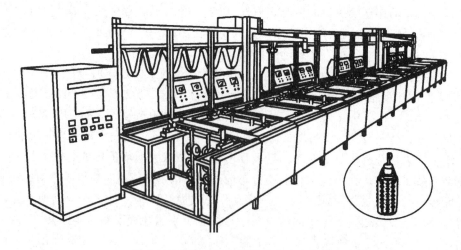

图 3-41 悬臂式行车直线式自动生产线

于维修,是一种比较小巧的自动线。

由于悬臂式行车结构上的不对称性,考虑到运行时平稳性和结构轻便性,一般设计的载重为 150 kg 下,悬臂也较短(1.2 m 左右),所采用的槽宽度不大(1.2 m 以下),运行速度和升降速度均在 10 m/min 以下。这种自动线适用于仪表和电子元件等小型零件较多的电镀车间。

3.4.1.3 直线式滚镀自动生产线

门式和悬臂式行车自动线不仅适用于挂镀,也同样适用于滚镀,只是滚镀自动线的镀槽长度一般比较小。所用行车结构只要与槽体尺寸和各滚筒吊重(包括带出溶液重)相适应即可。有的滚镀自动线要求滚筒提升后能继续旋转(从排出零件带出液和镀锌钝化后均匀暴露空气中等因素考虑),在行车车架上还附有滚筒驱动机构。当滚筒提升到上限高度时,其旋转齿轮与行车上的驱动齿轮相啮合,使滚筒在镀槽上方旋转,残液可滴入槽中,减少带入清洗水中的溶液量,节约污水处理费用。清洗后的电镀件经过提升旋转,可以清除复杂零件内的留存水分,经离心脱水干燥后,不致残留水迹。

滚镀自动线的镀槽上安装有滚筒驱动装置,在装料和卸料位置,有的还装有自动装料和卸料装置。滚筒驱动装置分为单槽独立驱动和多槽联合驱动两种方式。单槽独立驱动是在每一个需要滚筒旋转的槽上,都安装一套电动机驱动的减速系统,带动滚筒端部的传动轴旋转;多槽联合驱动则是在滚镀自动线的一侧,安装一套集中驱动系统,电动机的动力经减速器减速后通过传动轴与每个槽上的传动齿轮和滚筒相啮合,使每个滚筒旋转。也可以将电动机、减速器与链条链轮连接在一起由链条带动滚筒端部传动轴上的链轮旋转,驱动每个镀槽内的滚筒转动。

单独驱动的镀槽组合比较灵活,安装比较简单,自动线改造调整时比较方便。但是相应地也增加了电动机和减速器的数量,维修的工作也多一些,相对地电动机的安装容量也大一些;联合驱动系统只有一个电动机和减速机构,而且同时拖动几个滚筒,在行车吊起一个滚筒或放入一个滚筒时,对整个传动系统引起的波动不大,因此选用的电动机安装容量往往小于单独驱动的电动机安装容量总和。同时电动机和减速系统可以安装在离腐蚀性镀槽较远的部位,有利于机械部件的防护。

除以上三种车体结构类型外。还有单轨式行车结构,它是在单轨电动葫芦的基础上,将软钢丝绳吊钩改为具有二个导轨的导向吊钩,用以吊运滚筒和料筐。镀槽可以布置成直线,也可布置成环形或 U 形等,是一种比较小巧、灵活的吊运装置。但由于只有一条主轨承受重力,装运零件重力左右不平衡时,行车会向一侧倾倒,应增加一条平衡副轨来解决。安装平衡支撑副轨时对于直线布置的生产线没有什么困难,但对于 U 形和环形生产线,就应增加弯曲半径的精度要求。

3.4.2 环形电镀自动线

环形电镀自动线的工艺槽的排列方式呈 U 形,由许多宽度相同而长度不同的固定槽、推动挂具水平前进和定点升降的机械装置、自动控制仪器等组成。它能使挂具带着镀件按节拍有规律地进行下降、延时、上升、前进等动作,它可以自动联合完成包括除油、酸洗、清洗、电镀等数十道工序。

环形电镀自动线按用途可分为挂镀和滚镀自动线,按升降机构运动形式可分为垂直升降式和摆动升降式。

凡需要电镀的同类零件,批量相当大,年产量超过 30 000 m² 时,可考虑采用环形电镀自动线。目前它已广泛应用于汽车和自行车零件电镀生产。

　　环形电镀自动线与直线式电镀自动线相比,其优点是:生产效率高,适用于大批量零件的生产;辅助槽利用率高;自动控制系统比较简单。其缺点是:制造费用高;占地面积较大;机械结构的要求高;只适用于中型零件的生产。

3.4.2.1　镀槽的排列及长度

　　(1) 镀槽的排列

　　在环形电镀自动线中,镀槽的排列,完全按照工艺流程排成 U 形,图 3-42 所示为工艺槽的平面布置。开口端是装卸工件的工位,挂具沿环形中心线间歇向前推进,需要跨越镀槽的吊臂在槽内末端工位首先提升,向前推进一个工位间距后再进行下降,完成跨槽动作。在镀槽内同时有多个工位时,可按生产节拍每次向前推进一个间距,直到下一个跨槽动作。

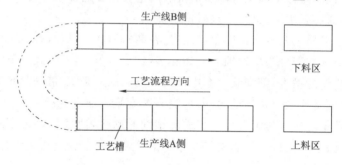

图 3-42　环形挂镀自动线工艺槽平面布置

　　(2) 镀槽的长度

　　镀槽的长度视处理的时间而定,如清洗槽、回收槽等,镀件在该槽中处理过程比较快,所以镀槽的长度最短,只要能容纳一个挂具多一些即可,一般为 500 mm;若镀件在除油、电镀槽中处理时间较长,则其镀槽就应长一些。因此,在环形电镀自动线中,镀槽的排列和长度,都是根据工艺规范而定的。即先把工艺顺序和处理时间决定后,才能安装环形自动线。如果要改变工艺,就需改装镀槽和机件,手续繁多,所以工艺一旦决定后,就不轻易改动。

3.4.2.2　垂直升降式环形电镀自动线

　　垂直升降式环形电镀自动线升降行程较大,且呈直线上升,适用于较长的较宽的挂具挂镀或卧式滚筒滚镀各种零件,如图 3-43 所示。自动线上每一个吊杆是按节拍运行的,每个节拍水平移动一段规定距离,定点升降,跨越槽沿,镀件被带着循序渐进,完成一个循环,镀件各工序就全部结束。自动线的传动分为水平运动驱动和垂直升降驱动两个部分。传动方式分为机械式和液压式两种。机械驱动装置结构轻巧,适宜于轻型自动线,而全液压驱动的自动线工作比较稳定可靠,适用于较重负荷。

3.4.2.3　摆动升降式环形电镀自动线

　　这类环形电镀自动线是将吊杆中部作为支点,固定在水平运行支座上,挂具悬挂在距支点较远的一端,距支点较近的另一端靠压板升降机构的上下运动,在挂具到达槽端时升起和下降,完成越槽动作。水平运行采用链条传动,越槽升降动作采用压板上下运动,使吊杆产生摆动。摆动升降式环形电镀自动线的结构如图 3-44 所示。

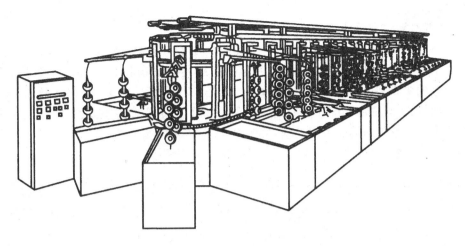

图 3-43　垂直升降式环形电镀自动线

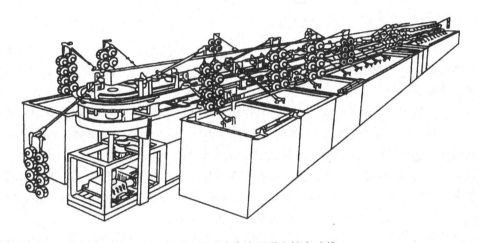

图 3-44　摆动升降式环形电镀自动线

另一种摆动升降式环形电镀自动线的升降动作是在水平运行支座的一侧，安装一条曲线导轨，吊杆支座上装有滚轮，滚轮沿导轨(凸轮)曲线一边前进，一边随导轨弯曲路线使吊杆产生上下摆动，完成跨越各镀槽的规定动作。这种自动线只需一套水平运行的驱动机构，机械机构比较简单。其摆动升降动作采用导轨导向，导轨的曲线下降坡度不宜过大，因而越槽过程前进距离较大，增加了自动线的长度。

这类环形电镀自动线的吊杆端部安装夹持挂具的装置，即为摆动升降式环形挂镀自动线。改变吊杆的长度，就可改变升降行程，对于中小型零件挂镀，使用较多。

3.4.3　带材及线材电镀自动生成线

带材及线材电镀属于卷料和盘料连续电镀过程，其电镀自动线除连续电镀所需的各种工艺槽和导向导电装置外，还设有放料和收卷装置。有的电镀自动线上还包括电镀前的其他加工工序(如钢丝热处理)的连续处理设备，因此这类自动线的长度一般都有几十米。为了减少镀槽的长度，有的自动线采用增加槽体深度的办法，从而产生了各种各样的专用自动线。

3.4.3.1　带料电镀自动线

带料电镀自动线按照带料在镀槽中的放置方向可以分为水平放置式和垂直放置式两种。传统的带料电镀自动线为带料放料轴水平安装,卷料吊车起吊后,将料卷中心孔直接插到放料装置的中心轴上,带料开卷后呈水平方向送入各电镀工艺槽。在各工艺槽的槽沿设有卧式导向导辊,与槽底底部导向导辊相配合,使带料上下弯曲波浪式前进,浸渍在各工艺槽内经受各工艺过程的必要工序处理,最后清洗、干燥和收卷。带料电镀自动线平面布置流程如图 3-45 所示。

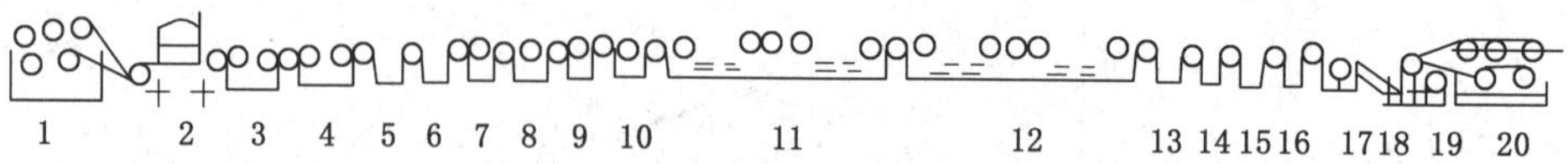

图 3-45　带料电镀自动线平面布置流程

1——钢带放料盘;2——电热高温去油;3——阴极电解去油;4——阳极电解去油;5——热水洗;
6——酸浸蚀;7——冷水洗;8——热水洗;9——弱腐蚀;10——冷水洗;11、12——镀镍;13——回收;
14——热水洗;15——冷水洗;16——中和;17——电热干燥;18——过桥;19——传动装置;20——钢带收卷盘

各工艺槽的长度和深度,由各工艺过程的处理时间和带料行走速度决定,与设备要求的生产能力无关。这种形式的自动线带料弯曲次数较多,牵引装置所需电动机的功率较大。近年来随着高速电镀技术的发展,采用水泵循环供液喷射的新型带料自动线对采用带料垂直放置方式。放料装置的中心轴垂直向上,比较窄一些的卷料吊车水平抓起,将中心孔直接插到放料主轴上即可工作;较宽的大型卷料多采用中心轴机械转向的放料装置。吊车将大型筒状料卷吊起后,将中心孔插入放料装置呈水平状的中心轴上,中心轴自动旋转 90°,进入垂直工作状态,带料开卷后成垂直状态进入各电镀工艺槽内。自动线上各工艺槽的结构比较特殊,每个槽子分为上下两部分,上部为工作腔,下部为循环溶液储存槽。各工作腔的长度与处理时间成比例,全线总长度由设备生产能力决定。

这类设备中带料成直线前进,仅仅在导电辊位置为了增加导电接触面积,减少温升和氧化,往往需要绕弯,因此传动所需电动机功率相对小一些。由于溶液在工作腔内是高速喷射到带料两面,电镀时间可以缩短,因此电镀线的长度并不一定比上下弯曲波动前进的自动线长。此外,这种送料方式有利于阳极在槽内安装和更换,带料工作情况也容易检查,维修也比较简便。

图 3-46 所示的带料电镀自动线特种镀槽的工作腔为两端开有带料通过的条缝的密闭容器。工作腔支撑在循环储液槽 2 上方,过滤泵将循环过滤净化后的溶液高速送到工作腔 1 中连续前进的带料 5 两侧,在压力作用下的溶液从工作腔端面上部的溢流管 8 排出,流回循环储液槽内,经热交换器调节温度后不断循环使用。为防止工作腔内溶液大量外溢,两端条缝处均设置了双重密封胶条,使密封胶条与带料保持良好的接触,也可使带料带出的附着溶液减少到最小程度。过滤泵的流量和压力要保证溶液经喷嘴以 0.5 m/s 左右的流速喷到带料两侧,并能补偿两端进出料条缝损失,使溶液保持足够的液面高度,从溢流管流出。

每一道电镀工序和清洗工序都有一个或更多的工作腔,各工作腔之间设有导向辊和支承辊,以保证带料在工作腔内的正常位置,容易变形的带料工作腔不宜过长,同一工序就需要多段工作腔串联运行,以保证镀层的必需厚度和生产能力。

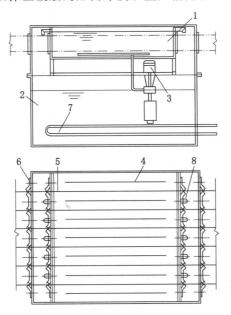

图 3-46　带料电镀自动线特种镀槽

1——工作腔;2——循环储液槽;3——过滤泵;4——阳极钛篮;5——带料;6——密封条;

7——热交换器;8——溢流管

3.4.3.2　线材电镀自动线

钢丝镀锌是线材电镀中应用较广的一种工艺,钢丝热处理与电镀锌自动生产线的工艺平面布置如图 3-47 所示。

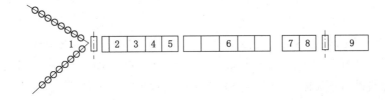

图 3-47　钢丝热处理与电镀锌自动生产线的工艺平面布置

1——放丝卷装置;2——除油;3——热水;4——浸蚀;5——冷水;6——镀锌槽;7——回收;

8——热水;9——传动及卷丝装置

原材料为 1.6 m 的钢丝,由放丝架放出后,按顺序经过各工序,最后在卷丝机上收卷盘,经电镀后钢丝上的镀锌量均为 $200\sim300$ g/m³。当采用宽度为 1.3 m,长度为 20.5 m 的镀锌槽时,可并排同时通过 16 根钢丝,每隔两根钢丝放置一排锌阳极板(即沿槽宽度方向共放 9 排),在全槽长度方向每排共放 10 块阳极板。钢丝的前进速度为 $3.58\sim4.78$ m/min。

钢丝浸入溶液或镀槽,均采用 V 形陶瓷导轮作为导向机构,镀锌槽中的阴极导电装置如图 3-48 所示。

固定整个导电装置的是阶梯轴式阴极汇电杆 1 设在液面之上,在其细直径处搁放阴极导电装置的胶木绝缘柄 2,导电装置可绕阴极汇电杆自由旋转,导电头是一根外面涂敷塑料绝缘薄膜 3 的正方形实心锌棒 4,锌棒的下端有一个小的 V 形缺口,在锌棒自重作用下,V形缺口表面紧密地与钢丝 5 接触导电,阴极汇电杆与实心锌棒间软绝缘电缆 6 导电。

　　由于锌棒浸没在溶液中所暴露的表面积较小,因此消耗于阴极导电的无效电流也较少。导电接触部分浸在溶液中,接触面的温度也降低,不致引起氧化变色。

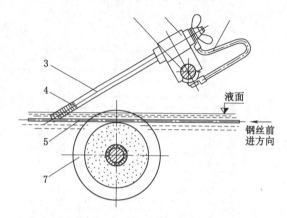

图 3-48　阴极导电装置及导轮

1——阶梯轴式阴极汇电杆;2——胶木绝缘柄;3——塑料绝缘薄膜;4——实心锌棒;

5——钢丝;6——软绝缘电缆;7——V 形陶瓷导轮

　　对于单独镀锌的线材电镀自动线,只考虑电镀工艺要求,一般应按镀层厚度和电流密度确定电镀工艺时间,再根据要求的生产能力、电镀线材根数、可能采用的镀槽长度尺寸来确定线材运行速度。目前采用的自动线可同时电镀 36 根钢丝,线材速度在 18～38 m/min。由于钢丝比较细,一般由摩擦传动辊带动前进,在自动线的前端和末端设置有放丝和卷丝的装置。

　　钥匙链条装饰性镀铬自动线可作为多层电镀连续自动线的一个例子。

　　图 3-49 所示为钥匙链条装饰性镀铬自动线的工艺流程。这条自动线上每根链条在不同区段分别同时进行电镀锌铁镍合金、黄铜和镀铬,各个镀槽的电压各不相同,必须采取单机单槽供电方式供给直流电。虽然链条共同接在各电源设备的阴极上,但各槽的阳极是独立连接在各自的单独供电设备上,因而能使电镀过程维持在各自要求的直流电压之下,调节各镀种规定的电流密度(槽电流),不致相互影响。

　　链条的弯曲极为方便,为了缩短生产线的总长度,采用在各工艺槽中上下弯曲波浪前进的送料方式,仅在干燥槽内直线通过。

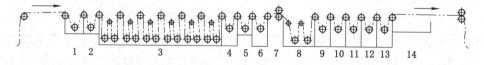

图 3-49　钥匙链条装饰性镀铬自动线的工艺流程

1——除油;2——冷水清洗;3——镀锌铁镍合金;4——冷水清洗;5——镀黄铜;6——冷水清洗;

7——传动辊;8——镀铬;9、10——回收清洗;11——冷水清洗;12、13——蒸馏水清洗;14——烘干

3.5 工艺辅助设备

3.5.1 溶液过滤设备

溶液过滤是保证电镀产品质量的重要措施之一。特别是采用光亮电镀及快速电镀时，溶液的净化处理更是一个关键。在电镀生产中，由于阳极板上下不纯物质的溶解和脱落，镀件因镀前处理不善而产生的铁末，或者未除尽的抛光材料等固体微粒及空气中的固体浮游物落入镀槽等原因，电镀液中会产生固体悬浮杂质，从而造成镀层附着力降低，镀层气泡，毛刺，麻点等故障，严重影响电镀质量，必须加以除去。另外，电镀水处理往往采用调整 pH 值等方法使金属离子产生沉淀然后进行分离，达到除去有害金属离子的目的。所以，过滤设备无论在电镀生产中，还是在废水处理中都占有相当的地位。目前国内外电镀生产使用的过滤设备大部分是过滤机，而早期使用的滤桶、滤框等设备已基本被淘汰，所以本节主要介绍各类过滤机。

3.5.1.1 过滤的基本原理

在压力差的作用下，两相混合的悬浮液通过多种介质，悬浮液中的固体颗粒被截留在介质表面或内部，达到固液分离的目的，分离的过程称为过滤。前者称为表面过滤，或者称为深层过滤。用在电镀溶液过滤机上的推动力一般是由泵提供的。

（1）表面过滤

表面过滤用来处理固含量高于 1% 的悬浮液。滤布、滤纸都属于这一类型。它的过滤机理如图 3-50 所示。在表面过滤中，过滤介质起始压力降较小，悬浮液中大小不一的固体颗粒随着液体一齐挤向过滤介质，大于或等于过滤介质空隙的颗粒被截留在过滤介质表面上形成更多的孔道，将悬浮液中较小颗粒分离出来，逐渐形成滤饼。滤饼在以后的过滤中也起着过滤介质的作用，这种过滤起始过滤精度较低，应用在电镀上往往达不到要求，形成滤饼后，虽然过滤精度提高了，但这时过滤介质两侧的压力降增大，流速、流量大幅度下降，必须对过滤介质进行清洗，因而循环周期很短。为提高过滤精度，提高经济效益，一般都要加入助滤剂。

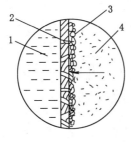

图 3-50 表面过滤
1——滤液；2——过滤介质；
3——滤饼；4——悬乳液

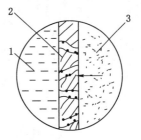

图 3-51 深层过滤
1——滤液；2——过滤介质；
3——悬乳液

（2）深层过滤

深层过滤通常用在处理固相含量小于 0.1% 的悬浮液，砂滤、纱绕滤芯、各类微孔介质均属于这一类型,它的过滤机理如图 3-51 所示。在深层过滤中,悬浮液中的固相颗粒在压力作用下进入过滤介质表面上,从而达到固液分离的目的,这种过滤滤芯容纳滤渣量大,循环周期高,精度较高。筒式加压过滤机一般属于这种类型。

3.5.1.2　溶液过滤设备

(1) 过滤设备的类型

溶液过滤设备是保证电镀产品质量的重要设备。除极少的小型镀槽采用滤布或滤纸进行人工重力过滤外,一般都采用过滤机加压过滤,使溶液在一定压力作用下通过过滤机的过滤介质(滤芯)而得到净化。溶液过滤设备按它所适用的工艺过程可分为镀前处理溶液过滤设备和电镀溶液过滤设备两类。

镀前处理溶液过滤设备除具有分离固体悬浮物功能外,还能分离悬浮的油粒和吸附乳化分散的油花,以保证进入电镀槽的零件表面能全面被溶液所浸润,防止出现局部漏镀或结合不良等质量问题。电镀溶液过滤设备应具备优异的分离固体悬浮物以及吸附电镀添加剂等有机分解产物的能力,使电镀溶液得以充分净化。

① 镀前处理溶液过滤机

镀前处理溶液的过滤是为了除去溶液中悬浮的油污、除油过程的皂化产物和其他固体物质,使溶液保证洁净,镀件经除油或酸洗活化后,表面非常清洁,从而保证电镀产品的优良质量。镀前处理溶液采用各种连续循环过滤装置过滤,保持溶液的清洁。

镀前处理溶液过滤机是利用浮选、吸附和过滤三种作用,使溶液中混杂的油污和悬浮物完全分离除尽的装置。浮选分离法能将漂浮在液面上的油脂类物质上浮分离除去;吸附分离法能除去分散在溶液中的微小油脂颗粒;过滤法是除去固体杂质的有效方法。根据电镀的前处理工序溶液污染性质和技术要求,设计了具有不同功能的过滤机。

镀前处理溶液过滤机的工作流程如图 3-52 所示。对于只具有浮选分离功能或同时具有浮选吸附功能的过滤机,适宜连续过滤化学除油工序;同时具有浮选、吸附和过滤三种功能的过滤机,适用于化学除油工序;具有吸附和过滤功能的过滤机,适用于电解除油和浸酸活化工序。

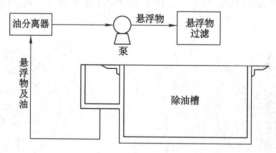

图 3-52　镀前处理溶液过滤机的工作流程

② 筒式过滤机

筒式过滤机是电镀生产中应用最广泛的一种,主要是由水泵、滤芯和筒体组成,溶液由水泵送入筒体中,使溶液充满筒体空间,筒内各滤芯的外表面有过滤材料,在压力作用下,液体透过过滤介质进入内层芯管,由筒体底部集结后送出过滤后的清液。筒式过滤机构如图 3-53 所示。筒式过滤机可过滤酸性或碱性溶液,体积小,轻便灵活,操作方便,耐腐蚀性能良好,耐温可达 70 ℃。

滤芯是直接对溶液进行过滤的一个部件,对过滤质量的好坏起着关键作用。根据过滤机类型不同,滤芯的形状和结构也不相同。常用的滤芯有以下几种。

a. 蜂房式毛线滤芯　这种滤芯采用(PP)骨架,外用(PP)毛线绕制,根据线径一般绕 6~8 层,从内往外一层比一层松,孔径外层大,内层小,起到深层过滤的作用。清水阻力一般在 15%~20% 之间(根据精度不同),滤芯精度从 30 μm 到 0.5 μm 都有生产。目前此种滤芯主要在循环过滤机上使用(包括化学镀循环过滤机)。

b. PP 溶喷滤芯　这种滤芯清水阻力较小,一般在 5% 左右,使用寿命较长。目前这种滤芯只适用于磷化、钝化液循环过滤。

c. 高分子滤芯　这种滤芯采用超高分子粉末烧结而成。其毛细孔道细而弯曲,强度好,使用寿命特长。清水阻力在 6%~10% 特别适用于粉末活性炭的过滤,清洗方便。目前这种滤芯主要在周期性处理过滤机上使用,同时适用于循环过滤。根据周期性处理或循环过滤选择的滤芯精度有所区别。

d. 叠片式层压滤芯　这种滤芯由中心骨架和专用叠片组成,过滤介质采用特种滤纸或滤布,因此层数多,过滤面积大,而且更换清洗方便。清水阻力在 3%~5%,特别适用于循环过滤和周期性过滤。因骨架、叠片均采用 PP 材料,故也适用于化学镀液的循环过滤。根据镀种或过滤形式,选择配用不同精度的特种滤纸或滤布。

e. 袋式滤芯　这种滤芯以中心骨架、专用碗式叠片组成,过滤介质一般都采用特种滤布,该滤芯最大的优点是清洗方便,清水阻力小,使用寿命长,特别适用于循环过滤。

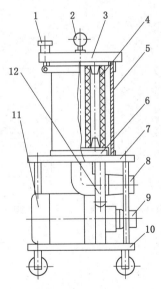

图 3-53　筒式过滤机结构
1——紧固把;2——压力表;3——盖;4——滤芯;5——滤筒;6——汇流盆;
7——滤筒底板;8——出口;9——进口;10——底板;11——泵;12——吐出口管

③ 板框式压滤机

板框式压滤机由一组方形(或圆形)的滤板及滤框交替叠合组成。滤布套在滤板的两面,用压紧装置压紧整组板框,滤框间的空间即为容纳滤渣的空间。在板框的上方有一孔道,溶液由泵送入此孔道,经过每一块滤框上的岔道进入滤框空间,经滤布过滤后的滤清液由滤板表面浅沟汇集于滤板下端的排液孔排出。板框式压滤机的外形见图3-54,过滤组件工作原理见图3-55。

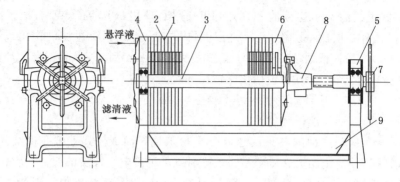

图 3-54　板框式压滤机

1——滤板;2——滤框;3——矩形梁;4——头架;5——尾架;6——压紧板;7——压紧装置;8——顶块;9——受渣盘

板框式压滤机过滤面积大,生产能力高,容纳滤渣量大,可通过增减板框数量来调整其生产能力,适用于较长时间的大量溶液连续过滤工作。但这种过滤机的过滤精度较低,设备附近的环境卫生较差,需要人工清除滤渣和清洗滤布。

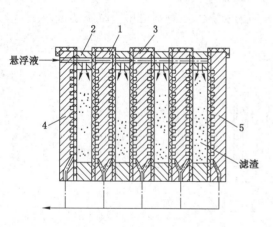

图 3-55　板框式压滤机组件工作原理

1——滤板;2——滤框;3——滤布;

4——头滤板;5——尾滤板

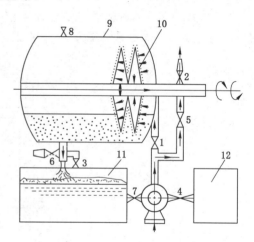

图 3-56　自动清洗过滤机原理

1~8——阀门;9——滤筒;

10——滤片;11——回收槽;12——反冲槽

④ 自动清洗过滤机

自动清洗过滤机原理如图3-56所示。该类型过滤机与其他类型过滤机相比,具有自动清洗滤布,残液100%回收,不需要灌饮水,杂质可集中处理等特点,是近年来新研制出的较为新式的过滤机,主要用于较大规模的循环过滤。自动过滤机的工作过程分为以下三个阶段。

a. 过滤状态　待过滤的滤液经过滤,固体颗粒被截留在滤片外面,被滤清的液体经空心轴,阀门2流向镀槽。

b. 残液回收　待压力表指示到清洗压力时,打开阀门8、阀门3,滤筒内的残留液流入回收槽,先由回收槽内的过滤装置初次滤清,待下次工作时,打开阀门 7,残留液又被第二次滤清,完全回收。

　　c. 清洗滤片　回收过程结束后,开启水泵,反冲水经阀门 4、阀门 5 高速流入空心轴,从滤片内部冲向滤饼。同时,空心轴带动滤片旋转,由于离心力、反冲力等原因,滤片被冲洗干净,达到自动清洗的目的。滤渣及反冲水经阀门 6 排出。如将回收槽加大,用被滤清的滤液反冲,可以将滤渣完全截留在回收槽的过滤装置上,达到防治二次污染的效果。

　　(2) 过滤机的选择

　　上面对各种过滤机的类型做了简单介绍。在选择过滤机时应考虑镀液中所含杂质的尺寸,镀液的性质,过滤速度、方式,溶液的流量以及滤芯精度等因素。

　　① 镀液性质

　　首先要确定所过滤镀液的性质(酸性、碱性、强氧化性等),以便有针对性地选择滤室、过滤介质和管道等材料,使设备的腐蚀达到最低限度。另外,还要考虑滤芯能否承受镀液所具有的温度。镀液温度较高时可选择不锈钢滤芯、陶瓷滤芯或由不锈钢、钛等金属材料为骨架的滤芯。

　　② 过滤速度

　　过滤设备的过滤速度是单位时间内单位面积上通过的滤液体积。过滤刚开始时,因滤饼还未形成,过滤时的阻力主要由过滤介质产生,阻力较小,过滤速度快,过滤介质两端的压力降也较小。随着滤饼的形成,过滤阻力是过滤介质和滤渣之和,阻力增加。在过滤压力不变的情况下,过滤速度将要变小,且随滤饼厚度的增大,过滤速度将不断减小。因此在过滤过程中,过滤速度是一个随时间而改变的量。滤饼两端压力降与流量关系如图 3-57 所示。

　　过滤速度对过滤机工作性能影响很大,过滤速度与压力降的关系曲线如图 3-58 所示。过滤速度越大,滤饼两端压力降增加越快。而压力降增大时,一般的过滤机流量要下降,当压力降达到一定的界限时,就需要停机清理滤芯,因而缩短了过滤时间,造成材料、人员操作的浪费。另外过滤速度越高,过滤泵的轴功率也越大,因此,采用高速过滤方式与节省能源、节约原材料的要求截然相反。所以选用较低的过滤速度,从经济及使用方面考虑是较为合理的。目前,有些国产过滤机没提供该项技术指标,可由过滤面积和流量换算得出。在相同条件下,应优先选择过滤面积大、速度较低的过滤机。另外,过滤面积大,每平方米过滤面积的单价较低,可减少原始成本和运转成本。

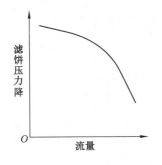

图 3-57　滤饼两端压力降与流量

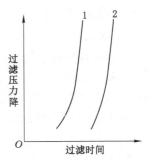

图 3-58　过滤速度与压力降的关系曲线
1——过滤速度较大时,过滤压力与压力的关系曲线;
2——过滤速度较大时,过滤压力与压力的关系曲线

③ 镀液的过滤方式

电镀溶液的过滤方式有两种,即定期过滤和循环过滤。

a. 定期过滤　电镀溶液使用一段时间后会混入较多的固体及胶体杂质而影响电镀质量,因此,每隔一段时间,就要对溶液过滤处理一次,这种过滤方式称为定期过滤。定期过滤要有一台备用槽,过滤时将电镀液从槽内抽出,经过滤机过滤后送至备用槽内进行暂存,待镀槽清洗干净后,再用过滤机送回镀槽。备用槽的结构、材料应保证盛放镀液后不变形,不被腐蚀,一般由钢槽体衬耐酸衬里组成。备用槽的大小应能盛放全部待过镀液,车间内面积较小时,不同类型溶液也可合用一个备用槽,但每用一次,都要仔细刷洗,以免混入其他溶液中的化学成分而影响镀液的性能。

镀液的定期过滤通常采用移动式过滤机,需要时将它推至镀槽边,用毕送回原处。过滤机使用灵活,不占有车间生产面积,还可做到一台过滤机供几个同样镀槽使用。如果一台过滤机用于不同镀槽,应注意清洗过滤机以免使镀液互混。

b. 循环过滤　在进行电镀生产的同时,对镀液进行连续过滤的方式叫循环过滤。电镀溶液的循环过滤机通常固定安装在镀槽旁边,一个镀槽配备一台(或两台以上)过滤机。电镀液采用循环过滤具有如下特点:能将镀液中的颗粒杂质及时过滤除掉,使镀液经常保持清洁状态,可获得稳定的质量优良的镀层;通过过滤机对电镀液进行搅拌,可以达到利用压缩空气搅拌溶液的目的,而不需要另外配置压缩空气动力源,还可避免压缩空气中未能除尽的油雾污染镀液;有些工艺采用空气搅拌会使溶液的成分发生氧化而不能进行空气搅拌,采用循环过滤则不存在此问题;可使镀层光亮,结晶细致,因此有些光亮电镀工艺要求必须同时配合采用电镀液的连续过滤。另外,采用循环过滤还可以在经济上取得一定的经济利益。例如过滤时不停产能节省工作日,提高镀槽利用率;电镀溶液始终在过滤机内运转,可以减少定期过滤时电镀液的损耗;能采用较大的电流密度,可以提高镀槽的生产能力,减低工件的废品率等。因此,对电镀溶液实行循环过滤,是电镀生产中一种有效的辅助办法,在国内外均得到广泛应用。

④ 溶液的流量

定期过滤对过滤时溶液的流量无特殊要求,一般一个镀槽配备一台泵即可。下面主要介绍循环过滤时镀液过滤量的计算。

图 3-59 所示为镀液循环次数(过滤 1 h 的镀液过滤量与镀槽容积之比)与过滤 1 h 后固体除去率的关系曲线。从图上可以看出,当循环次数为 5 时,经 1 h 连续过滤后镀液固体除去率为 99%。这次镀液的清洁度已满足电镀生产的需要。因此,在连续过滤的情况下选用的过滤机其过滤量最好为镀槽容积的 5 倍。当镀槽较大时,过滤量可适当降低。

泵的流量和各过滤机厂的产品样本所标明的流量都是指防腐蚀泵的流量而并不是过滤机的实际流量。过滤机的实际流量受到所配置的滤芯类型及其精度、溶液的密度等诸多

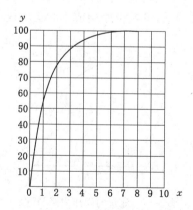

图 3-59　镀液循环次数与固体除去率的关系
x 轴——循环次数,次/小时;y 轴——固体除去率,%

因素影响,一般选择防腐蚀泵的流量要比过滤机的实际流量大 1.3～1.5 倍,对于阻力大的滤芯和过滤精度要求高者取大值。选购过滤机的流量可按所服务的镀槽溶液容积的 4～6 倍考虑,对洁净程度要求不太高的防护性镀层(如镀锌等)所用的溶液过滤,可按 4 倍(即每小时循环 4 次)考虑;对洁净程度要求较高的装饰性镀层(如镀镍等)所用的溶液过滤,可按 6 倍考虑。流量选择过大是不必要的,因为每一个循环过滤所除去的悬浮物数量会随次数的增多而越来越少。同时,流量过大,消耗电能过多。

3.5.2　干燥与除氢设备

零件经过电镀以后,必须尽快地进行干燥,有的零件电镀后还需进行除氢处理,这就需要干燥与除氢设备。常用的干燥与除氢设备有离心干燥机、干燥滚筒、干燥槽与干燥台、干燥箱与除氢箱等。

(1) 离心干燥机

离心干燥机一般由料筐、转筒、盖子、底座及传动系统组成。当零件经电镀并经热水烫洗后,趁热装进离心机的料筐中,使转筒以适当的速度旋转,靠离心力使零件表面脱水甩干,向离心机中心引入热风可加速干燥过程。

料筐常用圆钢骨架和铁丝网制成,其尺寸以恰能放进离心机的内套为准。转筒要承受料筐的重力并带动它旋转,应有足够的强度,还有较好的刚性,排水应顺畅。转筒可由钢板焊接而成,在壁上打孔。转筒底部固定在转盘上,由主轴带动旋转。传动系统一般由电动机、V 带轮、垂直主轴及刹车机构等组成。

(2) 干燥槽与干燥平台

① 干燥槽

干燥槽一般用于电镀零件经最后水洗后的强制干燥中,干燥温度在 60～70 ℃。对于不能采用离心干燥的零件,多采用干燥箱干燥。在挂镀生产线上,一般将挂具与零件同时送入干燥箱进行干燥。干燥槽有三种结构形式:第一种是在钢槽内侧壁和地面三面设蒸汽排管,利用自然对流加热干燥;第二种是在钢槽内两侧壁设置管状电热原件;第三种是热风循环干燥箱,在槽外设置蒸汽散热器,由循环风机将空气进行循环。

② 干燥平台

干燥平台是最简单的干燥设备。它可以是带蒸汽夹套的平台,也可以在带网眼的格子平台下加装暖风机。

电镀后的零件经热水浸烫,直接放在干燥平台上,一面用压缩空气吹净水分,一面加以烘烤。形状复杂的零件需要人工翻动,防止零件内积水,是一种操作方便的干燥设备。

对于带蒸汽夹套的干燥平台,应有一定斜度,使台面向排水孔一边倾斜。

(3) 干燥箱与除氢箱

干燥箱主要用于烘干清洗后的零件和在实验室供溶液化验使用。通常采用电热鼓风干燥箱为干燥设备,这种干燥箱的温度均匀性较好。

3.5.3　自动控制仪表

为了提高电镀生产的自动化程度,电镀车间使用的自动控制仪表种类不断增多。下面仅对目前常用的几种作一简单介绍。

(1) 温度自动控制仪

溶液加热采取温度自动控制,能保证电镀质量,节约能源,方便操作。温度自动控制仪可分为两类:温度电子调节装置和温度惰性气体控制仪。

① 温度电子调节装置

温度电子调节装置由传感器、电子调节器及电磁阀组成。传感器一般用热敏电阻。电子调节器根据传感器信号显示或记录槽温,并与温度设定值比较后自动启闭阀门。其结构框图如图 3-60 所示。

温度电子调节装置应注意防腐,最好放在离镀槽稍远一些的地方。电磁阀除应考虑防腐外,还应防止泄露及烧毁线圈。

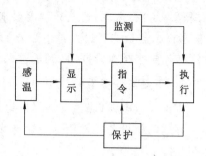

图 3-60　温度电子调节装置

② 温度惰性气体控制仪

温度惰性气体控制仪由温度显示装置、温包及阀门组成。温包内存有惰性气体,气体随温度变化而收缩或膨胀,当槽温高于设定值时,温包内气体膨胀,通过毛细管和膜盒传动机构自动关闭阀门;当槽温低于设定值时,温包内气体收缩,通过毛细管及膜盒传动机构自动开启阀门。

这类装置由于结构紧凑,比电子调节装置耐腐蚀,不存在电子线路接点受腐蚀失灵的可能。

(2)水槽电导率自动控水阀

为了保证清洗质量,控制清洗槽的水质比单纯控制供水源的水质更合理,因为单纯控制供水源的水质,当换水不及时的时候清洗槽内的水还是很脏的。水槽电导率自动控制水阀是利用清水与脏水的电导率的不同来控制换水的,用一个电导率传送器装于水槽内靠近溢水口处,当水质污染超过预定值时,传感器即自动打开供水电磁阀;当水质符合标准时,传感器即自动关闭供水电磁阀,这样既保证了清洗槽内水质的要求又节约了用水。

(3)添加剂自动添加装置

镀槽内添加剂的自动添加,能保证镀槽内添加剂的含量在规定范围内,从而保证电镀质量。某些添加剂的消耗与电镀所消耗的电量成正比,根据这种关系采用安时计测定电量,再用一台定量泵来定时添加添加剂。

根据添加剂的消耗定额和确定的添加循环周期,预计调定计数器和计时器。计数器控制循环周期,计时器控制计量泵的开动时间。当安时计的数值达到计数器的预定值时,计量泵即自动开启,往槽内加添加剂,达到预定时间计量泵即自动关闭,停止加添加剂。接着进行下一个循环,这样反复进行,即可保证添加剂含量稳定。其结构框图如图 3-61 所示。

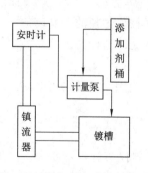

图 3-61　添加剂自动添加装置

(4)pH 值自动控制装置

pH 值的自动控制是保证电镀液稳定的必要措施。pH 值自动控制装置由玻璃电极、pH 值控制器组成。根据测量信号,pH 值控制电磁阀或计量泵加酸或碱以调整 pH 值。有些控制装置还配有记录仪、定时器和报警器等。

第4章　表面阳极氧化处理设备

4.1　氧化处理概述

　　一般金属都能和氧化合生成金属氧化物。这对金属本身来说,实际上就是一个腐蚀破坏的过程,金属的氧化物也就是金属遭到腐蚀的产物,像我们经常看见的钢铁生锈,就是这种现象。这从我们工业中对金属使用的要求上,对延长金属寿命、达到充分利用来看,都是非常不利的。

　　同时,人们还注意到,各种不同金属被氧化之后,附在金属表面上的氧化物层,有的又松又脆,无法阻止氧化的继续进行;有的却很致密,由于这层氧化物严密地包围住金属本身,就能阻止氧化继续进行,像铝的氧化膜,就很致密。铝表面被氧化后,就很难再有进一步的发展。这样,就能够使容易氧化的金属表面的氧化物层变成覆盖住本身的一层致密的氧化膜,充分利用它来阻止氧化的进行。

　　在单金属表面存在的氧化膜中,除 Al 表面的氧化膜比较致密,有一定防护作用外,其他单金属表面的氧化膜不均匀,且多孔,起不到防护作用,即使铝表面的自然氧化膜有一定防护作用,也不能在腐蚀性较强的介质下使用。为提高防护性能,可采用人工方法使金属氧化。氧化处理是在可控条件下人为生成特定氧化膜的表面转化过程。氧化处理常用于铝材及钢铁,有化学氧化和电化学氧化两种方法。

　　(1)化学氧化法

　　化学氧化法得到的氧化膜具有质地柔软、吸附力强的特点,常用作涂装底层。工艺特点是设备简单,操作方便,适用性强,不受零部件大小和形状的限制。化学氧化法又包括以下几种。

　　① 热氧化法

　　将金属制品加热到 $600\sim650$ ℃,然后用热蒸汽和还原剂处理,或将金属制品浸渍在约 300 ℃的熔融的碱金属盐中进行处理。

　　② 碱性氧化法

　　处理时把零件浸渍在调配好的碱性溶液中加热到 $135\sim155$ ℃,处理时间的长短取决于零件中的碳含量的高低。

　　③ 酸性氧化法

　　即将零件置于酸性溶液中进行处理,与碱性氧化法比较,酸性氧化法较为经济,处理后金属表面所生成的保护膜,其耐腐蚀性和机械强度均超过碱性氧化处理后所生成的薄膜的性能,故应用广泛。

　　(2)电化学氧化法

电化学氧化法又称为阳极氧化法，是有色金属氧化的另一种方法。它是将金属零件做阳极，利用电解法使其表面形成具有耐磨性、耐蚀性及其他功能的或装饰性的氧化膜层的工艺过程。

阳极氧化处理得到的膜层在致密性、硬度、耐磨性、耐蚀性及其他性能方面比化学氧化法的好。因此，阳极氧化具有更重要的应用价值，在工业上它具有更重要的地位。

阳极氧化早已在工业上得到广泛的应用，常用的阳极氧化方法，有硫酸阳极氧化法等。阳极氧化主要用于有色轻金属材料（如 Al、Mg、Ti 等）、黑色金属（钢铁等）。其中，铝的阳极氧化是应用最为广泛和最成功的表面阳极氧化处理技术。铝的阳极氧化膜具有一系列的优越性能，可以满足多种多样的需求，因此被誉为铝的一种万能的表面保护膜。

4.2　铝的阳极氧化工艺

4.2.1　铝的阳极氧化过程及成膜机理

铝的阳极氧化处理大多是在酸性介质溶液中进行的，它的过程是以铝及其合金作为阳极，用铅、铝、石墨等耐蚀的导电材料做阴极，接上电源后通电，阳极的表面即生成氧化膜层，从电化学反应热力学条件上看，铝可以在相当宽的电位和 pH 范围内生成稳定的氧化膜层。而从电化学反应的机理来看，阳极氧化膜的形成实际上是由膜的生长和膜的溶解两个相反过程同时进行的综合结果。

（1）膜的成长反应过程

阴极上的析氢反应：
$$2H^+ + 2e^- \longrightarrow H_2 \uparrow$$

阳极上的氧化反应：
$$H_2O - 2e^- \longrightarrow [O] + 2H^+$$

阳极反应中产生的氧，一部分生成氧分子聚集后从气态析出，另一部分则与铝阳极表面反应而生成氧化铝膜层：
$$2Al + 3[O] \longrightarrow Al_2O_3 + Q$$

此过程速度很快，通电后几秒钟就可以生成一层很薄无孔的、致密的、附着力很强且具有高绝缘性能的氧化膜。随后，膜的继续增长要靠铝离子和电子穿过氧化膜而发生反应，所以反应速度随着膜的不断增厚、电阻增大而减慢。因此，若没有溶解反应，膜的后续增长就会变得很慢，甚至终止。

（2）膜的溶解反应过程

铝和氧化铝在酸性电解质溶液中都可以发生溶解，其反应如下：
$$2Al + 6H^+ \longrightarrow 2Al^{3+} + 3H_2 \uparrow$$
$$Al_2O_3 + 3H_2SO_4 \longrightarrow Al_2(SO_4)_3 + 3H_2O$$

溶解反应使铝表面生成大量的小孔。随着膜的生成，电解液对膜的溶解作用就开始了，由于初生的膜层并不均匀，薄弱的地方就优先溶解而产生小孔，由于这些小孔不断地产生及存在，使电解质溶液可以进入膜内，以便在铝基体上不断生成氧化膜，但同时也不断地溶解，造成了氧化膜的小孔（针孔）由表及里形成锥形结构。

由上述可见，阳极氧化膜的生成是由于两种不同的反应进行的结果，一种是电化学反应铝与阳极析出的氧作用生成 Al_2O_3；另一种是化学反应，也即电解溶液对 Al_2O_3 不断地溶解并生成小孔。只有当膜的生长速度大于膜的溶解速度时,氧化膜才能顺利地生成并达到一定的厚度。

4.2.2　铝及铝合金阳极氧化处理工艺

（1）铝及铝合金阳极氧化工艺流程

铝及铝合金阳极氧化工艺流程,应根据材料成分、表面状态以及对膜层的要求来确定,通常采用的工艺流程如下:

铝制品→抛光→装挂→除油→水洗→碱蚀→水洗→酸洗出光→水洗→阳极氧化→水洗→封闭（封孔）→水洗→干燥

（2）铝及铝合金阳极氧化前处理

① 抛光

铝及铝合金型材或制件,视表面的光整度情况及客户或产品设计的要求进行抛光处理,如表面已经达到光洁度则不必再抛光。如需要抛光,可根据具体情况及生产条件进行机械抛光、电解抛光或化学抛光。

② 除油

铝及其合金制件可根据表面的油污情况选择除油方法,如果油污厚重,可以先用有机溶剂除油,然后再作化学除油。如果表面沾油很少可直接用碱液化学除油。

③ 水洗

在除油、碱蚀、酸洗出光等处理后都需要进行水洗,水洗分为热水洗和冷水洗,热水洗是在 $40\sim60$ ℃的自来水槽中漂洗,冷水洗是在常温的自来水槽中清洗。

④ 碱腐蚀

铝合金制件表面经除油及热水、冷水洗净后,表面仍有一层旧的氧化膜,这层膜在阳极氧化前要用碱蚀清除。具体操作方法是放进 $40\sim50$ g/L 氢氧化钠溶液中,在 $50\sim60$ ℃下浸泡 $2\sim5$ min,并且要不断地搅动零件,加快除膜的速度。

⑤ 酸洗出光

酸洗是在除膜并清洗干净后放进 $10\%\sim30\%$ 硝酸溶液中,在室温下浸 $2\sim5$ min,一方面可以清除黏附在表面的腐蚀产物,使表面显出光泽,另一方面也可以中和表面残留的碱液,所以称为酸洗、出光或中和。对含硅的铝合金,在碱蚀后表面会有硅的化合物黏附在表面,不易清除,如果单纯用硝酸不能清洗干净使表面光亮时,酸液中应添加少量的氢氟酸,增加出光的效果。

（3）铝及铝合金阳极氧化处理及后处理

铝及铝合金阳极氧化处理的方法及种类很多,一般用硫酸法、草酸法和铬酸法等。硫酸处理方法的应用最多、最普遍。

① 铝合金制件阳极氧化后处理

当铝合金制件经过阳极氧化处理后,可以根据产品的用途及要求处理。如果产品是需要原来的色泽的,氧化后可以进行清洗,然后进行封闭。如果产品需要着色的,则不能马上封闭,而是用各种方法使表面着色,然后再封闭。总之处理的工序必须根据产品的需要去设计氧化后的工序。

② 阳极氧化后封闭

由于铝及铝合金阳极氧化膜有很多小孔,所以膜层松软,耐磨性及耐蚀性较差,而且容易吸附环境中的各种油污或腐蚀介质。因此必须把铝表面的小孔径紧缩起来,以便提高膜层的硬度、耐磨、耐蚀性及防污性能,所以封闭实际上就是封孔。封孔的方法也很多,有热封和冷封,也有水封和药物封闭及油类等封闭。最简单、最实用且应用较广泛的是传统的热水封闭。热水封闭是将铝及铝合金阳极氧化后的制件放进 90 ℃以上的纯水中煮上 20～30 min,然后取出,自然蒸发干燥,或再用热风吹干,干燥的速度更快,生产效率更高。

4.3　铝的阳极氧化处理设备

铝材的阳极氧化设备,一般包括工作槽组、槽液循环槽、循环泵、过滤系统、蒸汽加热系统、冷却和热交换系统、温度和酸碱度自控系统、空气搅拌系统、可控硅供电系统、排风系统、铝材装架卸架装置、生产自动控制系统。

4.3.1　处理槽设备

在处理槽中,通常以阳极氧化槽(电解)为主,并配备前后处理槽,阳极氧化槽根据处理工件、形状尺寸以及作业的方便性而确定的,一般采用长方形槽,按放置形式可分为地上式、半地下式和地下式三种;按作业形式可分为横吊式和竖吊式两种,横吊式是指把处理物料水平吊装,倾斜角一般为 $6°～10°$;竖吊是指把处理物料垂直吊装,以悬垂状态进行处理,一般来说,作业形式应按照槽体产量进行选择。

根据处理物料的形状尺寸以及每架次的处理量来确定处理槽的尺寸,槽组中除碱槽、电泳涂漆槽外,其他各槽的宽度一般为电解槽高度的 4/5 左右。脱脂、浸蚀用碱槽的材质一般为 3.2～6 mm 厚的普通钢板;水洗槽的材质为 2～3 mm 厚的硬质氯乙烯、软质氯乙烯塑料、环氧树脂涂层;中和槽装的槽液为 10%～30%硝酸常温水溶液,目的是清洗碱洗后的污物,采用的材质有聚氯乙烯、聚乙烯、丁基橡胶和不锈钢等;电解槽的材质:内衬为 2～3 mm 的硬质聚氯乙烯,2 mm 的两层丁基橡胶、树脂或 50 mm 厚的耐火材料。而电泳涂漆槽及封孔槽的内衬为不锈钢。常用电解槽的规格如表 4-1 所示。

表 4-1　　　　　　　　　　　电解槽的规格

槽种类	尺寸/m			适用范围
	长度	宽度	高度	
一般器皿用	5～7	1～1.5	1～1.5	锅、壶、饮食器皿、电气器具用品
特殊钣金用	2.2～3	2～3	1.5～2	大型容器窗框
连续处理用(小型)	5～10	0.5～1	0.7～1	装饰品、电视、摄录机照相机暗箱、部件、线卷、卷材盘管、蛇形管
连续处理用(大型)	15～25	1～1.5	1～1.5	电气器具用品,自行车部件,其他的工业用品
建筑型材用(水平式)	6～10	1.5～2	1.5～2.6	长定尺建筑型材类
建筑型材用(立吊式)	4～6	1.5～2.5	4～8	长定尺建筑型材类

槽体宽度要考虑处理物的宽度。槽体的高度要考虑处理物深度方向尺寸和框吊的段数,以及要保证每一平方米处理面积有 0.4 m³ 的溶液量。

各处理槽设备及材质如表 4-2 所示。

表 4-2　　　　　　　　　　　　各处理槽设备及材质

槽名称	溶液成分	材质	附带设备
脱脂槽	脱脂液	3.2～6 mm 厚钢板	加热管道、自来水管、纯水管、排气装置
水洗槽	自来水	2～3 mm 厚的硬质氯化乙烯树脂,软质氯化乙烯树脂,普通钢板	自来水管、溢流、空气搅拌、喷水装置
中和槽	HNO_3	不锈钢或聚乙烯	空气搅拌装置,排气装置,自来水管、纯水管
电解槽(氧化槽、自然着色槽、电解着色槽)	H_2SO_4,草酸,有机酸	铅板,硬质氯化乙烯树脂,聚乙烯树脂,聚氯乙烯塑料	冷却装置、排气装置、空气搅拌、槽液循环装置、测温装置、自来水管、纯水管、阴极电源
封孔槽	纯水	不锈钢	给排水装置、纯水管、加热装置、排气装置
电解抛光槽	H_3PO_4,HNO_3,H_2CrO_4	铅、不锈钢合成树脂内衬法兰	加热装置、排气装置、排水管、纯水管
化学着色槽	有机染料,无机染料	不锈钢内衬	加热装置、纯水管、排水管
电泳涂漆槽	丙烯酸,透明漆	不锈钢内衬	加热装置、冷却装置、排水装置、纯水管、循环装置、电源、离子交换装置、涂料过滤器

4.3.2　加热、冷却设备

根据工艺条件,必须控制各处理槽组的温度,需要加热的处理槽组和控制的范围如下:

脱脂槽　40～60 ℃　　　　　温水槽　40～60 ℃

蚀洗槽　40～60 ℃　　　　　热水槽　60～90 ℃

电解抛光槽　90～100 ℃　　　染色槽　30～70 ℃

化学抛光槽　90～100 ℃　　　封孔槽　90～100 ℃

阳极氧化槽　10～40 ℃(根据采用不同的电解方式而异)

加热方式分为三种:① 浸入电热器式:设备费低,但成本高;② 外部加热式:难以控制温度;③ 槽内蛇管式:热效率高,占地面积小,但结垢后会使热效率下降,冷凝水排放和清扫处理较困难。常用热源有蒸汽加热(煤、原油、煤气、锅炉加热)和电加热两种。

由于电力消耗和氧化反应,阳极氧化槽温度会升高,为了在铝及其合金表面上获得阳极氧化膜及着色氧化膜,氧化处理必须在较低温度下进行,才能把由于在高电压和高电流下产生的热量带走,因此,冷却氧化处理溶液起着重要作用。因此,必须采取人工强制降温和搅拌氧化处理溶液的方法。

目前广泛采用冷冻方式强制降温。冷却系统包括冷冻机、热交换器及热水槽。目前使用量最多的冷冻机类型是压缩式冷冻机。

压缩机是冷冻机的主要组成部分,它的主要功能是吸取蒸发器中的低压制冷剂蒸汽,将其压缩成高压、高温的气体,以便排入冷凝器后冷凝成液体。压缩机的构造型式很多,主要有活塞式(往复式)压缩机、旋转式(回转式)压缩机和离心式(涡轮式)压缩机。

冷冻机型号的选择要根据氧化处理材料生产量大小、所需冷凝量多少来决定。冷冻机型号选择要适当,冷凝量太小,达不到冷却的要求;冷凝量太大,不能充分发挥冷冻设备的作用,造成损失。

为了使氧化处理时产生的热量能及时排除,保持低温,通常氧化处理槽内安装冷却蛇形管,与氧化处理液进行热交换。

在实际制冷生产中,主要依据的是液体变成气体时吸热的原理。常采用的制冷方法是氨压缩式制冷循环,其制冷系统主要由氨压缩机、冷凝器、调节阀(又称膨胀阀或节流阀)和蒸发器四大部分所组成。用氨作为制冷剂,氨从液体状态沸腾变成气体时吸收大量的热。在一个大气压力下氨的沸点是 -33.4 ℃,在 -40 ℃每千克氨沸腾需吸收 1 367.82 kJ 的热量。

蒸发器的作用是制冷剂(液氨)在其中吸收冷水(即自来水或盐水)的热量,由液态变为气态;氨压缩机的作用是把蒸发器中的气体吸入并压缩到冷凝压力(约 13 kg/cm²),温度也同时升高;冷凝器的作用是气态制冷剂在此将热量传给冷却介质(自来水)后,本身冷凝为液态氨;膨胀阀的作用是将高压制冷剂 NH_3 通过节流作用(即突然膨胀)降低到蒸发压力,同时降温,并调节供液量。

图 4-1 为电解液的冷却过程。

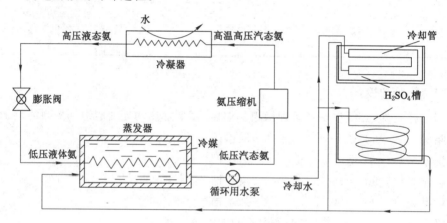

图 4-1   氨压缩机制冷循环及制冷水循环图

当液态氨在蒸发器内变成气态时,将蒸发器外部冷媒(即自来水)的热量大量吸收了,使其温度降低。因为氨压缩机不断运转,将蒸发器内蒸发出来的气态氨又吸进去加以压缩,再经冷凝器变成压力较高的液态氨,经膨胀阀后又变成低压氨回到蒸发器内进行蒸发吸热,继续使冷媒温度降低,此循环过程反复进行。于是,蒸发器内冷媒的温度不断降低。将这些温度较低(一般应为 0 ℃左右)的冷媒用水泵打至 H_2SO_4 电解槽及 H_2SO_4 循环槽的冷却管内,并进行循环。于是使硫酸溶液冷却,可保证其温度在工艺范围之内。

除了采取人工强制降温冷却电解液方法之外,采用溶液的循环,也是冷却电解液的一种有效方法。为了保证不因电流而使电解液显著升温(这对管内的电解液尤其重要),强迫电解液不断循环是一种有效措施。

4.3.3　排气和送风装置

由于脱脂槽、蚀洗槽、中和槽、硫酸槽、着色槽、封孔槽、抛光槽等溶液在空气里不断地蒸发,如果不尽可能地使这些蒸汽在弥散到蒸发空间之前就被抽走,以保持整个车间的空气不被污染,那么,这些有腐蚀性或毒性的溶液蒸汽,对工人健康将有严重危害。因而表面处理车间,总是设有强烈的排风和送风装置。

抽风通常采用侧式抽风法,即在需要抽风的槽子侧边安装侧式抽风筒,由抽风机将刚刚离开液面跑到空气里的溶液蒸汽抽走,通过地下风道及烟囱排到外面大气中去。抽风筒是由铁板或塑料板焊接而成,要求抽风筒有较高的抗腐蚀性。

尽管有抽风装置,但仍有一部分蒸汽分子要跑到空气里去,久而久之(特别是冬季车间密闭较严时),车间内的空气同样也会被这些气体所污染。为了始终保持车间内空气的新鲜,还要装设送风机以及天窗上面的排风机,以便使新鲜空气从设置在车间外面的吸风塔吸入,再经过风道、风窗送入室内(必要时空气还可以经过滤、升温、降温处理后再送入)。另外,还必须定时将室内被污染的空气通过天窗上的排风机排出。

槽液循环地下室以及排风地下室内同样也需要设置抽风机。

表 4-3 列出几种气体在空气中的最大允许浓度。

表 4-3		几种物质的蒸汽在空气中的最大允许含量
名称	分子式	空气中的最大允许含量/(g/m^3)
氨	NH_3	0.024
氯化氢	HCl	0.003
铬酐	CrO_3	0.000 1
氧化氮气体	N_2O_3	0.035
丙酮	CH_3COCH_3	0.2
乙酸乙酯	$CH_3COOC_2H_5$	0.2
汽油	碳水化合物	0.3

4.3.4　过滤循环系统

为使阳极氧化槽、电解着色槽和电泳涂漆槽槽液温度均匀,需要进行槽外循环过滤,这样既能保持电解液温度均匀,又能除去其中的杂质。

循环槽的容积通常为工作槽的三分之一左右,工作槽液靠位差流入循环槽,再由循环泵将槽液送回工作槽,中间经过过滤器和热交换器。

电解液循环泵需用耐蚀性良好的材料制造,硫酸电解液可采用高硅铸铁涡流泵,扬程为 20 m 左右,不宜过高。

4.3.5　离子交换设备

水质对制件表面处理的质量有很大影响。例如,电解液若含 0.1 g/L 的氯离子,则会腐蚀阳极氧化制品,产生黑斑点;染色槽的水质不好时,染料易老化;封孔处理水质不好时,则降低封孔效果。因此,表面处理所用的水需经蒸馏或离子交换,连续进行阳极氧化处理,会使电解液中溶存铝增多,使自然着色膜色调不均,硫酸膜耐蚀性下降,草酸膜产生点蚀而对电解电压产生不良的影响,因此,必须消除电解液中的溶存铝,一般采用离子交换法处理。

现代工业的离子交换装置是将离子交换树脂装入柱状容器内,液体自上而下流出,进行离子交换,这种方式称为固定床式。

① 单床式　只有一种树脂装入柱状容器内,用于硬水软化处理。

② 多床式　采用相同或同系统的离子交换树脂,装入两个以上并列的柱状容器内。

③ 复床式　把含有阳离子交换树脂和阴离子交换树脂的二柱状容器并列使用,并用去离子水处理,最好增设二氧化碳脱气塔,这种装置称为二床三塔式。

④ 温床式　在一个柱状容器内混合装入阴、阳离子交换树脂,用这种方法生产的纯水质量好,设备占地面积小。

4.3.6　电源设备

根据法拉第定律,阳极氧化处理过程中生成的氧化膜量与通电量成正比,一般使用直流电源,如有特殊要求也可使用交流电源或交直流叠加。

（1）电源

电解用的电源,除特殊的采用交流电源或交流和直流叠加的电源外,大部分采用直流电源。

电接电压取决于电解液及其生成氧化膜的性质,电源的容量和计算范围以及电源的应用如表 4-4 所示。

表 4-4　　　　　　　　　　　　　阳极处理用电源

电源种类		电源电压	电流容量	应用
硫酸法的电源	一般氧化膜	DC 20～30 V	$(100～200 \text{ A/m}^2) \times \text{m}^2$（电解表面积） 小容量 500～2 000 A 大容量 3 000～10 000 A	建材、器皿、工业用品
	硬质氧化膜	DC 100～200 V	$(200～500 \text{ A/m}^2) \times \text{m}^2$（电解表面积）	耐磨器皿和零件
	着色氧化膜	AC 20V	$(100～150 \text{ A/m}^2) \times \text{m}^2$（电解表面积）	化学着色建材、工艺品
草酸法的电源		DC 40～50 V AC 80～120 V	$(100～150 \text{ A/m}^2) \times \text{m}^2$ $(70～100 \text{ A/m}^2) \times \text{m}^2$	家具饮食器皿
铬酸法的电源		DC 60～100 V	$(15～30 \text{ A/m}^2) \times \text{m}^2$	
自然着色法的电源		DC 40～80 V	$(150～300 \text{ A/m}^2) \times \text{m}^2$	自然着色氧化膜用于建材
电解着色法的电源		AC 5～15 V	$(15～80 \text{ A/m}^2) \times \text{m}^2$	建材、器皿、工业用品
电解抛光的电源		DC 20～30 V	$(200～500 \text{ A/m}^2) \times \text{m}^2$	建材、工艺美术品、器皿、工业用品
电泳涂漆的电源		DC 250 V	$(20～50 \text{ A/m}^2) \times \text{m}^2$	建材、工业用品

注:DC——直流电源;m^2——电解制品表面积;AC——交流电源;A/m^2——电流密度;V——电压;A——电流。

一般氧化膜采用典型硫酸法,使用的直流电源为:

电压——20～30 V;

电流容量——(100～200 A/m²)×电解面积(m²)。

要获得硬度更高的硬质氧化膜和防止生成的膜再溶解,必须降低电解液温度,从而使其电流密度高于形成一般氧化膜的电流密度,所用的直流电源为:

电压——100～200 V;

电流容量——(200～500 A/m²)×电解面积(m²)。

对染色氧化膜而言,为了提高染色性,应提高电解液温度,同时在直流电上叠加交流电,这样可增加氧化膜的多孔性,便于染色,但氧化膜表面易生成敷粉,氧化膜呈浅黄色。

采用交直流叠加电时,铝周期性地称为阴极,放出氢气,能达到阴极脱脂的目的,但目前该法用的很少,该法所使用的交流电源为:

电压——20 V;

电流容量——(100～150 A/m²)×电解面积(m²)。

(2) 整流设备

直流电源基本上都由交流电源转换而来,经过整流设备变为直流,所以直流电源有整流电源之称。常见的整流设备有如下几种:

① 直流发电机型

直流发电机由交流电动机带动直流发电机,提供直流电供直流电源用。此种电源转换方式,必须有交流电动机、直流发电机等多种电机,因此有设备费用高、维修费高、能源转换率低以及耗电量大等缺点,但电压可调,而且波形脉动性好。

② 整流管整流装置

整流管整流装置有钨氩整流管、水银整流器。水银整流器采用大型汞弧真空管整流,供电可靠性差,一般需设备整流变压器、设备费大、维修费大,但波形较好、运行噪声小。

③ 半导体整流

可采用硒整流管、锗整流管、硅整流管、可控硅整流器。其中可控硅整流器的整流效率高、节电、成本低,可实现稳流,具有供电性可靠、噪声小、操作维修简便等优点,但波形稍差。在接近额定电压时,可控硅整流器能发挥良好的效果,因此现在大多数采用可控硅整流器。

(3) 交流电源及重叠设备

目前多采用变压器,变压器有单相和三相两种,供叠加用的直流变压器,需要增加直流容量,另外还要避开磁饱和的铁芯容量和增加绕线电流;作为重叠用的设备,除使用交直流电源外,还使用重叠用的电抗器,以正确测定交直流比。

4.3.7　导电材料

4.3.7.1　母线

母线是指从电源到电解槽的导电体。目前多采用铜、铝母线。

铝的导电率是铜的 60%,密度仅为铜的 30%,使用铝母线时的重量约为铜的 50%,铝的价格较铜的价格便宜很多,所以目前常使用压延、挤压的铝母线。

母线的断面允许电流为:

铝　DC 1.1 A/m²；

铜　DC 1.7 A/m²。

母线的极间距离（正负极母线间隔）为 200 mm 以上。

4.3.7.2　夹具和吊具

（1）夹具和吊具的材料

夹紧固定也称为绑料，是将待阳极氧化的物件保持在一个固定的位置上，其目的是顺利通电进行阳极氧化处理。夹具指的是从阳极氧化电解槽的阳极母线开始与被处理物件之间进行连接的一系列导电材料，在工厂现场可能包括导电梁、导电杆、导线、挂钩、夹子等。夹紧固定也可以采取"吊挂"的方式。因为夹具设计是控制生产效率的重点之一，所以每个工厂都在精心地研讨并设计出适合于产品要求的夹具。夹具的设计很重要，它有多种形式，一般都采用长柱型，也有用圆柱形。作夹具的导电材料，有铜、铝、钛合金。其中钛合金夹具优点较多，其强度高，使用寿命长，承受压力高，维修费用少，压降小。因此，一般建材处理主要采用钛夹具。但由于铝的成本低，加工容易，目前有很多工厂仍然采用铝夹具。

① 使用夹具的吊挂方式：

a. 用橡胶绳拴住吊挂方式——用于器件、工业产品。

b. 弹簧方式——用于器件、建材、小物件。

c. 用线编扣方式——用于建材。

d. 螺钉紧固方式——用于建材。

e. 压紧固定方式——用于建材。

f. 其他方式——各种用途。

② 夹具主要结构与结构材料

a. 供电部分：钢材，特殊情况下可用镀银材。

b. 主干部分：铝材、铁材、不锈钢、钛材。

c. 分支部分：铝材、钛材、橡胶。

d. 槽衬部分：聚氯乙烯、聚四氟乙烯、硅橡胶、密胺树脂（三聚氰胺树脂）、玻璃纤维增强塑料（FRP，俗称玻璃钢）、聚乙烯。

③ 夹具设计与制造要求

夹具的设计和制造有如下要求：

a. 利用导电良好、耐酸耐碱的铝合金材料制作。与导电吊具接触部分最好用紫铜板做吊钩。

b. 能使电流自由通过。不要因断面太小，电阻太大，产生过热而烧断夹具。

c. 夹具和制品接触面积要小，但要保证电流通过。接触点不允许产生局部过热，烧毁工作物和夹具。

d. 制品在夹具上要夹得很牢固，在电解液中上下摆动时不脱落。

e. 制品固定在夹具上，应使整个表面都要和电解液接触。

f. 为了减少电能消耗和延长夹具的使用寿命，与工作物非接触部分，应用耐酸和耐碱的涂料保护。

g. 夹具装拆要方便，工件紧固要牢，接触要好，且不变形。

④ 电接触点的条件

将被处理物件挂在吊具(挂钩)上时,除了使用螺钉锁紧固定之外,通常情况下,物件在电解槽液中,以铝材或钛材作为点接触部位。设计中对接触压力以及通电量要全面充分地考虑。

⑤ 主要影响因素

在铝阳极氧化处理过程中,夹具及夹紧固定的优劣对产品质量和生产效率有重要影响。在工厂的生产现场,能够设计和制作出优良的夹具,也是非常重要的课题。阳极氧化处理所使用的夹具就像人体中输送血液的血管那样,如果血管中产生血栓,则血管内径变细导致动脉硬化,不能充分地供给血液,则肌体得不到必需的营养。同样道理,使用不良夹具会使阳极氧化膜的质量不佳或发生"过烧"现象。夹具所使用的材料为铝材或钛材,虽然有可能使用锆材做夹具材料,但是从成本和加工性方面考虑,锆材几乎没有任何实用价值。在硫酸等电解溶液中,夹具需要将产品固定,还要能按规定的电流稳定供电。为此,除了需要具备上述性能的材料外,还需要适应产品的形状、重量、尺寸,而且要加工方便,具备适当强度。

铝制及钛制的夹具特性如表4-5所示。

表 4-5　　　　　　　　　　　　　铝夹具与钛夹具的特性比较

项目 材质	特性		钛夹具的优点
	铝夹具	钛夹具	
拉伸强度	74 N/mm²	343 N/mm²	强度高,夹具坚实,使用寿命长
屈服极限	29 N/mm²	225 N/mm²	可承受最大的接触压力
耐腐蚀性	低	高	寿命长,维护费用低
电流损耗	从夹具到槽液的电流损耗大	表面氧化膜可防止电流损耗	电压低即可
可靠性	接触部位易磨损,容易损坏	夹具不会变形	使用寿命长
阳极氧化 处理品质	接触点的烧灼少,接点瑕疵少	接触点的烧灼, 可能产生接点痕迹	产量高,广为利用
操作性	阳极氧化处理后, 有必要除掉表面氧化膜	不用脱膜即可使用	不必脱膜,可以多次使用

(2)夹具或吊具种类与形状

夹具的结构形式应根据氧化处理材料形状、结构和大小而定。

为了保证电流畅通,夹具每使用一次,应对制品接触部位进行化学脱膜处理。夹具的夹头也可以采用钛金属制作,因为钛金属耐腐蚀性能好,尽管它在稀硫酸溶液中氧化处理时被钝化,但并不影响电流的通过,使用寿命长,不会因价格贵而失去它的意义。

① 铝夹具特征

铝夹具的导电性好、造价低、加工性优良,任何一种电解过程都可以使用。在铝阳极氧化的电解过程中,铝夹具上生成阳极氧化膜,起到了绝缘的作用。所以,铝夹需要在每一次电解处理以后脱掉阳极氧化膜,一般使用氢氧化钠溶液(50~100 g/L,50 ℃)即可。但此过程不仅仅脱除了铝夹具的阳极氧化膜,铝基体也往往会被腐蚀溶解,所以铝基体的耗损很大。铝基体的耗损达到30%~40%时,就不能继续使用。因为铝夹具的尺寸发生了变化,不能保持接触点的面积。由于得不到必需的接触点压力,通电量会明显减少直至产品报废。

另外,压铸铝合金(如 ADC12)和硬铝系合金不适于做夹具。因为这种铝夹具的电导率比被处理的铝产品电导率低,反应中电流集中在夹具上,引起夹具熔断,生成阳极氧化膜。

② 钛夹具特征

钛夹具与铝夹具相比较,其特征是电流容许量低,而机械强度、刚度、弹性均佳。钛在阳极氧化电解槽液中不会溶解,在阳极氧化时生成干涉膜。实际上干涉膜并不绝缘,没有必要进行脱模,可以长期使用,适于批量生产。由于钛材的普及,钛夹具趋向多样化。目前有弹簧材、线材、螺钉等互相组合成各种形状,为了应对各种要求,已经生产出了广泛使用的高性能钛夹具。

4.3.7.3 阴极

阴极面积与阳极面积应有适当的比例,因为决定氧化处理溶液寿命的某些电化学反应取决于阳阴极面积的比例,阴极面积应为处理制品面积的 1/2 以上,有时采用 1:1,有时采用 1:2 等。对于较大的氧化处理槽,应采用几个分开的阴极。有时要采用辅助阴极。

做阴极的材料有铅、石墨、不锈钢、铝等,硫酸法氧化通常采用铅板做阴极,板厚 3 mm 左右,导电性和机械强度都较好。

自然着色法通常采用不锈钢做阴极,而电解着色法常与电解着色液的金属盐相一致,如镍盐电解着色用镍板,锡盐电解着色用锡板,也可采用惰性电极,如石墨电极或不锈钢电极。

极间距离需根据电解液的导电能力和被处理物结构而定,一般极间距离不大于 500 mm。为了形成均匀的氧化着色膜,一般采用制品两侧均有阴极板的方法,如图 4-2 所示。

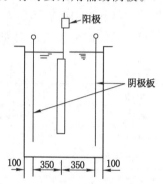

图 4-2 阴极板常用位置图

4.3.8 水洗设备及附属设备

(1) 水洗设备

各项处理工序完成之后,都必须安装水洗槽。阳极氧化处理后,有必要两次以上充分水洗。还要根据处理工序要求,有时要以 60~80 ℃热水进行清洗。

(2) 搬运设备

在处理小零部件工厂内,可以用人力搬运。而在自动化设备或者出力重量大的物件时,必须有起重和运输设备。

(3) 试验检查设备

为了满足品质管理要求,必须具有下列试验检查设备:

① 各种槽液的管理及相应的分析设备。

② 测定阳极氧化膜厚等品质管理用仪器及设备。

③ 外观观察等检验室。

(4) 锅炉

封孔处理槽、热水洗槽、脱脂槽、浸蚀槽、染色槽等加热使用的蒸汽锅炉。

(5) 纯水装置

配新槽、纯水洗、热水洗、封孔处理、电泳涂装等需要纯水的工序使用纯水装置、离子交换装置、RO 装置等。

第5章　铅酸电池制造专用设备

5.1　铅酸电池制造专用设备概述

5.1.1　铅酸电池制造工艺

一个蓄电池成品,在生产中是被分解成许多"半成品"来制造的,也就是说,一个电池的整个工艺流程由许多道工序组成。

(1) 合金工序

将铅、锑在合金锅中熔化然后在铸锭机上铸成合金锭。

(2) 铸板工序

将合金锭在熔锅中熔化,用自动铸板机或手工铸成板栅。

(3) 铅粉工序

将纯铅在熔铅锅中熔化,用铸球机铸成铅球,或用铸柱机铸成铅柱,或将铅锭剪切成铅块,用铅粉机磨成铅粉。

(4) 涂板工序

涂膏式极板:将铅粉、水、硫酸、添加剂等放入和膏机中进行搅拌,制成一定密度的铅膏。用涂板机(或手工)将铅膏涂在板栅上,干燥后形成生极板。

管式极板:将玻璃丝管或涤纶排管套在正板芯上(骨架),用挤膏机或灌粉机注入铅膏或铅粉,用铅或塑料封底形成隔板。

(5) 化成工序

将生正极板和生负极板放入化成槽,把正负极分别焊起来,加入硫酸,通入直流电,使铅膏物质在正极板上变成二氧化铅,在负极板上变成海绵状铅,这个步骤称为化成。化成后的极板经清洗后进行干燥就成为熟极板。

(6) 装配工序

将正极板、负极板、隔板等按负极—隔板—正极—隔板—负极的顺序摆在一起,焊上极柱和汇流排,再装入电池槽内,盖上电池盖。

5.1.2　铅蓄电池制造专用设备概述

在铅蓄电池生产中凡是用来改变生产对象的形状、尺寸、性质、状态的机械设备被称为铅蓄电池制造专用设备。按铅蓄电池生产工艺需要,铅蓄电池制造专用设备包括:铅球(铅块)制造专用设备、铅粉制造专用设备、合金配制专用设备、板栅(骨架)制造专用设备、铅膏制造专用设备、涂板及管式极板填充专用设备、极板化成设备、极板分片专用设备、蓄电池组装专用设备、蓄电池质量检测仪器及设备。按每类设备的功能及结构,铅蓄电池制造专用设备又分为若干机型及单机,如铅球(铅块)制造专用设备分为铅球铸造机、铅柱铸造机、铸条切粒机、铅锭切块机等。铅膏制造专用设备分为 Z 型和膏机、浆叶式和膏机、碾式和膏机、连续和膏机等。

在铅蓄电池制造设备中许多单机都是由原动机、传动机构和执行机构三个主要部分组成的。

原动机构是提供工作机所需运动和能量的机构,通常采用电动机作为原动机。

传动机构是把运动和能量传递给执行机构的机构,通常采用机械传动(例如:皮带传动、链传动、齿轮传动等),液压与气动传动的应用亦较为广泛。

执行机构是完成某种预定工艺职能的机构,包括各种工作行程和空行程机构。工作行程机构是用于直接完成工作过程的机构;空行程机构是保证机器实现全部工作循环过程的机构,如带式涂板机的送片机构,板栅铸造机模具开合机构等都是执行机构。

铅蓄电池制造专用设备还包括质量检测仪器及设备、表面干燥窑、极板化成设备。它们虽不具有单机的基本特征,但它们具有特定工艺用途,我们把它们(包括单机在内)统称设备。

随着铅蓄电池制造业的发展,出现了许多生产线,它是由几台单机及其辅助设备组成的生产线,如铅粉生产线、和膏生产线、组装生产线等。

本章主要介绍铅球(铅块)制造专用设备、铅粉制造专用设备、板栅(骨架)制造专用设备、涂板及管式极板填充专用设备、极板化成设备等。

5.2　铅球(铅块)制造专用设备

铅是制造蓄电池的主要材料,而且现在铅蓄电池用以制造活性物质的原料基本上都使用铅粉。铅粉的制造方法有两种:一是球磨法;一是气相氧化法。球磨法是应用最普遍的制造铅粉方法。它是将预先按一定尺寸铸好的铅球(铅柱)装入铅粉机的滚筒内磨成铅粉。

5.2.1　铅块的制造

制造蓄电池所用的原料铅都是用电解法制成的纯铅锭。铅锭一般不能直接装入铅粉机中磨制铅粉,而是先加工成小的铅球、铅块或铅粒,加工的方法是铸造或刀切。前者是用熔铅炉把铅锭熔化,浇注到模具中铸出一定尺寸规格的铅球(柱),或者将熔化的铅液先铸成条,再将铅条切成铅块;后者是直接将纯铅锭切成铅粒,这一方法比较环保,不产生铅蒸汽。制成的铅球、铅块或铅粒就可用来磨制铅粉。

常温下铅较软,是呈青灰色有金属光泽的重金属。在空气中放置铅表面生成碱式碳酸铅覆盖层,呈现灰色。铅的熔点较低,仅为 327.35 ℃。一般铅在被加热到 70 ℃时会急剧软化,继续加热到熔点才真正熔化。制造铅球(柱)用的铅液,都是用工业熔铅炉把铅锭熔化。熔铅炉采用电加热法熔化铅者居多,按电热管的安装形式,熔铅炉可分为直接加热式和辐射加热式两种。辐射加热式是电热管在铅锅外面,靠电热管的热辐射加热铅锅。直接加热式是电热管直接放在铅锅里,直接对铅锭加热。这种熔铅炉结构简单,能源利用率高,电热管更换维修方便,被广泛用于铅及其合金的熔化。

图 5-1 是电热管放在熔铅锅内直接加热铅锭的熔铅炉示意图。它主要由铅锅 5、耐火砖和硅酸纤维毡及蛭石组成的隔热层 8、炉架 7 及排烟炉罩 2 组成。铅锅中部设有放铅阀 3,炉顶部设有往炉内放铅锭的辊道 1,首次装铅锭时要防止砸伤电热管,若有已熔好的铅液,

可先倒入至淹没电热管,即可做导熔液又能保护电热管。熔铅炉把铅锭熔化,并使铅液在420～450 ℃温度范围内保温。这个温度范围可使铅液有较好的流动性,浇铸时充型能力强,而且铅液不会大量汽化,减少铅蒸气对环境的污染。

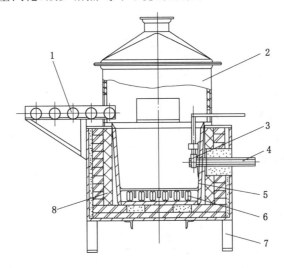

图 5-1　电热管直接加热式熔铅炉

1——辊道;2——排烟炉罩;3——放铅阀;4——出铅口;5——铅锅;6——电热管;7——炉架;8——隔热层

5.2.1.1　铅锅的容量

铅炉是用来熔化铅锭的,其容量的大小应能满足铸铅球(柱)、铅粒的生产效率。同时考虑到熔化铅时的加热功率,铅锅的容量不宜过大。图 5-2 所示为铅锅的示意图。根据图中标注的具体尺寸就可由容积计算公式计算出铅锅的容积为:

$$V = \frac{h}{6}(2ab + ab_1 + a_1b + 2a_1b_1)$$

式中　a,b,a_1,b_1——铅锅尺寸,m。

铅锅的熔铅量为:

$$W = \beta V d$$

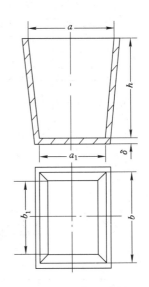

图 5-2　铅锅示意图

式中　W——熔铅量;

　　　V——铅锅的容积,m³;

　　　d——铅的密度,kg/m³;

　　　β——铅锅的容积系数,其系数考虑到电热管、隔板、放铅阀等的影响因素。

连续作业的熔铅炉,其特点是连续出料和断续小批加料,加入的铅锭以保持炉内温度相对稳定为宜。而这时熔铅炉铅锅的熔铅量可按下式计算:

$$W = \tau W'$$

式中　W——铅锅熔铅量,kg;

　　　τ——铅液贮备时间,h;

　　　W'——每小时放出熔铅量,kg/h。

对于连续作业的熔铅炉,其铅锅需长时间工作在420～450 ℃温度条件中。铅锅一般采用电铸件和焊件。在铅锅设计时要考虑铅锅的板厚,板厚过大造成浪费,板厚过薄强度不足,这里介绍平板弯矩及挠度的设计计算。首先分析炉料对侧板的压力分布情况,如图 5-3 所示,炉料对侧板的压力为:

$$q=(q_1+q_2)\times 10^{-5}=\left[r_1 h_1 \tan^2\left(45°-\frac{\theta}{2}\right)+r_2 h_2\right]\times 10^{-5}$$

式中 q_1——固体炉料对侧板的压力,MPa;

q_2——液态炉料对侧板的压力,MPa;

r_1——固态炉料的堆密度,kg/m³;

r_2——液态炉料的堆密度,kg/m³;

h_1——固态炉料的高度,m;

h_2——液态炉料的高度,m,

θ——固态炉料的安息角,(°)。

平板的弯矩及挠度(单向简支平板示意图见图 5-4):

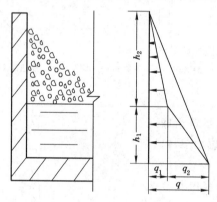

图 5-3 炉料对侧板的压力

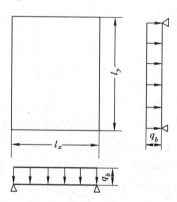

图 5-4 单向简支平板

$$M_{\max}=\alpha_1 q_b l^2$$

$$f_{\max}=\beta_1 q_b \frac{l^4}{B_c}$$

式中 α_1,β_1——计算系数,见表 5-1。

表 5-1   计算系数

l_x/l_y	≤0.5	0.50	0.55	0.60	0.65	0.70	0.75	0.80	0.85	0.90	0.95	1.00
α_1	0.125	0.101 7	0.095 5	0.089 3	0.083 1	0.077 2	0.071 5	0.066 1	0.061 0	0.056 3	0.051 9	0.047 8
β_1	0.013	0.010	0.009 4	0.008 67	0.007 96	0.007 27	0.006 63	0.006 03	0.005 47	0.004 96	0.004 49	0.004 06

q_b——单位板宽的均匀载荷(如平板承受 2 000 N/m² 的均匀载荷,则 $q_b=2\,000$ N/m²,
          $x/m=2\,000$ N/m=20 N/cm),N/m;

l——计算跨度,取 l_x、l_y 中小值,cm;

B_c——刚度,$B_c=\dfrac{Eb\delta^3}{12(1-\mu^2)}$,kg·cm²;

μ——泊松比;

δ——板厚,cm;

b——板的单位宽度,取 100 cm;

E——钢板的弹性模量,见表 5-2;

M_{max}——最大弯矩值,kg·cm;

f_{max}——最大挠度值,cm。

表 5-2　　　　　　　　　　　　　钢板的弹性模量

温度/℃	常温	100	200	300	400	500	600
碳钢	2.1×10^5	2.06×10^5	2.02×10^5	1.93×10^5	1.85×10^5	1.76×10^5	
合金钢	2.1×10^5	2.05×10^5	1.43×10^5	1.85×10^5	1.25×10^5	1.65×10^5	1.55×10^5

钢板强度的验算:

$$\frac{M_{max}}{[\sigma]'}\leqslant W$$

$$f_{max}\leqslant\frac{l_x}{100}\text{或}\frac{l_x}{200}$$

式中　W——板的截面系数,cm³,$W=\frac{1}{6}b\delta^2$,其中 b 为板的单位宽度(有孔洞的板扣除空洞

尺寸),cm,δ 为板厚,cm;

　　　$[\sigma]'$——许用应力,$[\sigma]'=[\sigma]r_ar_b$,r_a 为温度折减系数,见表 5-3,r_b 为构件受力及施工

条件系数;

　　　$\frac{l_x}{100}$,$\frac{l_x}{200}$——允许挠度值,由板的重要性取值,cm。

表 5-3　　　　　　　　　　　　　温度折减系数 r_a

铅锅材质	工作方式	工作温度/℃					
		20	100	200	300	400	500
碳钢	周期	1	0.95	0.88	0.75	0.50	0.25
	连续	1	0.95	0.85	0.70	0.30	
合金钢	周期	1	1	0.95	0.85	0.75	0.60
	连续	1	1	0.95	0.80	0.50	0.15

5.2.1.2　加热功率

电热管在铅锅内直接加热熔化铅锭,电热管的总功率不仅要满足熔化铅液和熔铅炉的热损失,同时,空炉升温的时间也是一项重要指标。在达到热平衡时,电热管的热量支出应满足 $\sum Q_{支出}=\sum Q_{吸入}$。对于连续作业的熔铅炉,$\sum Q_{支出}$ 一般按单位时间计算。热平衡时,熔铅炉的热支出主要考虑以下几方面。

(1)炉料熔化并达到最高工作温度时的吸热

所吸热量为:

$$Q_{加}=G\left[\bar{c}_{固}(t_{炉}-t_{空})+q_{熔}+\bar{c}_{液}(t_{浇}-t_{熔})\right]$$

式中　$\bar{c}_{固}$——固体炉料的平均质量热容,J/(kg·K);

　　　$t_{炉}$——炉子温度,℃;

　　　$t_{空}$——室内空气温度,℃;

　　　$q_{熔}$——炉料熔化潜热,J;

　　　$\bar{c}_{液}$——固液炉料的平均质量热容,J/(kg·K);

　　　$t_{浇}$——浇铸温度,℃;

　　　$t_{熔}$——熔化温度,℃。

（2）熔铅炉壁散热损失

$$Q_{散1}=\alpha_{总}\,F(t_{外}-t_{空})$$

式中　$\alpha_{总}$——炉壁向空气的辐射散热系数及对底散热系数之和;

　　　$t_{外}$——炉壁外表面温度,℃;

　　　$t_{空}$——炉壁周围空气温度,℃;

　　　F——计算的散热面积,m²。

（3）通过炉底的散热损失

炉底分为架空炉底和实体炉底两种,实体炉底是指炉底直接砌筑在地基上无通风孔道的炉底。架空炉底的散热近似于炉壁的散热。这里介绍实体炉底的热损失。热平衡后通过炉底的散热损失近似为:

$$Q_{散2}=\frac{4.184}{3\,600}\times k\varphi\frac{\lambda}{D}(t_{内}-t_{空})F$$

式中　$t_{内}$——炉底内表面温度,℃;

　　　$t_{空}$——周围大气温度,℃;

　　　λ——炉底材料的导热系数,kW/(m·℃),

　　　D——炉底直径或矩形炉底短边长度,m;

　　　φ——炉底形状系数,圆炉底为 4.0,方形底为 4.4,长条炉底为 3.73;

　　　F——炉底内表面积,m²;

　　　k——考虑侧壁墙厚影响的系数。

（4）铅液表面向空气的散热

铅液表面向空气的散热量为:

$$Q_{散3}=\alpha F(t_{表}-t_{空})/4.18$$

式中　α——铅液表面向空气的散热系数;

　　　F——散热面积,m²。

　　　$t_{表}$——铅液表面温度,℃;

　　　$t_{空}$——周围空气温度,℃。

（5）达热平衡时总的热支出

达热平衡时总的热支出为:

$$Q_{总}=Q_{加}+Q_{散1}+Q_{散2}+Q_{散3}$$

（6）热功率

功率 P 由下式计算:

$$P = K \frac{Q_{总}}{860}$$

式中　P——炉子额定功率,kW;

　　　$Q_{总}$——炉子总的热负荷,kJ;

　　　K——功率储备系数,对连续作业的电阻炉 $K=1.2\sim1.3$,对于周期作业的电阻
　　　　　炉 $K=1.4\sim1.5$。

加热元件有管状和板状两种,一般在电阻炉中选择管状加热元件的占绝大多数。管状加热元件在炉内的安放形式比较好布置,这里介绍一下管状加热元件的选择。

管状加热元件的直径:

$$d = 34.3 \sqrt[3]{\frac{P_1^2 \rho_t}{U^2 W_{熔}}}$$

式中　U——电热元件工作时的端电压,V;

　　　ρ_t——电热元件在工作温度下的电阻系数,$\Omega \cdot mm^2/m$,$\rho_t = \rho_{20}(1+\alpha t)$;

　　　ρ_{20}——电热元件 20 ℃时的电阻系数;

　　　α——电阻温度系数;

　　　t——电热元件工作温度,℃,$P_1 = \dfrac{P}{n}$;P_1 为每根电热元件功率,kW,n 为电热元件根

　　　　　数,一般电热元件根数按 $3n$(n 是自然数)选择。

　　　P_1——每根电热元件功率,kW;

　　　$W_{熔}$——熔铅量。

电热元件长度:

$$l = \frac{\pi V^2 d^2}{4 \times 10^3 P_1 \rho_t}$$

式中　V——电压,V;

　　　d——电热元件直径,mm。

5.2.2　铅球铸造机

铅球的制造方法有手工铸造和机械铸造,手工铸造铅球方法目前已淘汰。铅球铸造机从铸模的结构形式可分为两种:一种是水平分模式;一种是垂直分模式。

5.2.2.1　铅球铸造机结构及性能

图 5-5 是一种连续式铅球铸造机示意图。它由机械传动机构 1、铅球铸模机构(水平分模)7、水冷却系统 5、浇铸系统 6、浇口的回收机构 4 和铸球接料装置 3 等组成。其工作原理是:电机和减速机带动齿轮转动,而使铸盘 7 转动。由熔铅炉熔好的铅液由出铅口直接浇铸到转动的铸盘 7 上,铅液由浇口进入铸模腔内,在转动过程中铅球被水冷却系统的水冷却。在接料装置 3 处铸模被开模机构 2 打开,铅球滚出并进入接料装置 3,而后铸模合上。浇铸多余的铅被回收机构 4 送到熔铅炉。

铅球铸造机的机械传动系统是采用普通的 Y 系列电动机带动蜗轮-蜗杆减速机,进而带动浇铸盘旋转。一般的铅球铸造机浇铸盘的转速都比较低($\leqslant 3$ r/min)。

铸模机构按其分型面的位置可分为水平分模和垂直分模两种。

图 5-6 是水平分模式铅球铸模机构示意图。这种结构的铸模是上模固定在浇铸盘上,

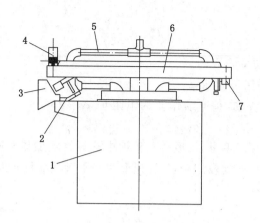

图 5-5　铅球铸造机示意图

1——机械传动机构；2——开模机构；3——集料槽；4——回收机构；5——水冷却系统；6——浇铸系统；7——铸盘

下模随支座固定在浇铸盘上，下模可绕支座上的回转轴 2 转动。工作时，铅液由浇口进入铸模，在转动过程中铅球被冷却水冷却，到开模位置时摆杆 4 下端由滚轮 1 碰到开模机构的凸轮产生曲线运动，下模可绕回转轴 2 转动 30°角，此时复位弹簧被拉长，这时下模内的铅球被拨球弹簧拨出，铅球进入接料装置。此后，浇铸盘在转动时，滚轮 1 沿开模机构的凸轮曲线下降，下模被复位弹簧逐渐拉合上，进入下一次浇铸循环。铸模机构有一模单球和一模双球两种，即一个铸模机构一次可铸一个铅球或两个铅球。

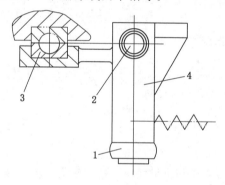

图 5-6　水平分模式铅球铸模机构

1——滚轮；2——回转轴；3——铸模；4——摆杆

垂直分模式铸球铸模机构如图 5-7 所示，它是由内模 6、外模 5、内外模具辊轮 3 及脱模

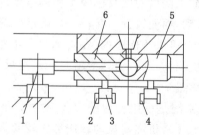

图 5-7　垂直分模式铸球铸模机构

1——脱模机构；2——合模外轨；3——内外模具辊轮；4——开模内轨；5——外模；6——内模

机构 1 组成。浇铸盘转动时,铅液由浇铸系统的浇口进入铅模,在随转盘转动时由水冷却成型,当转到脱模机构 1 的位置时,内、外模的开模内轨 4 沿轨道将内外模打开,铅球被脱模顶杆顶出,而后由内、外模的合模外轨 2 将内、外模合拢,如此反复实现连续铸造铅球。

无论是水平分模还是垂直分模,在使用时都要将铸模预热达到一定温度,同时在首批铸球时铸模内腔均匀涂少许脱模剂,在浇铸几次后,铸模温度稳定时,可不必涂脱模剂。

水冷却系统是用来加速铅球冷却凝固,吸收铅球散发的热能,维持浇铸盘及铸模的温度恒定,以保证铸球机能连续铸造铅球。

5.2.2.2　主要技术参数的确定

（1）铅球冷却时间

铅球是用来磨制铅粉的原料,铅球的直径大小对铅粉的生产影响较大,直径过大,磨制铅粉时接触面积减少,生产能力会降低;直径过小时,铅粉的质量会受影响,所以要选择合适的铅球直径,目前国内铅球直径多数采用 18 mm。

假如,设定铅球直径为 D,则铅球在冷凝时所释放出的热量近似由下列公式计算:

$$Q_1 = \pi \left(\frac{D}{2}\right)^3 r(t_浇 - t_熔)c + \pi \left(\frac{D}{2}\right)^3 rL$$

式中　Q_1 —— 铅液在 $t_浇$ 温度到冷却成铅球时所释放的热量,kJ;

　　　　D ——铅球直径,m;

　　　　r ——铅液密度,kg/m^3;

　　　　$t_浇$ ——铅液浇铸温度,K;

　　　　$t_熔$ ——铅的熔解温度,K;

　　　　L ——铅的结晶潜热(熔解热),kJ/kg;

　　　　c ——铅的质量热容,kJ/(kg·K)。

铸模(多层圆筒壁)在单位时间内的导热量:

$$Q_g = \frac{2\pi(t_1 - t_2)}{\frac{1}{\lambda}\left(\frac{1}{d_1} - \frac{1}{d_2}\right)}$$

式中　t_1 ——铅液浇铸成形时铸模内的温度,K;

　　　　t_2 ——铅球冷却脱开铸模时铸模的温度,K;

　　　　λ ——铸模体材料的导热系数,kW/(m·K);

　　　　d_1 ——铸模的内径尺寸,m;

　　　　d_2 ——铸模的外径尺寸,m。

铅球冷凝是很复杂的物理化学过程,液态金属的结晶、凝固以及热量的传导都有专著论述,这里不做论述。假设铅球冷凝释放的热量与铸模单位时间导热量在 τ 时间内平衡,则:

$$\tau = \frac{Q_1}{Q_g}$$

（2）浇铸盘转速

铸球的冷凝时间计算出来后,需乘以一个因素系数,因为一模两球和一模一球其热量的传导是不同的,实际冷凝时间 $\tau' = \eta\tau$,η 为因素系数。

浇铸盘的转速:

$$n=\frac{\upsilon}{\pi D}=\frac{1}{\tau'}$$

式中　n——浇铸盘转速；

　　　τ'——实际冷凝时间；

　　　D——浇铸盘直径；

　　　υ——浇铸盘速度，$\upsilon=\dfrac{\pi D}{\tau}$。

（3）铸模的数量

铸模是按浇铸盘的外径分布的，当然是浇铸盘越大越好，但实际上浇铸盘不能无限大，因为浇铸盘转动时受温度、刚性、占地面积等因素的影响。一般浇铸盘的直径不大于 3 m。铸模的数量多为偶数个，在浇铸盘上均匀分布，既可平衡配重，又利于热量的平衡。

（4）生产能力

生产能力是指铸球机在单位时间内能生产铅球的质量，一般以 kg/h 计算。若铸球机的铸模数量为 K（若一个铸模按一个铅球计算），则其生产能力为：

$$W=\frac{\pi D^3}{8}rKn\times 60$$

式中　W——生产能力，kg/h；

　　　n——浇铸盘转速，r/min；

　　　r——铅球密度，kg/m³；

　　　K——铸球数量。

5.2.3　铅柱铸造机

铅柱铸造机是一种高效率生产设备，该设备生产的铅柱直径为 18 mm，高度为 18 mm。铅柱铸造机在蓄电池行业中正以其生产的高效率逐步取代铸球、铸条切块机等生产设备。

5.2.3.1　铅柱铸造机结构及性能

图 5-8 所示是同 2 t 熔铅炉相配套能连续铸造铅杆的铅杆铸造机。它是由传动系统 1、铅柱浇铸盘 7、水冷却系统 3(4)、铅柱顶出机构及回收集料装置等部分组成的。其工作原理

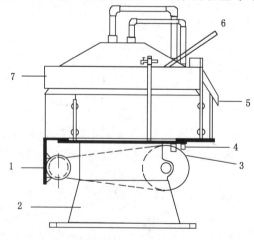

图 5-8　铅柱铸造机结构简图

1——电机；2——机座；3——冷却水出口；4——冷却水进口；5——铅柱滑槽；6——浇铸位置；7——铅柱浇铸盘

是:电机经皮带驱动蜗轮-蜗杆,同时也带动铅柱浇铸盘 7 回转。具体操作程序如下:工作时预先把浇铸盘预热到 140～180 ℃,打开熔铅炉的放铅阀,调整好铅液的流量,使得各铅柱铸好后各铅柱之间无连条时为止。在浇铸铅液的同时应打开冷却水截止阀,一般保证在浇铸盘 7 转过 180°左右,铅液已凝固。如浇铸盘 7 温度过高时,可直接向浇铸铅液上浇铸冷却水。上述工作完成后,铅柱铸造机就可连续自动生产。由于在浇铸盘上铅柱铸模是一个个相连接排布的,如直径为 800 mm 的圆周上可分布 90 个铅柱铸模,所以这种铸造机的生产能力很高,生产能力可达 1.4 t/h。

图 5-9 是铅柱铸模机构示意图,它是由顶杆 1 上下滑动完成铅柱的顶出。铅柱的高度通过调整垫 2 来调整,导轮 4 在平台上滚动,在预定的位置上,由凸轮机构将导轮 4 顶起,带动顶杆 1 上升将铸好的铅柱顶出。在转过顶出过程后,导轮 4 沿凸轮机构下降,带动顶杆 1 下降回到浇铸位置,如此循环往复实现连续浇铸铅柱。

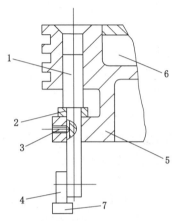

图 5-9　铅柱铸模机构示意图
1——顶杆;2——调整垫;3——顶丝;
4——导轮;5——转盘;
6——冷却水;7——凸轮顶块

5.2.3.2　主要技术参数及其确定

(1) 铸模的数量

铅柱铸造机的铸模均匀分布在铸造机的圆盘上,如 $\phi800$ 铸造机圆盘的圆周上可分布 90 个圆孔,可实现转盘转一周时能铸出铅柱 90 个。在给定的圆周上分布铸模时,既要保证各铸模的连续性,又要保证各圆孔间的距离,各圆孔间的距离过小会造成散热不良,强度也受影响;如各圆孔的距离过大,浇铸时的连贯性不好,而且生产效率也会降低。目前生产的铅柱铸造机圆孔的分布都是依靠经验设计的,如前面提到的 $\phi800$ 铸造机圆盘的圆周上分布 90 孔铅柱铸模的铅柱铸造机,经实际生产验证效果很好。

(2) 浇铸盘的转速

铅柱铸造机的铸盘在生产过程中是连续旋转的,这样在设计铸盘旋转时就要考虑铸盘的转速,使得铸盘在转过 180°的角度时,铅柱能凝固。若铅柱凝固时释放出的热量为 Q_1,铸盘在热平衡状态下每一个铸模的导热量为 $Q_导$,则铅柱的冷凝时间为:

$$\tau = \frac{Q_1}{Q_导}$$

考虑到实际生产中影响因素较多,实际冷凝时间 $\tau = n\tau'$(n 为因素系数)。

则铸盘的转速为:

$$n = \frac{\upsilon}{\pi D} = \frac{1}{2\tau'}$$

式中　　n——铸盘转速,r/min;

　　　　τ'——实际冷凝时间,min;

　　　　D——铸模分布圆周直径,m;

　　　　υ——浇铸盘速度,$\upsilon = \dfrac{\pi D}{2\tau'}$。

（3）生产能力

生产能力的高低是评价设备性能的主要指标，目前铅柱铸造机就是以其生产的高效率取代以往的铸球机。生产能力是以每小时生产铅柱多少千克来计算的，若铅柱铸造机的铸模数为 K（某一给定的圆周上均匀分布的孔数），则铸柱机的生产能力为：

$$W = \frac{\pi D^2}{4} hrKn \times 60 = 15\pi D^2 hrKn$$

式中　W——生产能力，kg/h。

　　　D——铅柱直径，m；

　　　h——铅柱高度，m；

　　　r——铅柱密度，kg/m^3；

　　　K——在给定圆周上铸模孔数；

　　　n——浇铸盘转速，r/min。

5.2.4　铅块铸切机

铅块铸切机是将铅铸成铅条并切成一定尺寸铅块的机器。

5.2.4.1　铅块铸切机结构及功用

（1）铅条铸造机构

图 5-10 是铅条铸造机构的示意图，它是同铅块铸切机配套使用的，可实现连续生产。它也可单独间断生产铅条供切块机使用。铅条铸造机构是由铸模系统 1、水冷却系统 2 及旋转系统 3 组成。其工作原理是：熔铅炉熔化的铅液，经放铅阀调整好流量，浇铸到铅条铸盘 1 的沟槽内，在铸盘 1 内有水冷却系统 2，开始工作时，由手工拨动铸盘 1 转过一个角度，铅条冷却后，先用夹钳夹住铅条头部并送入切块机的送料机构上，再由切块机的送料辊带动铅条，从而带动铸条机的铸盘 1 连续旋转，使得铸条机能实现连续铸出铅条。图 5-11 是铅条铸造机中铅条铸盘机构示意图。该铸条机本身不带动力源，铸盘依靠外力才能转动。若只是用来铸造铅条时，则需依靠人工驱动，铸出一根根铅条；若是与切块机配套，由切块机牵引就能连续铸出铅条。

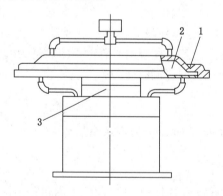

图 5-10　铅条铸造机简图

1——铸模系统(铸盘)；2——水冷却系统；
3——旋转系统

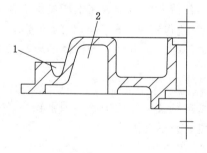

图 5-11　铸条机铸盘

1——铅条铸横；2——水冷却循环系统

（2）切块机

切块机如图 5-12 所示,它是由滚道 6,两个引料装置(即 4、5)、模座 3、切刀 2 与一台 10 t 开式双柱可倾式压力机及传动系统 7 等组成。其工作原理是:用夹钳夹住铅条,经过滚道 6 及送料辊送入压力机的夹具上,在机械传动系统启动后,由棘爪拨动棘轮并通过轴带动齿轮驱动送料辊实行步进式送料。冲头带动切刀往复冲切,带动棘爪、棘轮实现送料—剪切—送料—剪切如此的连续工作过程。

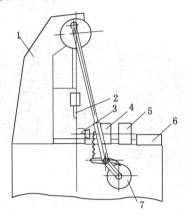

图 5-12　铅块切块机示意图
1——床身;2——切刀;3——模座;4,5——引料装置;6——滚道;7——传动系统

5.2.4.2　主要技术参数及其确定

(1)冲剪次数

铅块铸切机的生产能力是由冲剪次数的多少决定的,冲剪次数是由设计计算的准确性与实践经验两个方面结合来决定的。冲剪次数过大时,会造成铸条机构满足不了生产需要,出现断条现象;反之,冲剪次数过小时,又会使铅块的生产能力降低。目前蓄电池生产厂多采用的是冲剪次数大约为 140～150 r/min 的铅块铸切机。

(2)生产能力

生产能力是体现设备使用情况的主要参数之一,每种设备用户都希望效率越高越好,但每一种设备由于各方面因素的限制,其生产能力都是有限的。铅块铸切机的生产能力可按下式计算:

$$W = \frac{60nshr}{1\ 000}$$

式中　W——生产能力,kg/h;

n——冲床冲剪次数,r/min;

s——铅块切断面的截面积,m^2;

h——切断铅块的长度,m;

r——铅块的密度,kg/m^3。

5.2.5　铅锭造粒机

铅锭造粒机无需熔铅。铅锭在冷却的情况下被切成颗粒状,生产的铅粒直接为铅粉机生产提供原料,是适应行业环保高要求的理想设备。该机由铅锭输送机、铅锭切片装置、铅饼切粒装置、铅粒输送装置、油泵站(不含液压油)、触摸屏式控制操作台等设备组成。与传统的铸粒或铸条切块生产方式相比省去熔铅锅、铅液泵、铸粒机等设备。其优点是：设备无需熔铅，实现了铅烟、铅尘的零排放、零污染，无铅原料浪费，无须环保投入；设备能耗低，无需其他净化设备和辅助设备，免去更换熔铅锅电热管带来的麻烦和费用，降低生产成本。图5-13 为 QLJ-2 冷态铅锭自动造粒机，该机产能 2t/h，整机总功率 16 kW。

图 5-13　冷态铅锭自动造粒机

5.3　铅粉制造专用设备

目前，制造铅粉主要有两种方法：一种是球磨法，是由日本人岛津源藏 1924 年研制成功的，所以采用的设备又叫岛津式铅粉机，它实际上是一个滚筒式球磨机。其生产过程如下：将铅球投入球磨机中，由于摩擦和铅被空气中的氧气氧化成氧化铅时放热，筒内温度升高，只要合理地控制铅球量、鼓风量，在一定的空气湿度下，就能生产出合格的铅粉。

另一种方法是气相氧化法，也叫巴顿法，所用的铅粉机叫巴顿式铅粉机，是由美国专利首先公开的。它是将温度高达 450 ℃的铅液和空气导入气相氧化室，室内有一高速旋转的叶轮，将熔融铅液搅拌成细小的雾滴，使铅液和空气充分接触，进行氧化生成大部分是氧化铅的铅粉。再将铅粉吹入旋风沉降器，以便降温并沉降较粗的铅粉，最后在布袋过滤器中分离出细粉。

大部分国家采用岛津式球磨法生产铅粉，欧美一些国家采用巴顿式铅粉机较多。

5.3.1　球磨法制造铅粉设备

5.3.1.1　工艺流程及主要设备

球磨法制造铅粉的工艺流程及所需要的主要设备如图 5-14 所示。首先将铅锭放入熔铅炉熔化，由铸球机或铸条机生产出铅球（铅柱）或块（粒）通过提升机输送到贮粒仓或直接送入铅粉主机 1 的滚筒内进行磨制。研磨一段时间后，由吹风系统 6 向滚筒内吹入正压风，将磨制出的颗粒细粉吹起，悬浮于空气中。当铅粉达到技术指标时，即可开动抽风系统 7，其负压风将滚筒内悬浮的铅粉由出粉口抽出，铅粉颗粒通过空气流体运动，进入旋风集粉器 2。多数铅粉通过旋风原理降落而收集，剩余颗粒经脉冲袋式集粉器 3 收集，由布袋过滤将其吸附于布袋表面，而空气过滤后通过管道进入水雾除尘器经水雾除尘排出，从而完成铅粉生产工艺过程。

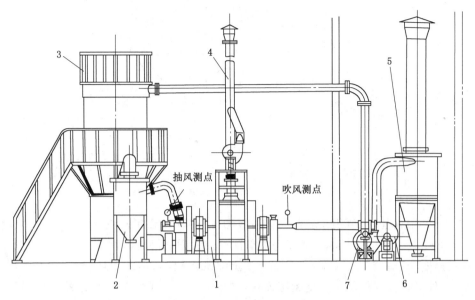

图 5-14　球磨法生产铅粉主要设备组成

1——球磨机；2——旋风集粉器；3——脉冲布袋集粉器；4——可调排风系统；5——水雾除尘器；

6——吹风系统；7——抽风系统

5.3.1.2　球磨法铅粉形成的机理

蓄电池生产中使用的球磨机是由铅球自身撞击摩擦而产生铅粉,滚筒旋转时将铅球带起,达到一定高度后,铅球由于自身重力作用而下落,铅球之间发生撞击和摩擦,结果使铅球表面的晶体沿滑动面发生变形位移。由于铅球的相互撞击和摩擦产生热,这就使进入滚筒内的气流温度升高。另外铅粉与空气中的氧气发生化学反应生成一氧化铅,这是一个放热反应:

$$2Pb + O_2 \longrightarrow 2PbO + 217.7kJ$$

这也是使温度升高的一个因素,结果一方面使晶体面受氧化而与整体发生裂缝;另一方面由于反应热使滚筒内温度升高,这就使氧化反应向更深一层进行。随着裂缝的逐渐深入,变形位移的结晶层便从铅球上脱落下来,形成外层被氧化铅包围的金属铅粒,也就是我们通常指的铅粉。

5.3.1.3　球磨机的构造

铅粉生产中所采用的球磨机均为单仓式连续球磨机。它主要由一个圆形筒体和两端带孔的端盖焊接成为一体,两端的轴颈支承在轴承上。电动机通过减速机输出端的小齿轮带动与筒体连为一体的大齿轮,使筒体回转。

在筒体内装有铅块(球)的量为整个筒体有效容积的 $25\% \sim 45\%$。当筒体回转时,在摩擦力和离心力作用下,铅块(球)被筒体内壁带动提升。当提升到某一高度时,由于本身受重力的作用,产生自由下落或抛落,从而对筒内的铅块(球)进行冲击、研磨。当达到粉磨要求后,铅粉便从筒体内排出,其排出方式多采用抽风的方法。

磨机主要组成部分如下(见图 5-15):

① 磨机筒体。它是由钢板焊接而成的,在筒体两端还焊有固定端盖用的法兰盘。在筒

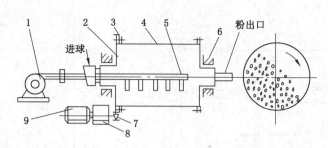

图 5-15　球磨机构造示意图

1——风机；2——端盖；3——大齿轮；4——筒体；5——吹风管；6——轴承；7——小齿轮；

8——减速机；9——电机

体上开设 1～2 个人孔，以便用于安装筒体衬板和进行检修、装卸铅块（球）。

② 磨机端盖。磨机的两端盖上带有中空轴颈。大型磨机端盖材质是铸钢，小型磨机端盖可采用铸铁。端盖与筒体装配时，在配合面上只准涂铅油，不许加任何衬垫，在圆周方向用螺栓均匀地拧紧，这样，既可保证紧密连接，又便于拆卸。在两端盖中空轴内，装有铸成的进、出料螺旋。

③ 主轴承。它由轴承座、球面瓦座、球面瓦和轴承盖等组成。

由于磨机两端轴承的间距较大，磨机在制造和装配中又有误差，很难保证准确的同心度，在受到较大负荷情况下，就难免产生下挠变形。为了避免这一现象的产生，采用调整能力较好的自动调位球面瓦，使作用在承压面上的载荷均匀。

④ 磨机的传动装置。传动装置有采用同步电动机直接带动磨机转动的，优点是传动效率高，系统紧凑，占地面积小，维修方便且较省力。其缺点是同步电动机体积大、维修较复杂。

一般大、中型磨机，采用异步电动机通过减速机传动，其优点是传动可靠，结构紧凑；缺点是机械结构复杂，制造和维护费用较高。

小型磨机也有采用三角带传动装置的，其特点是制造容易，价格便宜，但其传动效率低，占地面积大。

5.3.1.4　铅粉球磨机的主要参数

（1）铅粉球磨机的转速。

磨机筒内铅球（块）的运动是依靠筒体内壁与铅球（块）之间的摩擦力和筒体旋转时产生的离心力，使它们紧贴着筒体的内壁旋转和提升。在旋转和提升过程中，因各种条件的影响而产生不同的工作状态。当内壁光滑，摩擦系数小，载荷又不多（填充系数小于 30%），磨机转速低时，铅球（块）就不能随筒体旋转和提升，这时铅球（块）沿磨机筒体壁滑动，铅球（块）层与层间做相对滑动，铅球（块）本身也在绕它本身的几何轴线进行转动。当磨机填充系数达到 40%～50%，并适当提高其工作转速时，就可改变上述的滑动现象。这时，按磨机的不同转速而有不同工作状态。

磨机转速较低时，整个铅球（块）在磨机的旋转方向偏转 40°～50°，并经常保持铅球（块）沿同心圆轨迹升高，而后一层层地降落下来，这样反复地进行循环，这时铅球（块）主要由滑动运动产生研磨。由于铅球（块）提升高度不大，冲击力小，研磨效率较低。

当磨机转速较高时，整个铅球（块）随筒体沿圆弧轨迹提升到一定高度，然后离开圆弧轨道,开始沿抛物线轨迹下落,这时铅球(块)的研磨过程主要靠其本身在抛落时的冲击,产生击碎和研磨。一般磨机就是在这种状态下工作的。当筒体转速达到一定值时,铅球(块)上升到筒体的最高点,并紧贴在筒壁上与筒体一起转动而不降落,这个转速称为临界转速,用 n_{kp} 表示,单位为 r/min。

$$n_{kp} = \frac{30}{\sqrt{R}} = \frac{30}{\sqrt{\dfrac{D}{2} - \dfrac{d}{2}}} \approx \frac{42.4}{\sqrt{D}}$$

式中　　n_{kp}——磨机的临界转速,r/min;

　　　　R——紧靠筒壁的铅球(块)层半径,m;

　　　　D——磨机筒体直径,m;

　　　　d——铅球(块)直径,m。

为了让铅球(块)有效地研磨,磨机的工作转速应较临界转速低。根据实践得知,铅球(块)在磨机内被抛落的高度越大,则冲击力越大,研磨作用越强。由磨机工作状态可知,铅球块填充系数一定时,磨机中铅球(块)的研磨功是筒体转速的函数,最大功在转速为零和转速等于临界转速之间。使铅球(块)产生最大研磨功时的筒体转速称之为磨机的工作转速。

$$n \approx \frac{32}{\sqrt{D}}$$

式中　　n——磨机的工作转速,r/min;

　　　　D——磨机筒体直径,m。

由于磨机工作时,筒体内有许多层铅球(块)。当最外层铅球(块)处于最有利的工作条件时,其余各层铅球(块)还是处在不利的工作条件。为了使更多的铅球(块)层处于有利的工作条件,可设想所有不同回转半径的铅球(块)层,集中在某一"聚积层"上。如使该层处于最有利的工作转速,则可认为磨机中所有各层都处于有利的工作条件。工作转速可用下式进行计算:

$$n = \frac{37.2}{\sqrt{D}}$$

式中　　n——磨机"聚积层"的有利工作转速,r/min;

　　　　D——磨机筒体直径,m。

为了表示方便,通常多用磨机的工作转速与临界转速比值百分数 q 表示,称为"转速比"。从理论上导出的适宜工作转速应为:

$$n = (0.76 \sim 0.88)n_{kp}$$

上述讨论中,只考虑了离心力的影响,而忽略了铅球(块)的滑动对其运动的影响因素。磨机的实际临界转速要比理论计算的临界转速更大一些。如果筒体内壁很光滑,磨机转速高于临界转速,铅球(块)还不会随磨机旋转。由此可知,提高磨机转速,能使磨机磨粉产量有所增加。至于应提高多少为最佳值,需在实践中不断摸索。

(2)磨机的功率计算

磨机运转时所需要的功率,一部分消耗在提升铅球(块)至一定的高度,并使其具有一定的速度抛射出去,达到冲击作用;另一部分则消耗在克服机械的摩擦阻力。

影响磨机功率的因素除转速、装载量、加料速度、氧化度、通风情况等外还有很多种,因此,目前用理论确定磨机的功率是比较困难的,尚没有一个十分完整的计算公式。多数以实际数据为依据,根据某一特定条件下的经验规律,消耗功率与铅球(块)的装载量、磨机转速有关。

目前,对于连续式球磨机常用的计算功率的公式如下:

$$N = \frac{0.16G_{总} DnK_{装}}{\eta}$$

式中　N——磨机所需功率,kW;

　　　D——磨机的有效内径,m;

　　　$G_{总}$——铅球(块)即研磨体的总质量,t;

　　　n——磨机转速,r/min;

　　　$K_{装}$——铅球(块)即研磨体装填系数,可查表5-4;

　　　η——磨机传动效率。

中心传动式 $\eta = 0.90 \sim 0.94$;

边缘传动式 $\eta = 0.85 \sim 0.88$(减速器和同步电机直接连接时);$\eta = 0.8$(三角皮带或铸齿轮传动)。

表 5-4　　　　　　　　　　　　磨机装填系数 $K_{装}$

填充系数 Φ	0.20	0.25	0.30	0.35	0.4
装填系数 $K_{装}$	1.07	1.03	1.0	0.96	0.93

磨机所需电动机功率也可按研磨物装载量来确定。一般 1 t 铅球(块)需要 9.6~11 kW,新安装的磨机每吨研磨物(铅球、块)以 11 kW 为宜。

(3)铅粉机的装载量

当磨机转速一定时,铅球(块)装载量补充的控制量正确与否对粉磨效率有一定影响。装载量少,粉磨效率低;装载量过多,运转时,铅球(块)之间发生干扰,破坏了铅球(块)的正常循环,因而粉磨效率也会降低,所以铅球(块)装载量应按实践要求进行选择,一般用填充系数 φ 来表示:

$$\varphi = \frac{G}{0.785D^2 L\rho_s}$$

式中　G——实际装入铅块的质量,kg;

　　　D——筒体的内直径,m;

　　　L——筒体的有效长度,m;

　　　ρ_s——研磨体(铅球(块))的密度,t/m³。

5.3.2　气相氧化法制造铅粉设备

巴顿式铅粉机是采用气相氧化法制造铅粉的设备,是由美国人巴顿研制而成的。巴顿式铅粉机由熔铅锅、反应锅、颗粒分离器、旋风集粉器、脉冲布袋集粉器、正压风机、负压风机及电气控制系统等组成,如图5-16所示。

将纯铅放入熔铅锅1内熔化后,进入反应锅3,在反应锅中的搅拌桨进行搅拌,通过正压风吹入,使熔铅汽化形成小雾滴。这些小雾滴与空气中的氧气反应生成铅粉并放出热量。

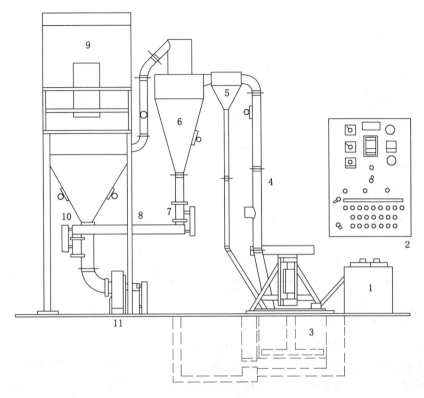

图 5-16　巴顿式铅粉机

1——熔铅锅;2——控制箱;3——反应锅;4——连接管;5——颗粒分离器;6——旋风集粉器;

7——闸门;8——螺旋输送机;9——脉冲布袋集粉器;10——旋转闸门;11——抽风机

巴顿式铅粉机的出粉方式与球磨铅粉机相同,也是通过气流作用经过颗粒分离器 5 分离出较粗的颗粒,进入旋风集粉器 6 和脉冲布袋集粉器 9。巴顿式铅粉机制粉过程中几个参数的控制主要是控制反应锅的温度和气流量(即风压、风速)。只要控制反应锅的温度基本也可以控制铅粉的质量。一般情况,熔铅锅温度保持在 400～420 ℃ 范围内,反应锅温度保持在 330～350 ℃ 范围内,由于反应锅的温度与铅液输入量有关,而输入铅液量又与产量有关,亦即铅液输入量过多,反应锅温度会过高,因此反应锅的温度要求限制铅粉机的产量。为了提高产量,一般增设冷却装置使反应锅温度降低,使反应锅不会因为铅液入量多而升温过高。

巴顿式铅粉机的特点是能耗低,环境污染小,工艺参数控制简单,铅粉颗粒较粗,氧化度高,铅粉呈球状。巴顿式铅粉与岛津式铅粉机制备的铅粉比较见表 5-5。

表 5-5　　　　　　　　　巴顿式铅粉与岛津式铅粉机制备的铅粉比较

序号	铅粉性能	单位	巴顿式铅粉机	岛津式铅粉机
1	颗粒尺寸	μm	3～4(中间值)	2～3(中间值)
2	稳定性/空气中的活性		一般比较稳定	活性高,有长期储存易氧化问题
3	氧化物结晶结构		5%～30% o-PbO,其余为 t-PbO	100% t-PbO
4	吸酸值	mgH_2SO_4/g 铅粉	160～200	240

序号	铅粉性能	单位	巴顿式铅粉机	岛津式铅粉机
5	比表面积	m^2/g	0.7	2.0~3.0
6	游离铅含量	%	18~28	25~35
7	和膏性能		铅膏较软,容易涂膏	铅膏稍硬,涂膏要小心控制
8	固化性能		一般的固化速率	固化速率稍快
9	电池性能		提高电池寿命,但初容量低	初容量高,但可能寿命缩短
10	深循环性能		通常是好的	有时好
11	工艺控制		较困难	容易,铅粉性能稳定
12	生产效率	kg/h	300~900	可以达到 1 000
13	消耗电能	$(kW \cdot h)/t$	100	100~300
14	投资考虑		初次投资低,运行费用低	初次投资高,运行费用高
15	环境影响		可以达到排放标准	可以达到排放标准

5.3.3　铅粉生产辅助设备

在铅粉生产中,铸成的铅粒(球)或切成的块要通过运输提升机送到贮粒仓或直接送进铅粉机去磨制铅粉。一般运输机为带式运输机,提升机通常采用斗式提升机。对于已磨成后的铅粉输送方式分为卧式和立式,通常水平方向多采用卧式螺旋输送机,但是对立式提升铅粉以前采用斗式提升机较多,近年来采用立式螺旋输送日益增多。

对于带式运输机、斗式提升机,有关书中已有较详细介绍。本节只介绍螺旋运输机。

5.3.3.1　螺旋运输机的结构及应用

螺旋运输机和其他形式的运输机不同,它没有传递运动的挠性牵引构件。它的结构如图 5-17 所示。它是由机槽和传动装置所组成。机槽 1 内装有螺旋 2,螺旋面固定住转轴 3 上,每节有一定的长度,节与节之间用联轴节 4 相连,连接处装有吊架 5(轴承)。转轴两端安装在机槽槽端板内轴承上。它的一端伸出机槽端头与减速机及电动机相连,在机槽的一端上方有加料口 7,物料由此加入机内,在槽的一端底部有卸料口 6。加、卸料口按需要开设。

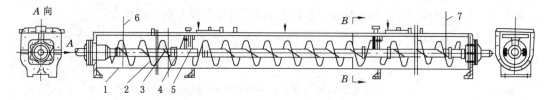

图 5-17　螺旋运输机结构图

1——机槽;2——螺旋;3——转轴;4——联轴节;5——吊架;6——卸料口中心线;

7——加料口中心线

螺旋运转时,物料因本身的重力作用,不能随着螺旋面旋转,只能以滑动的方式沿料槽运动,其情况好像在螺旋上的螺母沿着螺杆面做平移运动一样,以达到运输的目的。

螺旋运输机一般适用运送粉状或小颗粒状的物料,不适用运送块状和黏性的物料。为了保证运输机的安全运行,必须均匀加入物料。当螺旋运输机中间(吊架处)堵塞,螺旋的旋转阻力急剧上升,将发生过载现象。

　　此种运输机的优点是结构简单、维修方便、横断面尺寸小,便于装卸料,容易密封,有利于生产。其缺点是由于物料螺旋及料槽的摩擦而使单位动力消耗高,并且对物料有相当严重的粉碎和磨损,对机槽磨损也很严重。所以,一般只用于低、中生产能力(100 t/m³ 以内),运输距离也不太长,一般在 30～40 m 以内,少数情况下达 50～60 m,运输的倾斜角度在 10°～20°内。

5.3.3.2　螺旋运输机的运输能力

$$Q=60\,\frac{\pi}{4}D^2Sn\rho\varphi c$$

式中　D——螺旋直径,m;

　　　S——螺距,m;

　　　n——转速,r/min,查表 5-6;

　　　ρ——物料密度,t/m³;

　　　φ——填充系数,查表 5-7;

　　　c——向上倾斜系数,查表 5-8;

　　　Q——运输能力,t/h。

　　螺旋轴的转速也可由下式确定:

$$n=\frac{k}{\sqrt{D}}$$

式中　k——系数,摩擦性强而沉重物料 $k=30$;摩擦性弱而沉重的物料 $k=45$;摩擦性弱而轻的物料 $k=60$;

　　　D——螺旋直径,m;

　　　n——转速,r/min。

表 5-6　　　　　　　　　　　　　　　　转速规格

螺旋直径/mm	转速/(r/min)		
	轻的摩擦小的物料	重的摩擦小的物料	重的摩擦大的物料
200	140	100	71
300	112	80	50
400	100	70	50
500	90	63	40
600	80	63	40

表 5-7　　　　　　　　　　　　　　　　填充系数

物料	密度/(t/m³)	填充系数
轻质、松散料(如煤粉)	0.48～0.64	0.4
摩擦性不大的小块及粉末混合物	0.64～1.2	0.3
摩擦性稍大的小块及粉末混合物(水泥)	0.8～1.6	0.25
摩擦性大的块料或黏性物料(块煤、黏土)		0.125

表 5-8　　　　　　　　　　　　　　　　　　　倾斜系数

倾斜角 β	0°	5°	10°	15°	20°
c	1.0	0.9	0.8	0.7	0.65

5.3.3.3　功率

螺旋运输机的动力消耗是由很多因素造成的,要正确计算出所消耗的动力有一定困难。一般计算时,认为动力的消耗与运输量及机长成正比,而把所有的损失都考虑到一个总的系数内,即阻力系数 λ。很明显,此阻力系数与物料性质关系最大,其数值可用实验方法确定,这样计算功率就可按下式进行。

$$N_c = \frac{QL(\lambda\cos\beta \pm \sin\beta)}{367}$$

式中　N_c——理论功率,kW;

　　　Q——运输能力,t/h;

　　　L——机长,m;

　　　B——机身的倾斜角;

　　　"$\pm$"——"$+$"号用于向上运输,"$-$"向下运输;

　　　λ——阻力系数,见表 5-9。

表 5-9　　　　　　　　　　　　　　　　　　　阻力系数 λ

物料	水泥及生料	煤粉	煤块	石灰	过筛石灰石	砂子
阻力系数	3.2	1.2	2.5	4.6	3.2	3.2

实际需要功率

$$N = 1.2\frac{N_c}{\eta}$$

式中　N_c——理论功率,kW;

　　　η——机械传动效率,0.90～0.98;

　　　1.2——安全系数;

　　　N——实际功率,kW。

5.4　板栅铸造机

5.4.1　板栅的作用

板栅的作用是支撑活性物质和使电流均匀分布于活性物质上,从而提高活性物质利用率。多孔的活性物质,尤其是正极活性物质二氧化铅为互相难于粘接在一起的松软微细颗粒,不易成型。板栅如同骨架一样,可以用来支撑活性物质形成极板。为了有效地保持住活性物质,常常将板栅制成具有截面形状不同的横竖筋条的栅栏状,使活性物质与板栅之间有较大的接触面积。板栅通常由铅锑合金浇铸而成。铸成后的板栅(骨架)涂填铅粉(灌粉)并化成后成为正负极板。

5.4.2　板栅的外形尺寸

① 宽度。目前各制造厂的板栅基本上统一为 143～144 mm。

② 高度。高型 131～132 mm,低型 120～122 mm。装有高型板的电池占地面积小;低型板在大电流放电时,由于电流分布较均匀,故效果较好。我国过去曾采用低型板,现在几乎都是高型板。

③ 厚度。目前发展趋势是从厚到薄。50 年代以前大多数厚度是 3 mm,后来减薄到 2.5 mm 以下,目前进一步减薄到 2～1.5 mm,国外有薄至 1.0 mm 的。这样在相同体积的电池中,可以多装极板片数,从而提高大电流放电的活性物质利用率,提高蓄电池的起动性能。但极板薄也带来一些问题,例如板栅铸造时成型困难,特别是极板薄对电池寿命有很大影响。因此负极板的厚度至少为正极板的 70%～80% 以上适宜,而且都不能太薄。

5.4.3　板栅铸造机

板栅的制造方法主要有铸造、冲压、拉网、连铸、压铸几种,我国目前主要采用铸造板栅。将熔铅炉中配制好的合金通过铅液泵打入书本式的单台模具出模并切下飞边得到成型板栅。板栅铸造机种类很多,有国外进口的,也有国内生产的,但结构大致相同,即单模式板栅铸造。

5.4.4　单模式板栅铸造机

5.4.4.1　构造

单模式板栅铸造采用重力铸造,一台设备一个铸模。单模式板栅铸造机由以下几部分组成(图 5-18)。

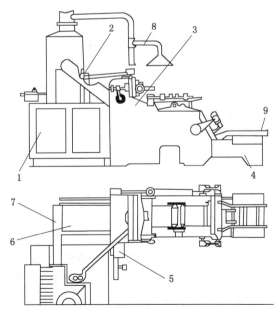

图 5-18　单模式板栅铸造机

1——电热熔铅炉;2——柱塞式铅液泵;3——板栅铸造机;4——贮板装置;5——控制操作台;
6——废料传送带;7——加料装置;8——通风罩;9——紧急停车装置

①电热熔铅炉。铅块和废料在这里熔化成铅液。内衬由耐热钢板焊成,中间加保温隔热材料,炉壳由普通钢板焊成。加热元件为硅碳棒或电热管,由放电偶把温度控制在350～380 ℃。

②柱塞式铅液泵。把铅液定量地由铅炉打出送到模具。

③板栅铸造机。电动机和减速器装在焊制的机体内,分别带动凸轮轴实现模具的开合和带动切模主轴转动实现切模,或者模具的开合由单独的气动系统来实现。

④贮板装置。通过摆杆的摆动把切模切好的成品板栅送到贮板架上存放。

⑤控制操作柜。包括主机控制和各部分温度控制。

⑥废料传送带。用来把切模切下的板栅废料送回铅炉重新熔化。

⑦通风罩。将有毒的铅蒸气排出。

5.4.4.2 单模式板栅铸造机主要参数

(1)熔铅电炉

熔铅电炉主要参数如下:

熔铅量,一般在800～3 000 kg。

工作温度有两种工作温度,一种直接控制在浇铸温度450～550 ℃;另一种控制在350～380 ℃。后一种需要在输铅管道内加热到420～450 ℃。前一种的输铅管道只起保温作用。

电热功率取决于熔铅量和工作温度,一般在15～30 kW。

(2)柱塞式铅液泵

柱塞式铅液泵的参数有:

输铅量,每次115～646 g,可调。

输铅管保温电热功率,1～3 kW。

输铅管加热电热功率,7 kW。

(3)板栅铸造主机

生产能力,8～20 双片/min。

电动机功率,0.4～0.55 kW。

模具预热电热板功率,2 kW。

模具控制温度,150～180 ℃。

(4)废料输送带

线速度为5 m/min。

5.5 铅膏制造专用设备

根据和膏工艺要求,将铅粉、稀硫酸、水及各种添加剂混合搅拌均匀的机械设备称为和膏机。和膏机的种类很多,按其结构特征,可分为桨叶式和膏机、碾式和膏机、Z型和膏机。和膏机其基本结构相似,都由搅拌构件、传动构件等组成。

5.5.1 桨叶式和膏机

5.5.1.1 工作原理及结构

和膏机主要由搅拌器、传动机构等部分组成(图5-19)。

(1)搅拌器

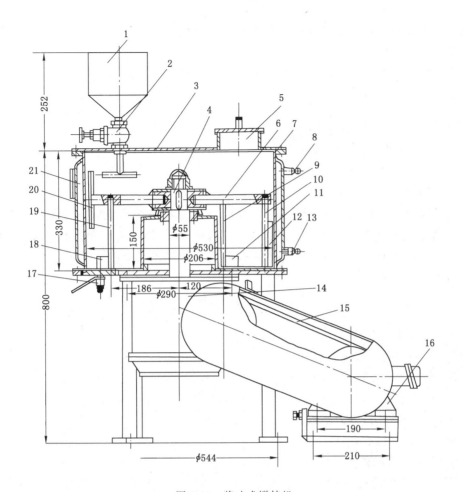

图 5-19　桨叶式搅拌机

1——加酸漏斗；2——阀门；3——上盖；4——立轴；5——加水口；6——横梁；7——搅拌筒；8——冷却水入口；
9——右竖轴；10——左竖轴；11——右桨叶；12——右下刮板；13——冷却水出口；14——减速器；
15——皮带传动机构；16——电动机；17——出料门；18——左桨叶；19——左竖轴；20——左上刮板；21——冷却水套

　　搅拌器是和膏机的重要部件,由电动机 16 带动皮带传动,又经过减速器 14,从而驱动右桨叶 11 及左桨叶 18 旋转。

　　搅拌器的工作原理,是利用旋转桨叶搅动铅膏做回转运动,由于铅膏的黏性和筒体壁的阻力,造成铅膏在回转半径方向上各层流之间的速度差。铅膏受到层之间的剪切和撞击,这样铅膏在搅拌筒内处于紊乱运动状态,使得铅膏的各种配料混合均匀。

　　右桨叶 11 及左桨叶 18 为非对称布置,可使流态更加紊乱,提高搅拌效果。右下刮板 12 及左上刮板 20,可将粘在筒壁上的铅膏刮下,又起到搅拌作用。为防止硫酸的腐蚀,桨叶材料为不锈钢。

　　(2) 搅拌筒

　　搅拌筒为圆形结构,筒上方装有加酸漏斗 1,加水口 5,铅粉自顶部装入,搅拌好的铅膏在出料门 17 放出,在搅拌圆筒上装有冷却水套 21,冷却水由进水口 8 进入水套,然后由出水口 13 放出,冷却效果较好。

搅拌筒的直径为筒壁高度的 1.5 倍,搅拌筒的材料为不锈钢。

5.5.1.2　生产能力

蓄电池生产中使用的桨叶搅拌机是间歇操作的,它的生产能力按下式计算:

$$Q = \frac{60}{t} G$$

式中　Q——和膏机生产能力,kg/h;

　　　G——一次装入的物料质量,kg;

　　　t——一个循环所用时间,min。

5.5.1.3　功率

和膏机所消耗功率,主要用于使搅拌器桨叶旋转运动,克服铅膏阻力所消耗功率。和膏机的几何尺寸、桨叶的形状、铅膏的黏度、操作工艺条件等,都影响和膏机消耗功率,目前还没有一个较好的理论公式来概括这些因素,多数采用经验公式来计算搅拌功率。可用下式估计和膏机功率:

$$N = C \frac{Q \rho h K_1 K_1 g}{3\,600 \eta}$$

式中　N——功率消耗,W;

　　　C——功率修正系数;

　　　Q——和膏机生产能力,m³/h;

　　　ρ——铅膏密度,kg/m³;

　　　K_1——铅膏摩擦阻力系数;

　　　K_2——铅膏抗剪系数;

　　　η——机械传动效率,$\eta = 0.7 \sim 0.8$;

　　　h——搅拌筒的高度,m;

　　　g—— 重力加速度,9.81 m/s²。

5.5.2　碾式和膏机

5.5.2.1　构造及功用

和膏机由碾轮、圆筒状碾盘及传动装置等组成(图 5-20)。电动机 7 驱动锥齿轮旋转,锥齿轮安装在立轴下端,在立轴上端安装横梁 3,在横梁 3 上又装有碾轮 1 及碾轮 4。当锥齿轮旋转时带动碾轮 1 及碾轮 4 绕立轴转动,有时由于碾轮与碾盘间铅膏的摩擦力作用碾轮又做自转运动,从而对铅膏进行搅拌。

和膏机为敞开式,铅粉、酸及添加剂均在上方加入,当碾轮做圆周运动时,将铅膏压在底下,对铅膏进行混合及搅拌,同时铅膏向碾盘中心及边缘压去,内刮刀 11 及外刮刀 10,又将铅膏送入碾轮滚道上进行碾压,反复进行混合及搅拌。

出料门 9 设在碾盘底部,碾轮和刮刀将铅膏推到出料门内,用杠杆将出料门打开,铅膏即落在出料门下面的容器内。

碾式和膏机的结构不易冷却,在碾盘筒体上装有冷却水套 6,同时还应进行强烈风冷,这种和膏机每次和膏量为 200～300 kg。

5.5.2.2　生产能力

生产能力按下式计算:

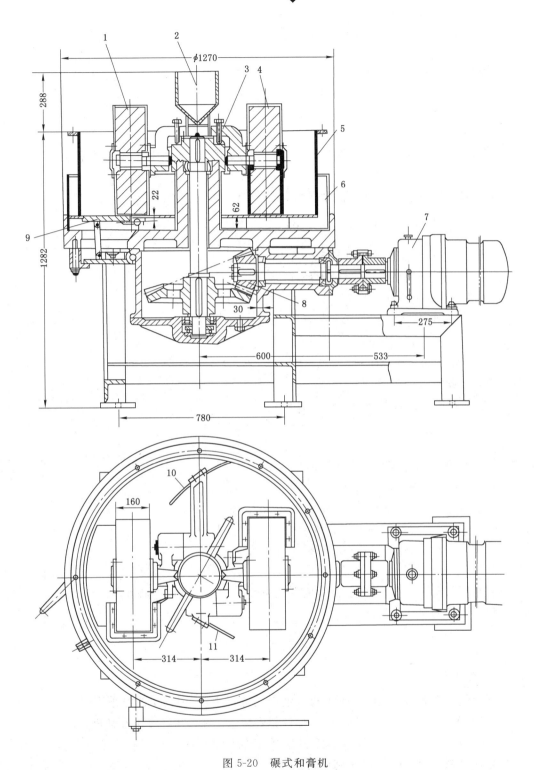

图 5-20　碾式和膏机

1——碾轮;2——加酸漏斗;3——横梁;4——碾轮;5——碾盘;6——水套;7——电动机;
8——锥齿轮;9——出料门;10——外刮刀;11——内刮刀

$$Q = \frac{60}{t}G$$

式中　Q——和膏机生产能力,kg/h;

　　　G——一次装入的物料质量,kg;

　　　t——一个循环所用时间,min。

5.5.2.3　功率

和膏机需要的功率是克服碾轮与铅膏间的滚动摩擦与滑动摩擦所消耗功率及其各零件克服摩擦所消耗功率的总和。

（1）克服碾轮与铅膏滚动摩擦所需要功率

$$N_1 = 1.03 \times 10^{-3} \frac{rnf_1 Gi}{R}$$

式中　N_1——碾轮与铅膏滚动摩擦所消耗功率,kW;

　　　r——碾轮在碾盘上公转运动半径,m;

　　　n——碾轮转速,r/min;

　　　i——碾轮数量,个;

　　　G——一个碾轮的质量,kg;

　　　R——碾轮的半径,m;

　　　f_1——滚动摩擦因数,$f_1 = 0.04$。

（2）克服碾轮与铅膏滑动摩擦所需功率

$$N_2 = \frac{nBGf_2 i}{12\ 240}$$

式中　N_2——碾轮与铅膏滑动摩擦所消耗功率,kW;

　　　B——碾轮宽度,m;

　　　n——碾轮转速,r/min;

　　　G　一个碾轮质量,kg;

　　　f_2——滑动摩擦因数,$f_2 = 0.35$;

　　　i——碾轮数量。

克服轮碾机机械摩擦所消耗功率,按其机械效率 $\eta = 0.5 \sim 0.6$ 来估算。

则轮碾机所需要的总功率为:

$$N = \frac{N_1 + N_2}{\eta}$$

5.5.3　和膏生产线

目前我国多数大型蓄电池厂采用和膏生产线进行生产,因为生产线采用自动或半自动装置,提高生产效率,降低工人劳动强度,保证铅膏质量。和膏生产线由和膏机、贮纯水槽、贮稀硫酸槽、铅粉贮存斗、纯水计量器、硫酸计量器、铅粉称量装置、铅膏贮存斗等组成(图 5-21)。

铅粉通过螺旋运送机 3,输送到铅粉贮存斗 4 中,开动铅粉贮存斗,将铅粉输送给装有电子称重传感器的铅粉称量装置 8,这时净化水贮存缸的电磁阀和酸贮存缸的电磁阀门同时打开。根据工艺要求配制的一定密度的硫酸和具有合格电阻的净化水,分别流入稀酸计量器 7 及纯水计量器 6,当各种配料达到一定质量后,和膏机开始起动工作。铅粉称量装置气门打开,铅粉进入和膏机内搅拌,搅拌 1～2 min 后,稀酸计量器电磁阀门打开,稀酸通过和膏机内的分配器均匀洒在铅粉中,然后纯水计量器电磁阀门打开,水通过和膏机内的分配器均匀洒在铅粉中。在和膏机中受到搅拌的铅粉、酸和水会产生很高温度,其温度可达60～70 ℃,为此和膏机装有水套式冷却装置及风冷装置,控制搅拌铅膏的温度。当铅膏温度在 40 ℃以下时,和膏机气动门打开、铅膏流到铅膏贮存斗 10 内,供涂板机使用。

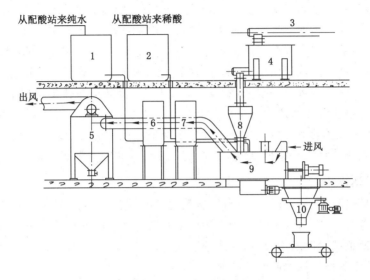

图 5-21　和膏生产线

1——贮纯水槽;2——贮稀硫酸槽;3——螺旋运送机;4——铅粉贮存斗;5——粉尘除尘器;
6——纯水计量器;7——稀硫酸计量器;8——铅粉称量装置;9——和膏机;10——铅膏贮存斗

和膏生产线的主要技术参数如下:
① 铅粉贮存斗:输送能力 4～6 t/h;搅拌轴转速 48 r/min。
② 贮纯水槽,最大容积 2 m³。
③ 贮稀酸槽,最大容积 2 m³。
④ 铅粉称量装置,最大称粉量 1 kg。
⑤ 纯水计量器,最大容积 300 L。
⑥ 稀酸计量器,最大容积 300 L。
⑦ 和膏机,功率 45 kW;生产能力,1 000 kg/次;和膏时间,14 min;搅拌器转速 56 r/min。

5.6　涂板及管式极板填充专用设备

5.6.1　极板的涂填

对于涂膏式极板,把铅膏涂填到板栅上称涂填,或称涂片或涂板。

对于管式正极板,把铅膏挤入或把铅粉(或粒)灌入套在骨架上的套管里的过程,前者称挤膏,后者称灌粉(或灌粒)。涂填过程分为手工涂填和机械涂填。但其原理都是一样的,都是把铅膏涂到板栅上,使铅膏与板栅结合良好,并要求涂匀,涂满。

手工涂填是在表面平整光滑的工作台上铺上潮湿的涂布(以防止涂填过程中铅膏粘到

工作台上),将板栅放到涂布上,用特制的铲刀把铅膏涂到板栅上。涂填时必须涂满、刮平,不能有"砂眼"、裂口、凹陷或粘有多余的铅膏,且耳部不允许粘上铅膏。

机械式涂填是利用涂板机完成的。涂板机的膏斗内设有两个相对旋转的涂辊,涂辊表面刻有细纹或粗糙面,便于带动铅膏。板栅在纤维带带动下通过膏斗下部的涂辊,涂辊旋转使铅膏压入板栅格内。

在涂填过程中,尤其是机械涂填,应掌握好铅膏涂填量和涂填的均匀情况。因为铅膏经化成后转化为活性物质,而活性物质是蓄电池输出电能的反应物,输出电能的多少与活性物质含量有直接关系,也就是与极板涂膏量有着直接的关系。因此,应在涂填过程中涂填足够的铅膏,而且每片极板涂填量应均匀,但也不能过多,因为一定容量的蓄电池只需要一定量的铅膏就可以了,涂填过多便是浪费,不经济。而且正、负极板涂膏量根据电化学反应时的电化当量与活性物质利用率之间有一定的比例(一般为1∶0.87),否则会造成某一极活性物质的过剩,造成材料的浪费。涂膏量应该是既保证电池的电气性能符合质量要求,又使涂填量不过剩为最佳,因此,在涂填过程中应掌握好铅膏涂填量和板栅外观质量。

5.6.2 带式涂板机

对板栅涂填铅膏、压平、淋酸的机械设备称之为带式涂板机。按其在生产中的用途,带式涂板机一般分为两种类型,一种类型用于启动型蓄电池板栅涂填的涂板机,另一种类型用于固定型蓄电池板栅涂填的涂板机,下面分别叙述。

5.6.2.1 启动型板栅涂板机的组成及参数

涂板机主要用于汽车启动型蓄电池板栅的涂填,它包括送片机 A、涂片机 B、淋酸装置 C、表面干燥窑 D 等四个部分(见图 5-22)。

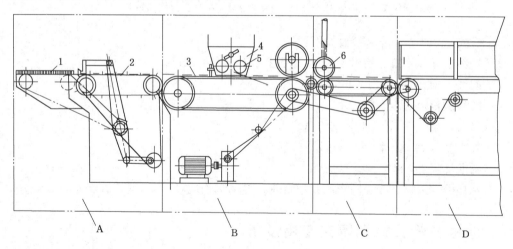

图 5-22　汽车型板栅涂板机

A——送片机;B——涂片机;C——淋酸装置;D——表面干燥窑

1——板栅;2——链板式链条;3——涂片带;4——涂膏斗;5——涂膏辊;6——压酸辊

涂板机在生产中的工艺过程如下:首先由送片机 A 的送片机构,将板栅 1 送入链板式链条 2,板栅由链板式链条 2 送入涂片机 B,并由涂片带 3 传送板栅到铅膏 4 下方,涂膏辊 5 将铅膏滚压在板栅上,涂膏后的板栅被送入淋酸装置 C,稀硫酸由压酸辊 6 压在板栅上,最后板栅送入表面干燥窑 D 进行干燥。

主要技术参数：

① 适用产品范围：主要用于汽车起动型蓄电池正、负极板的涂填，涂片宽度为 $150\sim380$ mm。

② 生产能力：$80\sim170$ 片/min。

③ 传送带速度：$6\sim9$ m/min。

④ 全机耗电量：$130\sim150$ kW。

5.6.2.2　大型涂板机的组成及参数

涂板机主要用于固定型铅蓄电池板栅的涂膏。涂板机是由涂膏斗 6、涂板带 3、压辊 Ⅰ、压辊 Ⅱ、压辊 Ⅲ 及传动机构等组成(见图 5-23)。涂片的工艺过程如下：由手工将板栅放在定位板 2 之前，涂板带传送板栅向前移动，经压辊 4 压平，涂膏斗 6 将铅膏涂填在板栅上，涂膏后的板栅，又经压辊 7 压平。手工将涂膏后的板栅取下，放在铁架上，以备干燥。涂板的传动通过电动机 12($N=5.5$ kW，$n=1\,450$ r/min)驱动减速器轴旋转，又经传动链带动链轮 8 旋转，而带动涂片带运动(见图 5-23)。

大型涂板机的主要技术参数：

① 生产范围：主要用于固定型蓄电池板栅的涂填，涂片宽度为 $200\sim600$ mm(可调)。

② 生产能力：$10\sim45$ 片/分。

③ 涂片带速度：$1.8\sim8$ m/min。

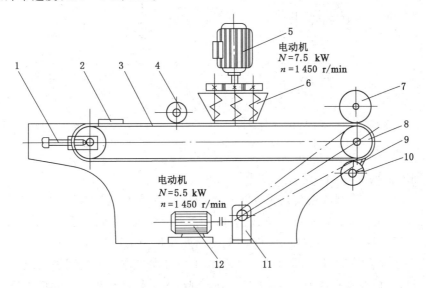

图 5-23　大型涂板机

1——张紧机构；2——定位板；3——涂板带；4——压辊Ⅰ；5——搅拌机电动机；6——涂膏斗；
7——压辊Ⅱ；8——主动链轮；9——刮刀；10——压辊Ⅲ；11——减速器；12——主传动电动机

5.6.3　振动式灌粉(粒)机

振动式灌粉(粒)机是通过振动将铅粉或粉粒灌入阳极板的丝管内的。它是固定型铅酸蓄电池及牵引型蓄电池阳极板生产的关键设备。

振动式灌粉(粒)机(以 F 统称灌粉机)根据振动原理分为机械振动式、电磁振动式和气动振动式三种;根据功能分为单片式振动灌粉机和多片式振动灌粉机。机械振动式灌粉机工作台的振动频率为 200 次/min,振幅≥3 mm。气动振动式灌粉机的振动频率为 200～400 次/min,气压在 4～8 kg/cm²。

(1) 机械振动式灌粉机

机械振动式灌粉机的工作原理如图 5-24 所示,电动机 8 通过皮带轮 9 带动皮带轮 10 转动,与皮带轮 10 同轴的偏心轮 11 也高速转动,从而使与偏心轮 11 相连的振动台 4 产生振动,其振幅为 3 mm。丝管通过夹具 6 装在振动台 4 上也随之振动,上部给料漏斗 7 下来的铅粉因受振动而较均匀地灌入套有玻璃丝管的极板中。整个机器的振动由机身下部的四个减振器 1 来减振。

在工作完后剩余的铅粉可集中收集回用。为消除粉尘可在操作位置两侧呼吸位置高度加负压吸尘。

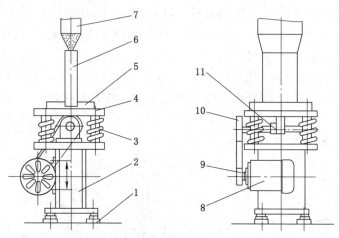

图 5-24 机械振动式灌粉机

1——减振器;2——机身支架;3——弹簧;4——振动台;5——夹具座;6——夹具;7——给料漏斗;
8——电动机;9——小皮带轮;10——大皮带轮;11——传动及偏心轮

(2) 四工位灌粉机

图 5-25 所示为德国哈根公司的四工位灌粉机,1 是灌粉机架,在机架内设有四个工作位置即 Ⅰ₁、Ⅰ₂、Ⅱ₁、Ⅱ₂,每个工作位置上都设有一套灌粉及振动装置,主要有振动台支架 2、集料斗 3、振动台及振动气缸 4、极板盒 5、电动推杆 6、料管 7 以及上下开门 8、9。机架内 Ⅰ₁、Ⅰ₂ 为一个操作工位,Ⅱ₁、Ⅱ₂ 为另一个操作工位。现以位置 Ⅰ₁ 说明灌粉过程,当振动台 4 上的极板盒 5 放在水平位置时(侧视图以双点划线表示),把极板装进盒后夹紧,电动推杆 6 将极板盒 5 旋转到垂直位置,这时料管 7 靠气缸动作放下并使料管下部的电磁铁与极板盒吸合,同时上部圆盘给料机 10 上的闸门被气缸打开供料,与此同时振动台 4 下部的气缸开始振动,由时间继电器来控制振动时间。在振动停止前瞬间给料机停止给料,料管 7 被气缸打开,电动推杆 6 把极板盒 5 放置在水平位置,这时可取出灌好的极板,在极板盒 5 旋转的同时 Ⅱ₂ 即开始灌粉,Ⅰ₁、Ⅰ₂ 两位置交替工作。同样位置 Ⅱ₁、Ⅱ₂ 也交替灌粉,在灌粉时拉门 8、9 要关闭。设在灌粉机后部以及上部的通风管路要有负压以吸尘。每套装置在工作台 4 的下部装有 9 个 VE-18 型减振器,气管道尾部装有消音器。

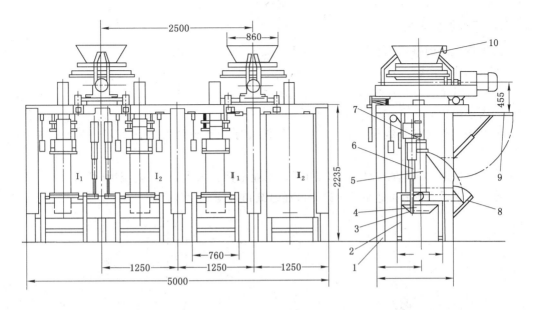

图 5-25　四工位灌粉机

1——灌粉机架；2——振动台支架；3——集料斗；4——振动台及振动气缸；5——极板盒；6——电动推杆；
7——料管；8——下开门；9——上开门；10——圆盘给料机

5.7　化成设备

5.7.1　化成装置

极板化成最基本的装置是化成槽和梳形板，示意图见图 5-26。

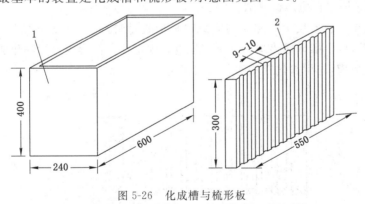

图 5-26　化成槽与梳形板

1——化成槽；2——梳形板

化成槽和梳形板必须耐酸、耐温，以往常用陶瓷制品。但陶瓷易破损，耐酸性又不理想，常有"脱皮"现象，故已趋向于用硬橡胶制品、玻璃钢制品乃至聚丙烯塑料制品。

化成槽与梳形板的尺寸随极板品种、所用材料和制造厂不同而异，无统一规格。这种化成槽的最大不足是换酸困难，尤其是排酸，现阶段还没有非常好的解决办法。

5.7.2 无焊接化成装置

无焊接化成的特点是将导电条预置于化成槽底部,或者固定在梳形板底部,极板靠自重与导电条自行"连接"。

(1)底部导电条形状及与极板之极耳接触的方式

国内采用较广的方式如图 5-27 所示。

导电条上部呈渐开线齿形,适当用力将极板插入两齿的中间,起挤压作用,使其接触良好。

对工业电池,推荐方式如图 5-28 所示。工业电池容量大,化成电流大,两点接触比较可靠。导电条下设有缺口,使沉积的铅泥可通过缺口沉降到化成槽底。

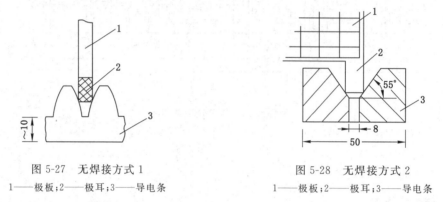

图 5-27 无焊接方式 1
1——极板;2——极耳;3——导电条

图 5-28 无焊接方式 2
1——极板;2——极耳;3——导电条

总的说来,导电条形状和接触方式很多,各厂可根据自己的实践经验,采用成品率最高者。但不论采用何种方式,必须在化成开始时先反充电,使正极板极耳与导电条的接触点形成牢固的焊点,再转成正常充电。

(2)导电条固定在梳形板底部

导电条固定于梳形板示意图见图 5-29。梳形板是特制的,底部能托住导电条,并向后开 2~3 个通孔,用铅螺母或铅焊的方法将导电条固定住。梳形板尺寸随化成槽而定。导电条需引申出化成槽,与相邻化成槽的异极预连接住。

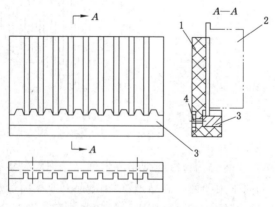

图 5-29 导电条固定于梳形板示意图
1——梳形板;2——极板;3——导电条;4——铅螺母

（3）导电条固定在化成槽底部

导电条固定在化成槽底部见图 5-30。塑料托条由聚氯乙烯制成,开楔形槽口以便更好地固定导电条。塑料底条也由聚氯乙烯制成,起支撑作用,与托条相互焊成一体,保持导电条的间距不变动。

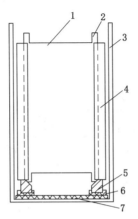

图 5-30   导电条固定在化成槽底部示意图

1——极板;2——极耳;3——化成槽;4——梳形板;5——导电条;6——塑料托条;7——塑料底条

（4）化成篮（化成框架）

采用导电条固定于化成槽底部的无焊接化成方法时,宜用化成篮。将正、负极板预先插入化成篮,然后一起吊装于化成槽,恰使极耳与导电条按预期方式接触。

图 5-31 是化成篮的一种形式。其全部构件均用耐腐蚀、耐温较好的聚丙烯制作。化成篮由两块端板、两块侧板、多块隔离板以及支撑棒组装而成,并以塑料条将各板连接牢固。端板较厚,是主要的承重板;侧板与端板构成框架的主体;隔离板镶嵌在侧板上,起隔离正、负极板的作用,从而取代了梳形板。

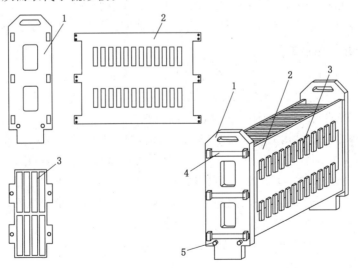

图 5-31   化成篮及其零件

1——端板;2——侧板;3——隔离板;4——塑料条;5——支撑棒

在化成篮接近底部处的两根支撑棒,平时支撑极板,待化成篮落到化成槽底时,极板与导电条接触而脱离支撑棒,如图 5-32 所示。

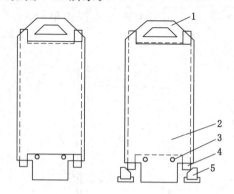

图 5-32　化成篮落入化成槽底前后状态示意图

1——化成篮;2——极板;3——支撑棒;4——极耳;5——导电条

5.8　干荷电制造设备

在介绍干荷电工艺与设备之前,先简单谈干荷电。

普通极板虽然也经过化成,负板的活性物质大部分已转化为海绵状铅,但是在化成后的干燥过程中未采取防氧化措施,再加日后的继续氧化,相当一部分海绵状铅又氧化为氧化铅。因此用这种极板装成的电池,在使用时,灌酸后仍需进行长时间的初充电。

为了避免初充电,对负极板的干燥采取"无氧"干燥法,并在铅膏中添加防氧化剂,使负极板不氧化。这样制造的负极板是干的,又是荷电的,故习惯上称为干荷电极板。拿它装成的电池灌酸后可以直接启动车辆。

干荷电也是相对湿荷电而言的。在电池化成后,将酸倒掉,这种电池称为湿荷电电池。它也是灌酸后能直接启动车辆的。当然,湿荷电电池在贮存时需特殊密封,避免氧化。

5.8.1　干荷电极板制造工艺

过去,包括现在仍有部分制造厂,在化成干荷电极板时,采取充电—放电—充电,即所谓二充一放制化成工艺,使化成比较充分。目前则已经有不少厂在化成中取消了放电阶段,也能使正极板含二氧化铅量大于 80%,负极板含海绵状铅量大于 90%。

干燥电负极板防止氧化的工艺方法,世界上通行以下几种无氧干燥方式:

① 用过热蒸气干燥。过热蒸气作为一种惰性气体起到防氧化作用。可将负极板放在一小室内,通入过热蒸气。小室内的氧气被过热蒸气取代,负极板的水分在过热蒸气的高温下蒸发掉。也可将负极板放在一块热板上,上面再压一块热板。负极板在上下热板的加温下,内部水分急剧蒸发而散出,使氧气无法与极板接触。

② 用燃烧煤气的无氧气焰作为热的惰性气体,加热极板至温度约 100 ℃,使极板水分蒸发,其无氧气焰保证极板不氧化。

③ 浸硼酸保护法。将化成后的负极板浸入饱和硼酸溶液中,约 15～20 min,取出后经隧道干燥窑或干燥室干燥。硼酸在活性物质表面形成一层保护膜,阻止氧气和活性物质

接触。

④ 真空干燥法。将负极板放入密闭罐内，一面抽真空，一面加热。负极板在真空条件下干燥，当然不会氧化。

⑤ 煤油干燥法。将负极板浸入约 130 ℃ 的热煤油槽中，这样处于热煤油包围之中的负极板自然与氧气隔绝。而煤油的热使极板中的水分迅速蒸发逸出，然后将负极板从热煤油中取出，用热风吹负极板以挥发掉残余煤油。挥发的煤油气经冷凝后循环使用。

这5种工艺方法中的前3种较好。真空干燥法由于耗时（约 8～16 h）、耗能大，已趋淘汰，而煤油干燥法有火灾与爆炸的隐患，故世界上仅个别国家使用。

5.8.2 干荷电制造设备

浸硼酸无特殊设备，真空干燥法采用一般真空罐，因此下面只介绍过热蒸汽干燥设备和燃气无氧干燥设备。

（1）连续干燥机

连续干燥机见示意图5-33。负极板在上下两层连续运转的加热带中前进，加热带的热使负极板水分急剧蒸发，负极板因而在过热蒸汽的保护下干燥。加热带有两种：一种是厚度为 0.8～1 mm 的不锈钢带，由煤气加热；另一种是链板式输送带，为两条双节距附板式输送链，链的附板上连接有铝合金平条，在直线输送段，相邻平条之间无间隙，从而构成类似钢带式（无缝隙）干燥机，由电加热。

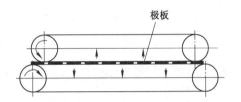

图 5-33 连续式干燥机示意图

（2）燃气无氧干燥炉

燃气无氧干燥炉配合一套水洗系统使用，见图5-34。

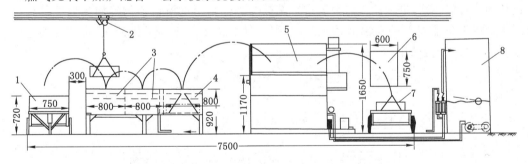

图 5-34 水洗-无氧干燥系统

1——运极板水车；2——吊车；3——水洗槽；4——润湿槽；5——燃气无氧干燥炉；6——电控屏；
7——运极板车；8——节水器

化成后的负极板用水车运来，以便使负极板一直浸在水中，与空气隔绝。吊车将成框的负极板从水车中吊起，放入水洗槽，经润湿槽后吊入燃气无氧干燥炉，干燥之后即为干荷极板。视具体情况，可配备一台节水器，放在附近的地坪上。燃气无氧干燥炉的原理见图5-35，将燃气与氧气（空气）一起鼓入燃烧室，烧至还原气氛，由风机迫使其经负极板循环，这样负极板实际处于热的惰性气体之中加热、干燥。

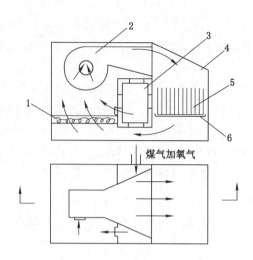

图 5-35　燃气无氧干燥炉示意图

1——不锈钢丝滤水层;2——循环风机;3——燃烧室;4——可开顶盖;5——负极板框架;6——集水器

5.9　铅酸电池装配专用设备

对装配电池来讲,首先是根据制造电池的品种、规格、容量等要求,将不等数量的正负极板、隔板叠加组合在一起,并连接成极群组,然后放入电池槽内,组焊成极群。蓄电池装配对汽车蓄电池和阀控密封式铅酸蓄电池有较大的区别,阀控密封式铅酸蓄电池要求紧装配,一般用 AGM 隔板。而汽车蓄电池一般用 PE、PVC 或橡胶隔板。由于电池槽盖采用了塑料制品,极群之间的连接也朝着连杆埋入式、桥式和穿壁式方向发展。槽盖之间的粘接方法,也从沥青封口连接,进入注入封口胶进行粘接和加热熔封的阶段。加热熔封方法已广泛使用于聚丙烯树脂材料的电池槽盖之间的粘接,使装配工序进入了机械化、自动化的生产过程。电池装配工艺如图 5-36 所示。

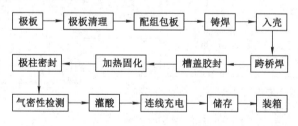

图 5-36　铅酸电池装配工艺

5.9.1　极群配组包片机

图 5-37 为 BBDM40 型包封配组机。该机适用于生产大密铅酸蓄电池,使用 AGM 隔板,对正负极板实行自动连续包板、极群配组及堆放。该机采用可编程微控制器控制,根据大密蓄电池的各种规格尺寸设置相应隔板长度,控制隔板定长压痕装置准确定长切断,达到隔板长度要求,克服了原有设备一种电池规格单配一套压痕轮的缺点。正负极板包板精度高、极群配组准确,可靠性高,适用性广,可实现对大密蓄电池不同规格尺寸的正负极板连续

包板、极群配组,提高了劳动生产率和产品质量稳定性。该设备采用密封结构,预留环保除尘接口(采用上、下抽尘方式)。包板效率 40~48 片/min,设备总功率 15.5 kW。

图 5-37　大密铅酸蓄电池包封配组机

5.9.2　铸焊机

5.9.2.1　概述及工作原理

极群的焊接分铸焊和气焊两种。在小批量多品种生产中,由于铸焊机造价高,更换产品品种工艺过程复杂,所以往往采用以梳形板焊具为核心的气焊装置。这种装置简单,但需人工进行操作,劳动强度大,污染严重,又需要借助于极柱、汇流排、焊条、氧气、乙炔等辅助零件及装备,增加很多辅助工序。气焊所生产的产品,极柱和汇流排等位置精度差,表面也欠光洁。

铸焊的工作原理见图 5-38。铅液泵安装在铅锅内,铅液泵活塞向下运动,将铅液从活塞 1 下方压入 C 孔,经 A 孔流入输铅管 5 的 D 孔、G 孔,进入铸模 6 的极柱及汇流排的铸造空腔中,然后将已浸助焊剂的极群(极耳向下)放入模腔内进行铸焊。待铅液冷却后,顶出杆 7 顶出极群,此时极柱、汇流排等已和极耳铸成整体,完成了极群的铸焊。

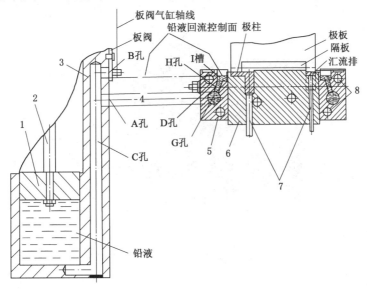

图 5-38　铸焊工作原理图

1—活塞;2—活塞杆;3—泵体;4—连接杆;5—输铅管;6—铸模;7—顶出杆;8—电热管

大量生产中,目前大部分工厂都采用铸焊工艺,即用铸焊方法取代极群的气焊。铸焊就不需要辅助零件和辅助装置。铅液直接将极柱和汇流排铸成一个整体,这样就减轻了劳动量,又提高了效率,并可获得较高质量的产品。

5.9.2.2 铸焊机结构特点

铸焊机种类很多,以形式分可分为两大类:一类是旋转式四工位铸焊机,另一类是三工位步进式直线型铸焊机。从效率及生产线布置看,旋转型铸焊机更为理想。但其结构复杂,更换产品品种和维修工作都较复杂。

图 5-39 为 ZHDM40 型四工位大密铸焊机,该机适用于大密电池的汇流排、跨桥焊头和极柱的铸焊。主机采用气动间歇回转升降转盘机构,带动四组气动夹具旋转以完成四工位极群的夹持转送功能。主机转盘每次转动 90°升降一次,经过气动间歇回转升降转盘机构依次转动;装极群、整理刷耳刷剂、模具铸焊、取出极群四道工序。第一工位为装极群工序:由气缸升降托板机构和气动夹具组成。在运行过程中气缸升降托板机构配合转盘上的气动夹具手动操作完成极群组的装填、夹紧、夹具翻转 180°等动作。至此便完成了极群组的装填过程,为下道工序做准备。第二工位为刷耳浸剂工序:由气缸升降托板机构和气动夹具、往复平台(毛刷、钢丝刷以及助焊剂盒)、整理机构组成。其作用是先整理极群极耳,然后用钢丝刷刷去极耳上的氧化层,接着在蘸有助焊剂的毛刷刷极耳,在极耳上均匀地刷上助焊剂,此工序为自动完成的。第三工位为铸焊工序:由气缸升降机构和气动夹具、模具、脱模机构、熔铅炉、铅泵、冷却系统组成。此工位工作情况直接影响铸焊极群的质量。此工序为自动完成的。第四工位为极群取出装槽:由气缸升降托板机构和气动夹具组成。将在此之前翻转 180°的夹具翻转回原始状态,然后松开夹具使铸焊完的极群组下落在气动升降托板上,人工取出极群装槽完成整个焊接过程。该设备定员 2 人,每小时生产 40～60 只 1 000 Ah/2 V 电池,额定功率 80 kW。

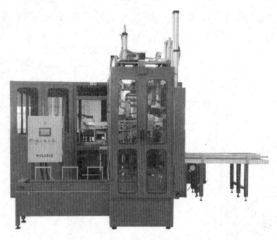

图 5-39   ZHDM40 大密铸焊机

5.9.3 穿壁焊机

5.9.3.1 概述和焊接原理

将组焊后的极群放入电池槽内,单格之间的连接采用圆连接条,并通道电池内隔壁,经焊接后形成一个密封不漏气的导电通路。这就是我们常称的电池穿壁焊结构。这种结构使电池通路短且电阻小、耗铅少,生产过程简单,且易实现高效率的自动化生产。

　　从焊接角度看,穿壁焊机是一种属于压焊范畴内的点焊机。电阻焊是利用在电极压力下接触在一起的焊件通过电流产生电阻热,使接触面焊接起来的一种方法。在电极压力的作用下,通过加热使焊件内部形成一个金属熔核的焊接。当切断电源后,熔核冷却凝固后去除压力,使焊件熔合成一体,整个过程不到 1 s。

5.9.3.2　穿壁焊机结构

　　图 5-40 为 QZH-91 型全自动穿壁焊机结构图。它由焊接装置、电池传动装置、X 和 Y 方向移动装置、电池定位夹紧装置等组成。该设备适用电池范围:32～200 Ah,生产能力 90～120 只/h,总功率 60 kW。

图 5-40　JSB-400 全自动数控变频穿壁焊

5.9.4　热封机

5.9.4.1　概述及工作原理

　　由合成树脂制成的电池槽和盖,目前在蓄电池制造行业中得到广泛的应用。由于合成树脂着色自由美观,并且质量轻,机械和化学性能优异。特别是热塑性树脂可用注射的方法生产出形状复杂、薄壁电池槽和盖后,从 20 世纪 60 年代起逐步替代橡胶和其他材质制造的槽和盖。

　　对起动用蓄电池,目前大部分槽和盖使用丙烯-乙烯嵌段聚合物(PPE)。采用 PPE 树脂可以改善等规聚丙烯不良的低温性能和耐冲击性能,是目前较理想的制造蓄电池槽和盖的材料。对固定型蓄电池(除大容量外),大多采用苯乙烯和丙烯腈共聚物(AS)树脂来制造电池槽和盖。对牵引用蓄电池槽和盖的材料,目前大多选用聚乙烯(PE)树脂,也有采用聚丙烯树脂的。

　　PPE 和 PE 树脂制造的电池槽和盖的封口连接,目前普遍采用加热熔化粘接的方法。这种热封的方法不需要用封口剂和添加新材料。对于苯乙烯及其共聚物(AS 或 ABS)制成的槽和盖的封口连接,一般都采用封口剂粘合连接。封口剂是用环氧树脂和固化剂调制而成的,封口时将封口剂倒入电池槽的连接槽内,然后将组装好极群的电池倒扣在盖上。利用电池本身的质量放置一段时间或将电池送入烘室内进行固化粘合连接。

利用加热熔化塑料,在加压的基础上使接合面焊接(或称热封)在一起的方法有很多种。过去在蓄电池行业生产中,曾使用感应加热热封、超声波加热热封、高频加热热封等方法。但对于 PPE 和 PE 塑料制造的电池槽和盖的热封,采用电加热板加热热封的方法,更为简便和有效。PPE 和 PE 塑料,均属于热塑性塑料,这种塑料在特定的温度范围内,能反复加热软化和冷却硬化。日前生产中使用的热封机就是利用塑料这一特点,并采用电加热板加热热封面的方法制成的专用设备。

利用加热板,同时加热两个塑料接合面,直至表面具有足够的融层,然后快速撤离加热板,立即将两个接合面在压力作用下压合,直至熔融部分冷却硬化,即可得到牢固的、密闭的电池槽和盖的热封连接。

5.9.4.2 热封机结构

图 5-41 为一台全自动电脑热封机结构图。它由电热板及其移动装置,吸盖抓盖机构(上模)、工作台升降装置、定位夹紧装置、传动辊道、油泵站、真空泵及机架等装置组成。该设备适用电池范围:32～200Ah,生产能力 90～120只/h,总功率 6.5 kW。

热封机有单头型和双头型两种。单头型热封机一次只封一只电池;双头型热封机一次可封两只电池。双头型热封机上模为一个,电加热板分成三块,下面一块为电加热板,上面是根据产品而异的两块小加热板。电加热板材质为铝合金,热板温度为 270～280 ℃,热封一只电池功率为 4～7.5 kW,加热时间为 4～6 s,熔合冷却时间为 4～6 s,一只电池生产周期 20～25 s。

图 5-41　JQF-10Z 全自动电脑热封机

第6章　锂离子电池制造专用设备

6.1　概述

锂离子电池是指 Li^+ 嵌入化合物为正、负极的二次电池。正极采用锂化合物 Li_xCO_2，Li_xNiO_2 或 $LiMn_2O_4$，负极采用锂-碳层间化合物 Li_xC_6。电解质为溶解有锂盐 $LiPF_6$，Li-AsF_6 等的有机溶液。在充、放电过程中，Li^+ 在两个电极之间往返嵌入和脱嵌。

锂离子动力电池生产技术是现代 HEV（混合动力车）、EV（电动车）应用技术和工程技术的基础。而为动力电池生产配备的专用设备（工艺装备）是锂离子动力电池产业化发展的支撑。

6.2　锂离子电池工作原理

锂离子电池是 Li^+ 在正、负极之间反复进行脱出和嵌入的一种高能二次电池，通常由正极、负极、电解液、隔膜等组成。正极一般是锂的过渡金属化合物，如 $LiCoO_2$，$LiNiO_2$ 或层状 $LiMnO_2$，尖晶石 $LiMn_2O_4$，$LiNi_{1-x-y}Co_xMn_yO_2$ 和 $LiFePO_4$；商业化的负极材料主要是碳素材料，如石墨等，这些材料本身提供晶格空位，锂可以嵌入晶格也可以脱嵌出来。

锂离子电池的化学表达式为：

$$（-）C_n|LiPF_6+EC+DEC|LiM_xO_y（+）$$

图 6-1 所示是典型的锂离子电池工作原理。

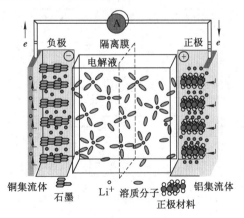

图 6-1　锂离子电池充放电示意图

充电时,外界电流从负极流入正极,正极中的锂离子从钴酸锂等过渡金属氧化物的晶格中脱出,经过电解液和隔膜,嵌入负极材料中,正极材料的体积因锂离子的移出而发生变化,但本身的骨架结构维持不变,负极材料与锂离子发生嵌入反应或合金化反应。放电时,锂离子从碳素材料层间脱出,经过电解液到达正极并嵌入正极材料的晶格中,电极材料的结构得以复原,相应地电流从正极经外界负载流向负极。在正常充放电情况下,锂离子在层状结构的碳材料和金属氧化物的层间嵌入脱出,一般只引起层间距的变化,而不会引起晶体结构的破坏。在循环过程中,正极材料是提供锂离子的源泉。反应(6-1)～反应(6-3)描述了 $LiCoO_2/C$ 电池充电时锂离子从 $LiCoO_2$ 脱出,嵌入石墨层间的反应过程,放电时与之相反。

正极:

$$LiCoO_2 \longrightarrow Li_{1-x}CoO_2 + xLi^+ + xe^- \qquad (6-1)$$

负极:

$$C + xLi^+ + xe^- \longrightarrow CLi_x \qquad (6-2)$$

电池反应:

$$LiCoO_2 + C \longrightarrow Li_{1-x}CoO_2 + CLi_x \qquad (6-3)$$

6.3　锂离子电池生产设备

锂离子电池的制造工艺因电芯成型方式和装配封装方式的不同而不同。锂离子电池电芯的成型方式有卷绕式和层叠式两种;锂离子电池装配封装方式有圆柱形和方形两种,圆柱形有铝壳圆柱形电池和钢壳圆柱形电池,方形有铝壳方形电池、钢壳方形电池和铝塑复合膜方形电池等。随着锂离子电池的发展,锂离子电池的制造工艺在不断完善、改进,从由手工为主的生产线发展到半自动/全自动生产线。随着大型化锂离子动力电池的发展,对产品一致性的问题控制得越来越严格,过程设备的自动化程度也更高。

锂离子电池制造主要分为四个工序:① 正、负极片制造;② 制备电芯;③ 组装;④ 封口。其主要工艺流程如图 6-2 所示。

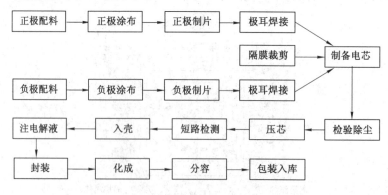

图 6-2　锂离子电池生产工艺流程

6.3.1　混料设备

极片的制造在电池制造过程中占有重要的位置,是关键的部分。正、负极片的制造过程是如何形成更好的多孔电极的过程,与电池的性能息息相关。在电池生产的整个流程中,极片制造完成,就已经决定了电池 80％以上的性能,可见其重要性。在锂离子电池的制造过程中,极片制造是自动化程度最高的部分。正、负极制造过程是将正、负极活性物质,导电剂,粘接剂,添加剂等混合均匀,制成糊状胶合剂,均匀地涂敷在正、负极集流体的两侧;然后将电极通过辊压机压制成型,再按尺寸要求剪切成极片,并用正、负极引线作为电流引出的导体。

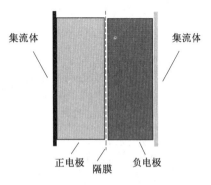

图 6-3　锂离子电池正负电极
对结构示意图

　　锂离子电池的极片采用膜电极方式,如图 6-3所示。由于极片较薄,正极片厚度一般为 $80\sim200~\mu m$ 左右,负极片厚度一般为 $50\sim150~\mu m$,一个电极对也不过 $200~\mu m$ 左右。极片的活性物质以浆料的形式涂覆在集流体上。集流体一般采用铜箔(厚度 $8\sim15~\mu m$)和铝箔(厚度 $10\sim20~\mu m$),也有采用铜、铝网方式的,目前只有 Bellcore 工艺采用。它是将活性物质制成膜后热压覆在铜、铝网上,而不是涂覆。极片制作的工艺流程如下:

　　混料→涂布→干燥→极片压光→极片裁切

　　混料的目的是让活性物质、导电剂、黏结剂及其他添加剂充分混合,均匀分散,才能使各个部分的作用充分发挥,做出来的电池性能更稳定。如图 6-4 所示,在混料过程中,组成电极的物质在溶剂中进行高度分散形成非牛顿高黏度流体。混料工艺流程如下:

　　干粉预混(活性物质和导电剂)→打胶→导电剂搅拌→活性物质搅拌→真空搅拌→浆料过滤→出料

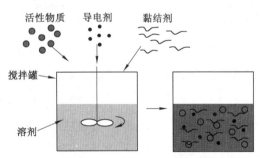

图 6-4　混料过程示意图

　　混料浆料的均匀性对锂离子电池的质量有很大影响。浆料的均匀度决定了活性物质在电极上分布的均匀性,从而影响电池的性能。制浆过程时间过短,浆料不均匀;制浆过程时间过长,浆料过细,电池的内阻则过大。

　　将组成电极的各部分粉料按照先后顺序依次加入搅拌釜,通过搅拌桨将粉料混合均匀,并抽真空去除料浆中夹杂的气泡,以得到混合均匀的料浆。

　　混料设备主要包括行星式分散机、真空搅拌机、行星式搅拌机、球磨机等。由于浆料是由不同密度、不同粒度的原料组成的，又是固液混合相，搅拌难度较大，普通搅拌方式和搅拌设备不能满足要求，一般采用行星式真空高速搅拌机，如图 6-5 所示。打蛋式方式在有些材料搅拌中也在采用，如表面包覆或修饰的材料。

行星式真空高速搅拌机主要由一对圆锥齿轮和一根带有曲柄的框式搅拌器组成。如图 6-6 所示，它能产生一种以搅拌器本身为轴心的转动，称为"自转"，另一种是旋转的搅拌器以反应釜中心线为轴心的转动，称为"公转"。两种运动互相迭合，使流体在釜内既有垂直方向的运动，又有水平方向的运动，从而使物料受到强烈的剪切和捏合。强烈的对流

图 6-5　行星式真空高速搅拌机

遍及反应釜的每一个角落，从而使比重相差悬殊的两相混合，混料过程视具体情况而定，过程有的需加热，有的需冷却。一般情况，浆料的黏度受温度影响，浆料出料时的温度要控制在室温，保持浆料黏度稳定。

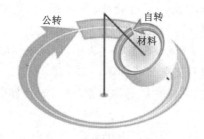

图 6-6　搅拌桨结构及浆料运动轨迹示意图

混料过程即浆料参数均对搅拌效果具有非常大的影响：

① 搅拌桨对分散速度的影响。搅拌桨大致包括蛇形、蝶形、球形、桨形、齿轮形等。一般蛇形、蝶形、桨形搅拌桨用来对付分散难度大的材料或配料的初始阶段；球形、齿轮形用于分散难度较低的状态，效果佳。

② 搅拌速度对分散速度的影响。一般说来搅拌速度越高，分散速度越快，但对材料自身结构和对设备的损伤就越大。

③ 浓度对分散速度的影响。通常情况下浆料浓度越小，分散速度越快，但浆料太稀将导致材料的浪费和浆料沉淀的加重。

④ 浓度对黏结强度的影响。浓度越大，柔制强度越大，黏结强度越大；浓度越低，黏结强度越小。

⑤ 真空度对分散速度的影响。高真空度有利于材料缝隙和表面的气体排出，降低液体吸附难度；材料在完全失重或重力减小的情况下分散均匀的难度将大大降低。

⑥ 温度对分散速度的影响。适宜的温度下，浆料流动性好、易分散。太热浆料容易结

皮,太冷浆料的流动性将大打折扣。

国外新型锂离子电池专用搅拌机在高速搅拌拐上采用多级冲动叶轮,即在一根高速轴上安装多个叶轮,每个叶轮上有倾斜的叶片,叶片长度几乎延伸到器壁或挡板。当叶轮转动时,反向倾斜的叶片使靠近桶中心的液体向下流,靠近器壁的液体向上流,壁面湍动和各向异性的自由湍动均为剪切流湍动。同时,国外的搅拌机在低速拐设计中,采用双螺旋同步搅拌方式,避免了浆料"打旋"现象。电池锂离子浆料为多相系统,在离心力的作用下不是造成混合而是造成分层或分离,其中的固体颗粒被甩到筒壁,然后沿筒壁沉落,落到底面上,造成了"打旋"现象。搅拌叶以及搅拌桶应采用耐腐蚀材料,同时,密封系统相关元件(如阀门、泵体等)需净铜,避免铁、铜等元素对浆料的影响。国外的搅拌机多是实现自动供料配料的搅拌系统,能够实现粉料、黏结剂、溶剂的自动配比,避免搅拌过程中人为的干扰因素,便于搅拌工艺流程的精确控制,保证浆料批次的一致性和稳定性。

6.3.2　涂覆设备

6.3.2.1　涂覆设备

涂覆(涂布)过程是把正负极浆料均匀涂覆到集流体上,通过干燥去除溶剂的过程。极片涂覆的一般工艺过程如下:

　　放卷→接片→拉片→张力控制→自动纠偏→涂布→干燥→自动纠偏→张力控制→自动纠偏→收卷

涂覆设备主要由放卷装置、涂覆构件、烘干部分、收卷部分组成。根据涂覆原理不同,分为转移拷贝涂布、挤出涂布、刮刀涂布、喷涂等。涂布基片(金属箔)由胶卷装置放出进入涂布机,基片的首尾在接片台上连接成连续带后由拉片装置送入张力调整装置和自动纠偏装置,经过调整片路张力和片路位置后进入涂布装置。极片浆料在涂布装置上按预定涂布量和空白长度分段进行涂布。在双面涂布时,自动跟踪正面涂布和空白长度进行涂布。涂布后的湿极片送入干燥道进行干燥,干燥温度根据涂布厚度和涂布速度设定。干燥后的极片经张力调整和自动纠偏后进行收卷,供下一道工序加工。

(1)转移拷贝涂布机

转移拷贝涂布方式在锂离子电池制造中应用较广泛,采用箔材集流体自动化程度高的生产线基本采用这种方式,使后段的压光易于做到连续辊压压光。图 6-7 所示为转移式涂布机。

图 6-7　转移式涂布机

转移拷贝涂布方式的涂覆主体部件由涂辊、背辊、刮刀等部分组成,首先通过涂辊转动带动浆料,将浆料均匀涂在主动辊上,通过调整刮刀间隙来调节浆料转移量,并利用背辊或涂辊的相对转动将浆料转移到基材上,按工艺要求,控制涂布层的厚度以达到重量要求,由伺服电机推动背辊跳动实现间隙或连续涂覆。浆料转移过程示意图如图 6-8 所示。基材的传输速度由机头的放卷系统及机尾的收卷系统进行控制,并通过纠偏及张力控制,达到整齐放卷、收卷的要求,控制收卷紧密程度。

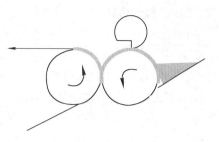

图 6-8　浆料转移过程示意图

转移式涂覆易于实现间歇跳涂,方便后续工序的自控化,同时这种方式在控制单双面面密度上更易控制,对员工技能熟练程度要求不高,在箔材集流体的单双面敷料均匀性上好控制。该方式的难点是间歇的起涂和结束的厚度控制。转移拷贝涂布方式一般采用图 6-9 (a)、(b)两种原理方式,其主要区别在间歇动作的方向上,一个是垂直方向,另一个是水平方向。其中垂直间歇涂布在处理起涂和结束厚度上要好些。

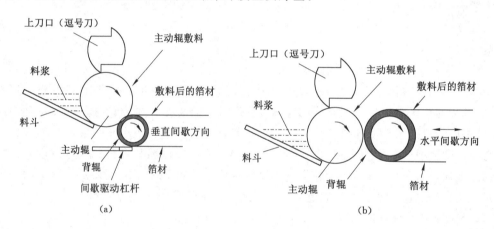

图 6-9　转移拷贝涂布部件结构示意图

涂覆后的极片进入机头后的烘箱以加热除去浆料中的溶剂,使固体物质很好地黏结于基材上。为了保证烘干的极片平整光滑,不会由于溶剂的剧烈挥发留下孔洞,要求极片升温过程尽可能温和,为此需要多段烘箱逐步加热及降温,减小升降温梯度。因此烘箱系统由多段烘箱串联组成,每一节烘箱独立控制温度,采用电加热、蒸气加热、油加热等方式及上下半循环吹风方式分别对极片双面进行加热干燥。常用的涂布机单段烘箱长度在 3 m 左右,整个烘干部分由 4～6 节烘箱组成。烘干后的极片由在线测厚系统进行极片厚度检测并及时预警,厚度合格的极片进入机尾,由收卷系统自动收卷(图 6-10)。

(2)挤出式涂布机

挤出涂布方式是通过精密计量泵将搅拌均匀具有一定黏度的液体浆料,恒压输送至直线挤压腔体,通过挤压腔体涂覆在集流体(箔材)上。这种方式的涂膜要求浆料黏度低,适合少组分液体浆料多层涂膜,如图 6-11 所示。

图 6-10　涂覆完成的极片及收卷系统

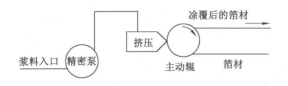

图 6-11　挤出式涂布过程示意图

挤压式涂布机是通过恒流量的供料系统将涂布液按规定的压力和流量送入涂布工具中,通过模头高精度且稳定的狭缝间隙,将涂布液涂敷于基材后送入烤箱烘干,自动收卷于指定的卷上,达到高精度、高效率的涂布生产。挤压涂布液在封闭的管道和模头中流动,因此浆料特性稳定,不易受污染或受环境影响而发生变化。挤压式涂布机外观如图6-12 所示。

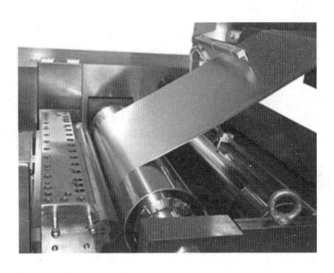

图 6-12　挤压式涂布机头结构

（3）刮刀式涂布机

刮刀涂布方式在早期采用较多（图 6-13），这种
方式适合连续涂布，优点是涂布精度高，厚度稳定性
好，但后续工序自动化难度大。这种方式对员工技
能熟练程度要求高，控制单双面面密度难。

涂布用的浆料为非牛顿型高黏度流体，是剪应
力和剪切变形速率之间不满足线性关系的流体。流
体流动时所需剪应力随流速的改变而改变。涂布厚
度的调整很难根据一个标准方式来进行，这也是涂
布机涂膜过程中的难点，对员工的熟练程度、经验要
求很高。

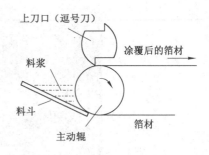

图 6-13　刮刀涂布方式原理

6.3.2.2　涂覆过程注意事项

涂覆过程是把浆料涂覆到集流体上的过程，正
极涂布在铝箔上，负极涂布在铜箔上。整个过程由涂布机来完成。转移式涂膜过程中，浆料
黏度的变化、料斗上液面的高度变化、涂膜速度的变化都将影响涂膜的均匀度。所以，涂布
过程中要尽量保持上述各方面参数等的不变。

在涂覆工艺中，希望通过烘干将浆料中溶剂全部除去。烘干方式直接影响极片的质量，
通常采用热循环风干燥。烘干方式有很多种，目前还有采用微波干燥。涂布极片干燥的过
程中，各参数很重要。如加热温度或时间不够，难以除去残留的溶剂，使部分黏结剂溶解，造
成部分活性物质剥落；而加热温度过高，则黏结剂可能发生晶化，也会使活性物质剥落，从而
产生电池内部短路。烘干的温度和速度这两个参数极其重要，要严格控制。

6.3.3　极片压光设备

极片压光是制造多孔电极的最后一道工序，是将涂在集流体上的活性物质等按要求的
密度进一步压实制成多孔电极的过程。极片的压光采用强力轧机，也称为辊压机，如图 6-14
所示。其主要由压辊、辊轮支撑轴承、压紧和调节装置以及驱动装置等部分组成，主要工作
部件是两个同步滚动的压辊。

图 6-14　辊压机

　　将烘干后的极片均匀通过两个压辊中间的缝隙,以达到紧压的目的,通过调节压辊之间的缝隙宽度或压辊的压力制备不同滚压厚度的电极片。压实过程最好从垂直集流体(箔材)一个方向施压,避免破坏活性物质和集流体的黏结层。为了达到更好的效果,一般采用大辊径的轧机。轧机的辊径越大,接触面曲率半径越大,有助于减小水平方向延展,易于增强粘接强度。为了增加黏结剂的黏结效果,还可采用加热轧制,压光后的极片要求密度一致,压实密度的不一致影响产品性能的一致性,这是提高产品一致性的关键工序之一,所以轧机的性能精度很关键。目前轧机的水平可做到压光后的极片厚度均匀度达到±0.000 2 mm。

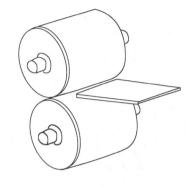

图 6-15　压机滚轧过程示意图

　　极片压光不要压得过实,要保持一定的孔隙,留给电解液填充。极片压实密度过大,电子导电性提高,而离子导通性下降;极片压实密度过小,离子导通性提高,而电子导电性下降。极片的压实密度是极片压光控制的要点。极片压光过程示意图如图 6-15 所示。

　　极片压光工序控制重点如下:首先确认极片是否干燥好,再确认极片压光后的厚度,以及外观有无变形、起泡、掉料、起层,有无粘机、压叠,还要进行极片的强度检验。

6.3.4　极片裁切设备

　　极片裁切在锂离子电池生产过程中直接体现着制造过程自动化程度。极片裁切是将涂膜压光好的大片极片按电池制作要求裁分成一定规格的小极片,与下面的电芯制作要求相配合。极片的裁切完成。

　　目前所使用的主要有两种规格的极片:长条形和类方形。这与当前制备电芯的两种方式相对应,其中卷绕式成芯用长条形极片,层叠式成芯用类方形极片。

　　卷绕式成芯用长条形极片主要通过上下两个滚动的锋利切刀通过滚切方式进行,滚切机如图 6-16 所示。涂覆完成的极片经过滚轧后再分切为一定长度,随后从裁切机进料刀口一侧进入,经过上下圆刀切割为设定的宽度。

图 6-16　滚切机

层叠式成芯用类方形极片裁切方式采用冲切的方式，主要使用刀模和模具将极片冲切为所需形状和尺寸，具有费用低、操作简单、容易实现等优点。冲切完成的电极片如图6-17所示。

该工序的关键点是在保证规格尺寸的前提下，控制裁切边的毛刺及不能有脱粉情况。

图6-17　冲切完成的电极片

6.3.5　电芯制作

电芯制作是将正、负极片和隔膜组合成极群组的过程。电芯制作方式有两种：一种是卷绕方式；另一种是层叠方式。这两种方式在动力锂离子蓄电池制作工艺中都可采用，具体采用何种方式，主要是结合这两种工艺（方式）的特点，按动力电池的应用领域、方式和性能要求选用。

（1）卷绕方式

卷绕方式是保持极板与隔膜的定张力，单片正、负极极片与隔膜一起边辅正、边卷绕，最后粘贴胶带成芯，如图6-18所示。卷绕方式的成芯形状有圆柱形和方形两种。锂离子电池极片卷绕机结构示意图如图6-19所示。

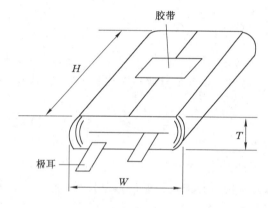

图6-18　锂离子电池卷绕式电芯示意图

卷绕方式（工艺）的特点是：结合整个制造过程自动化程度高，制成电池阻抗（包括内阻）大，相应的工艺设备较成熟完善，生产效率高。圆柱形锂离子电池采用这种方式。在动力电池应用上，采用卷绕方式制成小容量单体电池，通过外并联的方式组成大容量的电池进行使用，特点是成品率好控制，但工作量大，成本高。

（2）层叠方式

层叠方式是将正极极片、隔膜和负极极片依次间隔叠落在一起成芯。叠片的具体方式实用化的有三种：之字式、卷绕式和制袋式。

叠片工艺如图6-20所示。层叠方式（工艺）的特点是：多极结构，电极分布上更符合电化学原理，制成电池阻抗（包括内阻）小，适合功率型电池制作，制造过程自动化程度不高，生产效率低。大容量的方形电池一般采用这种方式。

卷绕式圆柱形电芯和叠片式电芯结构如图6-21所示，其成芯方式的优缺点比较列于表6-1。

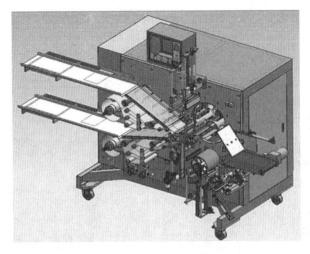

图 6-19　锂离子电池极片卷绕机结构示意图

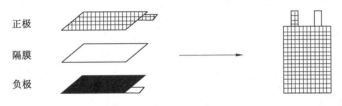

图 6-20　叠片工艺示意图

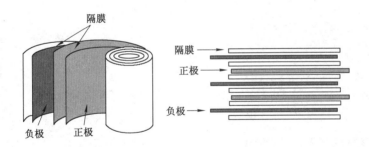

图 6-21　卷绕式和叠片式电芯结构示意图

表 6-1　　　　　　　　　　　　卷绕式和叠片式电芯优缺点

	卷绕式	叠片式
优点	工序简单； 成本低； 效率高； 制造过程自动化程度小	可适用于薄型、大面积电芯，单体电池容量易于做大； 电化学特性优异； 多机结构，大电流放电效果好
缺点	难适用于薄型、大面积电芯； 单极结构，大电流放电性能差	极片制作复杂； 工序复杂，效率低； 制造过程自动化难度大

6.3.6　电池的封装设备

制成电芯后的电池装配封装是锂离子电池制造工艺具体差异性关键因素之一,不同的封装方式采用的具体流程也不同,封装工艺的主要区别是封口工艺及设备。

圆柱形钢壳采用滚槽机械封口,通过向内凹陷的滚槽及电池壳顶端将封口胶片压紧在电池顶部达到密封的效果,如图 6-22 所示。

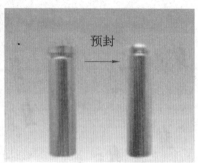

图 6-22　圆柱形电池封装过程示意图

钢壳(一般是方形)和铝壳(包括圆柱形和方形铝壳)的封装方式都是用激光焊接进行封口,利用高能量密度的激光束作为热源,将电池顶盖与壳体接触部分直接烧熔,达到紧密结合封口的效果(图 6-23,图 6-24)。

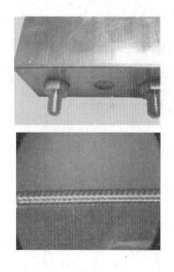

图 6-23　激光焊接封口结构　　　　图 6-24　方形电池激光焊接机

铝塑膜封装一般采用热熔方式密封铝塑膜进行封口,通过将表层的塑料膜层加热烧熔,冷却后达到较好的密封效果。封装结构和设备如图 6-25 和图 6-26 所示。

水分测试及放气和抽真空时间;烘烤前电池在烤箱放置的注意事项;电池注液前后的封口。

6.3.8　化成与分容设备

电池的化成和分容过程实质上是采用恒流-恒压充电方式对电池内部结构和性能进行优化和巩固的过程,主要有控制电脑和化成/分容柜组成(见图 6-29、图 6-30)。电池放置于柜体的夹具位置,化成/分容运行程序由电脑软件进行控制。

图 6-29　聚合物电池化成/分容柜

图 6-30　钢壳/铝壳电池化成/分容柜

化成一般采用小电流充电方式进行,使活性物质与电解液充分反应生成稳定的表面结构。终止电压根据电极材料的不同来确定。分容一般以 0.5C 或 1C 恒流充放电进行,根据材料体系不同确定合适的充放电终止电压。分容结束后根据电池容量、内阻、电压保持率等参数进行电池筛选及分类管理。

第7章 电 解 设 备

7.1 融盐电解设备

熔盐电解实际上是生产各种轻金属的主要方法,有时甚至是唯一的工业方法。熔盐电解也是制取稀土金属的主要方法。熔盐电解槽是轻金属、稀土金属进行熔盐电解的主体设备,其地位非常重要,融盐电解槽的设计是否合理,直接影响到被电解金属的产量以及能耗等各项技术经济指标。因此,本章主要介绍各种熔盐电解槽的构造、特征及有关设计计算。

7.1.1 铝电解槽的工作原理

现代的铝工业生产,采用冰晶石-氧化铝融盐电解法,这是工业上唯一的炼铝方法。强大的直流电流通入电解槽,电解温度是 $950\sim970\ ℃$,阴极产物是液体铝,阳极产物是 CO_2 和 CO。铝液用真空抬包抽出,经过净化澄清之后,浇铸成商品铝锭,其质量一般达到含铝 $99.5\%\sim99.8\%$。铝电解生产流程如图 7-1 所示。

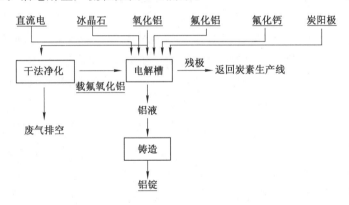

图 7-1 铝电解生产流程

图 7-2 为冰晶石-氧化铝融盐电解槽简图。在此槽中有一个或几个碳阳极浸入电解液中,氧化铝中的氧在阳极上电解放电,生成过渡型产物氧。随后氧立即与碳阳极发生反应,并逐渐消耗碳阳极,生成 CO_2。在电解液的下面有一层液态铝,液态铝是由电解还原熔融电解液中的氧化铝而制取的。电解液主要由冰晶石组成,盛置在由碳素材料和保温材料构成的(外面是钢壳)槽膛内。铝在电解液-金属界面上生成,此金属层便是阴极,因此,铝电解的总反应式可写成:

$$2Al_2O_3(aq)+3C(s)=\!\!=\!\!=4Al(l)+3CO_2(g)$$

冰晶石具有独一无二的溶解氧化铝的能力。在电解过程中,冰晶石并不消耗,主要是因

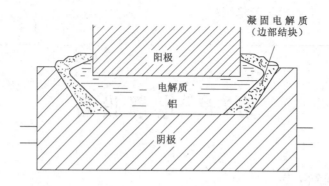

图 7-2　铝电解槽示意图

蒸发而有少许损失。除了冰晶石作为主要组成之外,现代的氧化铝电解液一般含有[%(质量)]:氟化铝(AlF$_3$)6%~13%,氟化钙(CaF$_2$)4%~6%,氧化铝(Al$_2$O$_3$)2%~4%。在某些情况下还含有 2%~4%(质量)的氟化锂(LiF)和/或氟化镁(MgF$_2$),此时,氟化铝的含量通常低于 6%~7%(质量)。氧化铝由槽上部的料仓或料斗加入,用 2~5 个定容下料器每隔 1~2 min 连续加入 1~2 kg 氧化铝。加入的氧化铝要在电解质中迅速地溶解并混合,而且不要生成任何"结块"或"沉淀"。电解质中的氧化铝浓度宜保持在 2%~4%(质量)范围内。由于下料量少而引起的氧化铝浓度过低,会引起阳极效应,造成槽电压(30~50 V)太高而破坏了正常电解过程。在这种情形下,电解质中的氟组分会发生电解,同时在阳极下面生成电绝缘的气体层。搅动电解质来排除此气体层,以及迅速加入氧化铝以尽快恢复正常的氧化铝浓度,这些措施可以成功地熄灭阳极效应。

　　氧化铝除了用作炼铝的原料这一主要用途之外,在铝电解过程中它还有两个重要功能:它覆盖在电解质表面上形成保温"结壳",这是电解质凝结而成的。它还覆盖在阳极顶部,作为热绝缘体。此外,它还能防止阳极在空气中燃烧。氧化铝的第三个主要功能是"干法净化"阳极气体以减免气体对环境的污染。在"干法净化"中氧化铝粉末用来吸收烟气中的氟化氢气体,又吸收其他蒸气(主要是四氟铝酸钠 NaAlF$_4$)。此"二次"氧化铝用作电解槽的原料。

7.1.2　铝电解槽的结构

　　冰晶石-氧化铝融盐电解法自从 19 世纪末发明以来,已经有一百多年了。在这一百多年当中,铝电解的生产技术有了重大的进展,这主要表现在持续地增加电解槽的生产能力。在铝工业发展初期,曾采用 4~8 kA 小型预焙阳极电解槽,其每昼夜的铝产量约为 20~40 kg。而目前大型电解槽的电流强度达到 170~220 kA(成系列生产),每昼夜的铝产量增加到 1 200~1 500 kg。电解槽尺寸的加大是增大其电流强度的主要因素。铝的单位电能消耗量也已明显减少。在铝工业发展初期,铝的单位能耗高达 42 kW·h,现代大型预焙槽已降到 13.5 kW·h 左右。铝电解的电流效率,在铝工业发展初期只有 70%左右,现在已提高到 88%~90%,有的超过 90%。

　　电解槽电流强度的加大以及电能消耗率的不断降低,还与整流设备的更新、电极生产的改进、电解生产操作的完善,特别是机械化和自动化程度的提高有着密切的关系。在铝工业发展初期,曾采用小型直流发电机组,电流只有数千安,后来改用了水银整流器,现代则采用大功率高效率的硅整流器,整流效率达到 97%,系列电流强度增加到 220 kA 甚至更大。

碳素电极生产技术的发展促进了电解槽阳极的演变,从而大力推进了铝电解工业的发展。在铝工业发展初期采用小型预焙阳极,这跟碳素工业的生产水平相适应。后来为了扩大阳极尺寸借以提高电流强度,在 20 世纪 20 年代,按照当时铁合金电炉上的连续自焙电极,在铝电解槽上装设了连续自焙阳极,采取旁插棒式。这种类型电解槽很快便在世界范围内推广采用。在 20 世纪 40 年代里,为了简化阳极操作提高机械化程度,又发展了上插棒式自焙阳极电解槽。连续自焙阳极的采用,标志着铝电解槽结构发展的第二阶段。但是自焙阳极本身所带的黏结剂沥青在槽上焙烧时进行分解,散发出有害的烟气,使劳动条件恶化,此外它本身的电压降大些。这些缺点唯有在后来碳素工业能够制造出高质量的大型预焙炭块之时才得到克服。于是在 50 年代中期,改造了原来的小型预焙槽,使之大型化和现代化,成为新型顶焙槽,同时德国创建了连续预焙阳极电解槽。因此预焙阳极的现代化是铝电解槽发展的第三个阶段。

在最近数十年内,自焙阳极电解槽的容量也在不断地扩大。旁插棒自焙阳极电解槽系列的电流强度最大的到过 130～140 kA,而上插棒槽达到了 150 kA。铝电解槽的现代化与电解槽废气的净化和综合利用密切相关。历来成为严重灾害的环境污染问题,现在已经基本上解决。

现代铝工业已基本淘汰了自焙阳极铝电解槽,并主要采用容量在 160 kA 以上的大型预焙阳极铝电解槽(预焙槽)。因此本章主要以大型预焙槽为例来讨论电解槽的结构。

工业铝电解槽通常分为阴极结构、上部结构、母线结构和电气绝缘四大部分。各类槽工艺制度不同,各部分结构也有较大差异。本章重点对阴极结构和阳极结构进行介绍。

(1) 阴极结构

电解铝工业所言的阴极结构中的阴极,是指盛装电解熔体(包括熔融电解质与铝液)的容器,包括槽壳及其所包含的内衬砌体,而内衬砌体包括与熔体直接接触的底部炭素(阴极炭块为主体)和侧衬材料、阴极炭块中的导电棒、底部炭素以下的耐火材料与保温材料。

阴极的设计与建造的好坏对电解槽的技术经济指标(包括槽寿命)产生决定性的作用。因此,阴极设计与槽母线结构设计一起被视为现代铝电解槽(尤其是大型预焙槽)计算机仿真设计中最重要、最关键的设计内容。众所周知,计算机仿真设计的主要任务是,通过对铝电解槽的主要物理场(包括电场、磁场、热场、熔体流动场、阴极应力场等)进行仿真计算,获得能使这些物理场分布达到最佳状态的阴极、阳极和槽母线设计方案,并确定相应的最佳工艺技术参数,而阴极的设计与构造涉及上述的各种物理场,特别是它对电解槽的热场分布和槽膛内型具有决定性的作用,从而对铝电解槽热平衡特性具有决定性的作用。

① 槽壳结构

槽壳(阴极钢壳)为内衬砌体外部的钢壳和加固结构,它不仅是盛装内衬砌体的容器,而且还起着支撑电解槽重量、克服内衬材料在高温下产生热应力和化学应力迫使槽壳变形的作用,所以槽壳必须具有较大的刚度和强度。过去为节约钢材,采用过无底槽壳。随着对提高槽壳强度达成共识,发展到现在的有底槽。有底槽壳通常有两种主要结构形式:自支撑式(又称为框式)和托架式(又称为摇篮式),其结构图分别见图 7-3(a)和(b)。

过去的中小容量电解槽通常使用框式槽壳结构,即钢壳外部的加固结构为一型钢制作的框,该种槽壳的缺点是钢材用量大,变形程度大,未能很好地满足强度要求。大型预焙槽

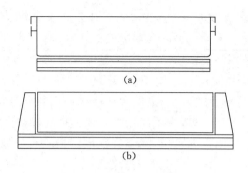

图 7-3　铝电解槽的槽壳结构示意图

(a) 自支撑式(框式);(b) 托架式(摇篮式)

采用刚性极大的摇篮式槽壳。所谓摇篮式结构,就是用 40a 工字钢焊成若干组"⌐⌐"形的约束架,即摇篮架,紧紧地卡住槽体,最外侧的两组与槽体焊成一体,其余用螺栓与槽壳第二层围板连接成一体(结构示意图如图 7-4 所示)。

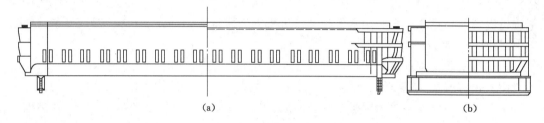

图 7-4　大型预焙铝电解槽槽壳结构图

(a) 纵向;(b) 横向

②　内衬结构

现在世界上铝电解槽内衬的基本构造可分为"整体捣固型"、"半整体捣固型"与"砌筑型"三大类。

a. 整体捣固型。内衬的全部炭素体使用塑性炭糊就地捣固而成,其下部是用作保温与耐火材料的氧化铝,或者是耐火砖与保温砖。

b. 半整体捣固型。底部炭素体为阴极炭块砌筑,侧部用塑性炭糊就地捣固而成,下部保温及耐火材料与整体捣固型的类似。

c. 砌筑型。砌筑型底部用炭块砌筑,侧部用炭块或碳化硅等材料制成的板块砌筑,下部为耐火砖与保温砖及其他耐火、保温和防渗材料。根据底部炭块及其周边间缝隙处理方式的不同,砌筑型又分为"捣固糊接缝"和"黏结"两种类型。前种类型是在底部炭块砌筑时相互之间及其与侧块之间留出缝隙,然后用糊料捣固;后种类型则不留缝隙,块间用炭胶糊黏结。

上述的整体捣固型与半整体捣固型被工业实践证明槽寿命不长,而且电解槽焙烧时排出大量焦油烟气和多环芳香族碳氢化合物,污染环境,因此已被淘汰。砌筑型被广泛应用。砌筑型中的黏结型降低了"间缝"这一薄弱环节,被国外一些铝厂证明能获得很高的槽寿命,但对设计和材质的要求高。因为电解槽在焙烧启动过程中,没有间缝中的炭素为炭块的膨胀提高缓冲(捣固糊在碳化过程中会收缩),因此若设计不合理或者炭块的热膨胀与吸纳膨胀太大,便容易造成严重的阴极变形或开裂。

（2）阳极结构

阳极组由炭块、钢爪和铝导杆组成,炭块有单块组和双块组之分,按钢爪数量有四爪和三爪两种。图 7-5 所示的是一种"单块组-四爪"阳极组的结构示意图。钢爪与炭块用磷生铁浇注连接,与铝导杆一般采用铝-钢爆炸焊连接。与单块组不同的是,双块组使用一根铝导杆连接着两块阳极。

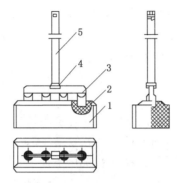

图 7-5 "单块组-四爪"阳极组结构示意图

1——炭块;2——磷生铁;3——钢爪;4——铝-钢爆炸;5——铝导杆

7.1.3 铝电解新工艺及设备

7.1.3.1 惰性阳极

（1）惰性阳极的优点

传统的 Hall-Héroult 熔盐铝电解槽中,当炭素阳极和炭素阴极间通入直流电时,含铝络合离子在阴极（实际为金属铝液）表面放电并析出金属铝;含氧络合离子在浸入电解质熔体中的炭素阳极表面放电,并与炭阳极结合生成 CO_2 析出。电解过程可用反应方程式简单表示为:

$$Al_2O_3 + \frac{3}{2}C \Longrightarrow 2Al + \frac{3}{2}CO_2 \uparrow \tag{7-1}$$

铝电解惰性阳极,是指在应用过程中不消耗或消耗相当缓慢的阳极。当使用惰性阳极时,阳极析出氧气,铝电解过程的反应方程式变为:

$$Al_2O_3 = 2Al + \frac{3}{2}O_2 \uparrow \tag{7-2}$$

由式(7-2)可以看出,由于电解过程惰性阳极不消耗,消除了消耗性炭素阳极所带来的各种弊端。与炭素阳极相比,应用惰性阳极材料的主要优点体现在环保、节能、简化操作及降低成本等方面,特别是减少污染和降低原铝生产成本。

从表面上看,惰性阳极也有其不足之处,即反应式(7-2)的可逆分解电压较高,在 1 250 K 时的可逆分解电压为 2.21 V,而同温度下反应式(7-1)的可逆分解电压仅为 1.18 V。也就是说炭素阳极的使用可使 Al_2O_3 的理论分解电压降低 1.03 V。但是,值得注意的是,这一降低却需要消耗炭素材料。J. Noel 指出,在使用惰性阳极的情况下,若不改变阴、阳极距离,可以节能 5%;若改变阳极与阴极的距离,可节能 23%;若配合使用可润湿性阴极并改变极间距,最高节能可达 32%。

铝电解槽采用惰性阳极后,铝电解过程不但不再有 CO_2、CO 和 CF_n 的排放,而且阳极排放的是 O_2(可作为副产品利用),全球铝电解生产的吨铝等效 CO_2 排放量将从 10.5 t 降低到 7.1 t,降低近 32%,如果考虑到吨铝能耗的降低,等效 CO_2 排放量将降低得更多。

(2) 金属氧化物陶瓷阳极的研究

金属氧化物陶瓷相对其他备选材料而言,在电解质熔体中溶解度低,因而具有腐蚀速率低的优势。Keller 等认为,在实际铝电解过程中,金属氧化物陶瓷阳极的寿命很大程度上依赖于电极组分在电解质中的溶解速度,而这种溶解速度又主要取决于阳极组分在阴极附近的还原;但较差的高温导电性、抗热振性及机械加工性能限制了它的发展,近年来研究日趋减少。所研究的金属氧化物陶瓷阳极材料可分复合金属氧化物、单一金属氧化物及金属氧化物的混合物等几类。

(3) 合金阳极的研究

近年来,合金惰性阳极材料的研究较多,这种合金阳极具有强度高、不脆裂、导电性好、抗热振性强、易于加工制造、易与金属导杆连接等优点。Sadoway 认为合金是惰性阳极的最佳备选材料。然而,由于金属活性较高,在高温氧化条件下不稳定,所以能否在合金阳极表面形成一层厚度均匀、致密,且能自修复的保护膜,并且在使用过程中控制各项条件使该膜的溶解速度和形成速度保持平衡等问题至关重要,也是制约合金阳极研发的主要障碍。

(4) 金属陶瓷阳极的研究

金属陶瓷(Cermet)是一种由金属或合金与陶瓷所组成的复合材料。一般来说,金属与陶瓷各有优缺点。金属及合金的延展性好、导电性好,但热稳定性和耐腐蚀性差,在高温下易氧化和蠕变。陶瓷则脆性大、导电性差,但热稳定性好、耐火度高、耐腐蚀性强。金属陶瓷就是将金属和陶瓷结合在一起,以期具有高硬度、高强度、耐腐蚀、耐磨损、耐高温、力学性能和导电性能好等优点。理想中的金属陶瓷阳极可兼备金属氧化物陶瓷阳极的强抗腐蚀性和金属阳极的良好导电性及力学性能,可克服金属氧化物阳极的抗热振性差及其与阳极导杆连接困难等问题,也可比金属或合金阳极具有更好的耐腐蚀与抗氧化性能。当前所研究的金属陶瓷惰性阳极一般将氧化物陶瓷作为连续相,形成抗腐蚀、抗氧化网络,金属相分散其中以起到改善材料力学性能和导电性能的作用;但金属相的选择也要考虑其耐腐蚀性能,一般选择在阳极极化条件下可在其表面生成氧化物保护层的金属或合金,从而使电极具有更好的耐腐蚀性能。但是由于目前所用的金属氧化物陶瓷与金属之间还未能实现理想的取长补短,制备出的金属陶瓷材料难以同时具有金属相和陶瓷相众多的优点,甚至有些还引入了各自的缺点,这正是金属陶瓷惰性阳极材料研究需要解决的重要课题。

(5) 惰性阳极与低温铝电解技术

低温铝电解是指在 800~900 ℃甚至更低的温度下进行铝电解过程,被认为是最具潜力的节能降耗技术,更是解决惰性阳极耐腐蚀问题的主要途径,已成为当今国际铝冶金界最关注、研究最活跃的课题之一。

铝的熔点为 660 ℃,只需要将铝电解温度控制在 700 ℃以上就可以满足阴极获得液态铝的要求,因此在 Hall-Héroult 铝电解生产工艺被提出时,它的发明者就曾经设想过低温电解。低温电解可以减少电解槽的热损失,提高电流效率,从而降低原铝生产能耗和成本。但是,由于低温电解质最致命的弱点,即氧化铝溶解困难(低溶解速度和溶解度)严重阻碍了它的发展与应用。

多年来,无论哪一种惰性阳极(陶瓷、合金或金属陶瓷)开发都遇到了一个共同的难题,即惰性阳极的耐腐蚀性(对于陶瓷和金属陶瓷还有抗热振性)还无法满足现行铝电解质体系和电解工艺(以高温低氧化铝浓度为特征)的要求。惰性阳极耐腐蚀问题的解决除了进一步提高材料性能外,还需要为其提供更加"友好"的服役环境,主要是具备"低温、高氧化铝浓度"特征的新型电解质体系及其电解新工艺,电解温度的降低不但可显著降低金属相(或金属基体)的氧化速率(温度每降低 100 ℃,金属的氧化速率可降低一个数量级),也可显著降低陶瓷相的溶解速度,而这两方面是惰性阳极腐蚀失效的主要原因。这一需求极大地推动了低温电解质的研究,甚至可以说近期的低温电解研究主要是为了给惰性阳极的工业化应用创造更佳服役环境而进行的。

7.1.3.2 惰性可润湿阴极

(1) 惰性可润湿阴极的优点

采用惰性可润湿阴极,又称可润湿性阴极(aluminium wettable cathode)或惰性阴极,其主要优点就是金属铝液与阴极表面能良好润湿。这使其表面仅需保持一层 3~5 mm 厚的铝液膜即可形成平整稳定的阴极界面(铝液界面)。通过电解槽结构改变(如导流槽),阳极和阴极之间的距离可以明显缩短(从现有工业槽的 4~5 cm 缩短到 2~3 cm),因此节能潜力巨大。惰性阴极也是成功应用惰性阳极,同时实现铝电解过程节能与环保目标的必要基础。

另外,可润湿惰性阴极也可直接应用于现行电解槽,使槽内氧化铝沉淀物不易沉积在阴极表面上,阴极电流分布更加均匀,并降低炉底压降;由于熔融铝与这种阴极表面能够很好地润湿,铝液波动所致的波峰减弱,可将 20 cm 左右的阴极铝液高度适当降低,或减轻生产操作对电解槽磁流体稳定性的各种干扰,相同极距下可望提高电流效率;铝液与惰性阴极的良好润湿性能可减少电解质和金属钠对阴极的渗透与破坏,起到提高电解槽寿命的作用。

(2) 基于惰性电极(阳极和阴极)的新型铝电解槽

基于上述惰性阳极和可润湿性阴极,人们以实现铝电解过程的节能与环保为目标,提出或设计出了许多种新型铝电解槽,这里对其中几种典型电解槽进行介绍。

① 单独采用惰性阳极的电解槽

仅采用惰性阳极的电解槽只将 Hall-Héroult 铝电解槽的炭素阳极换成惰性阳极,其他部分基本不变,Alcom 等试验的金属陶瓷阳极 6 kA 电解槽就是典型代表。这种电解槽的优点是,便于对现行 Hall-Héroult 铝电解槽进行改造,投资相对较少。它的缺点是,这种两极上下排布槽型的有效电解面积小,电解槽空间利用率低,难以通过增大电极有效电解面积来提高单位体积的产铝量;同时,由于未能解决好电解槽的铝液不稳定导致低极距下电流效率降低等问题,这种电解槽很难通过减小极距来有效降低能耗。而且由于采用惰性阳极电解时,电解槽需要在更高的氧化铝浓度下运行,氧化铝沉淀严重,影响电解过程的正常进行;其可逆分解电压比采用炭素阳极时高,所以在极距相同的条件下电解时,其能耗会比现行 Hall-Héroult 铝电解槽的更高。

② 单独采用可润湿性阴极的电解槽

阳极仍采用炭素阳极,仅采用可润湿性阴极的铝电解槽,除了在阴极炭块表面涂覆可润湿性 TiB₂ 材料的 Hall-Héroult 铝电解槽外,还有多种对阴极进行改进的新型铝电解槽。如"蘑菇状"阴极电解槽,其上表面涂覆可润湿性材料并与阳极底掌平行,根部通过阴极炭块与槽底阴极导杆导通,如图 7-6 所示。铝液在可润湿性阴极表面析出,流入槽底,阴极表面只有一层很薄的铝液,这样可以适当地减小极距;而且这种阴极还可以对保持铝液稳定起到一定作用。另外一种单独采用可润湿性阴极的电解槽就是导流槽,这种槽型多年来一直被人们普遍看好。从 20 世纪 70 年代起到现在,出现了很多有关导流槽的专利。导流槽的特点是,炭素阴极表面涂覆主要成分为 TiB_2 的可润湿性涂层,由于铝液对阴极表面润湿良好,阴极表面呈 2°或者更大倾角,使铝液能够沿着斜坡流入底部凹槽(聚铝沟)内,在获得较高电流效率的前提下,极距可以控制在 1.2~2.5 cm 的范围之内。根据聚铝沟结构及分布的不同,导流槽可分为单聚铝沟和多聚铝沟两种结构类型。

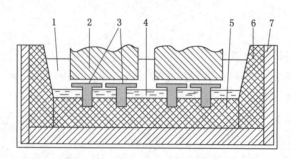

图 7-6　槽底安装"蘑菇状"可润湿性阴极的电解槽结构示意图

1——电解质熔体;2——阳极;3——可湿润性阴极构件;4——金属铝;5——阴极炭块;

6——侧部炭块;7——保湿层

图 7-7 所示是一种最典型的单聚铝沟导流槽结构,这种导流槽结构相对简单,在破损电解槽改造或新电解槽建造过程中均可实现,实施难度相对较小,因而具有相当的吸引力。

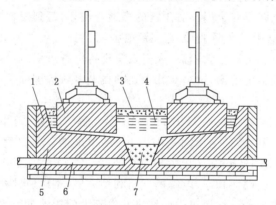

图 7-7　单聚铝沟导流槽的典型结构示意图

1——侧部炭块;2——炭素阳极;3——结壳;4——电解质;5——阴极炭块;

6——阴极钢棒;7——聚铝沟中铝液

在图 7-8 所示的单聚铝沟型导流槽结构中,电解槽阴极由两侧向内倾斜,在槽底中央纵向形成一条聚铝沟,阴极表面涂覆可润湿材料;槽体内具有阴极的固定外壳(简称"内部槽壳"),使用绝缘材料(如耐火砖)将其与外部槽体分离,使内部槽壳与槽体其他部分绝缘;另一方面,它还提供了一个空间,通过向里面通入加热或者冷却气体,可以控制内部槽壳的温度,尤其是在启动的时候,可以使用这种方法对槽体预热。内部槽壳也用于保证电流在阴极炭块中均匀分布,并且可以整体与电解槽分离,便于更换。阴极导杆可以从两侧插入槽体,与内部槽壳相连;也可以采用从槽底的垂直开孔引入,阴极导杆处于槽底阴极块的几何中心处,并且焊接在内部槽壳上。

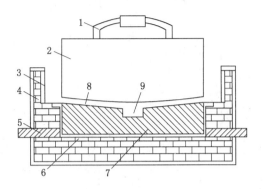

图 7-8　单聚铝沟导流槽结构示意图

1——阳极钢爪;2——阳极;3——碳化硅层;4——耐火砖;5——阴极导杆;6——内部槽壳;

7——阴极块;8——阴极涂层;9——聚铝沟

图 7-9 所示的多聚铝沟导流槽结构中,阴极块在槽底横向排列成许多凹槽(聚铝沟),铝液顺着阴极斜坡流向两边的凹槽中。炭素阴极表面涂覆 TiB_2 可润湿涂层,使其对铝液良好润湿,阴极导杆仍为钢质材料。专利还给出了聚铝沟为 V 形、U 形、梯形和矩形的阴极块示意图,阴极炭块之间用捣固糊连接。这种导流槽结构比较复杂,槽底形成许多的凹槽,如果没有另外的导流沟使铝液汇集,出铝会比较麻烦;另外,需要专门生产异型结构的阴极炭块和阳极炭块,电解过程中极距的调整以及阳极更换时保持统一极距也有较大难度。

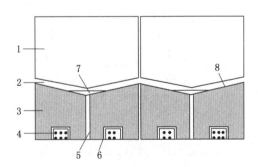

图 7-9　多聚铝沟导流槽结构示意图

1——阳极;2——极间电解质;3——阴极块;4——阴极钢棒;5——捣固糊;6——铸铁;

7——聚铝沟中铝液;8——硼化钛涂层

对于上述使用炭素阳极的导流槽,虽然比普通 Hall-Héroult 铝电解槽有了较大改进,可望大幅度降低极距,降低能耗;但是为了从根本上解决现行铝电解槽的弊病,实现更大的节能增产以及改善环保的目标,需要开发同时采用惰性阳极和可润湿性阴极的新型铝电解槽。

③ 联合使用惰性阳极和可润湿阴极的电解槽

A. 单聚铝沟惰性阳极导流槽

单聚铝沟惰性阳极导流槽是一种采用惰性阳极的导流槽(见图 7-10),这种导流槽与图 7-8 的区别在于采用了惰性阳极,其他结构基本类似。

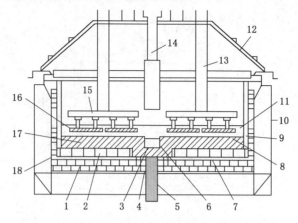

图 7-10 单聚铝沟惰性阳极导流槽结构示意图

1——耐火砖;2——气穴;3——铝液;4——竖直开孔;5——阴极导杆;6——凹槽(聚铝沟);
7——支架;8——阴极斜坡;9——侧部内衬;10——外部槽壳;11——电解质;12——槽盖;13——阳极导杆;
14——打壳下料装置;15——分流装置;16——阳极;17——阴极块;18——内部槽壳

B. 多聚铝沟惰性阳极导流槽

多聚铝沟惰性阳极导流槽中惰性阳极的多聚铝沟导流槽(见图 7-11),惰性阳极可以由表面包裹氧化物或氟氧化物作为保护性涂层的合金或陶瓷等制成。阳极气体沿着阳极中间的开口排出,其余部分与图 7-9 基本相似。

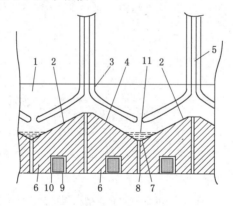

图 7-11 多聚铝沟惰性阳极导流槽结构示意图

1——电解质;2——阴极斜坡;3——阳极;4——硼化钛涂层;5——阳极气体通道;6——阴极炭块;
7——凹槽(聚铝沟);8——捣固糊;9——阴极钢棒;10——铸铁;11——铝液

C. 复杂结构的惰性阳极导流槽

复杂结构的惰性阳极导流槽是一种结构比较复杂的同时使用惰性阳极和可润湿性阴极的新型铝电解槽(见图 7-12),也可以归类为导流型槽,阴极表面涂层具有较好导电性和铝液润湿性,对阴极炭块也有很好的保护作用。使用表面涂覆硼化钛的楔形阴极,阴极可以通过植入槽底的方式固定在槽底,也可以通过黏结使其与槽底结合,或者在阴极炭块内部加入铸铁使其沉于槽底。同时采用惰性阳极,如金属、合金或者陶瓷等,阳极倾斜呈人字形,与阴极表面平行,并有开口,用于阳极气体排放。极距控制在 15~20 mm 以内。电解析出的铝沿着阴极斜坡流入槽底。这种电解槽实际上是对蘑菇状阴极的改进,同样面临着阴极使用寿命的问题,楔形阴极在电解条件下会面临断裂和涂层剥落的问题。

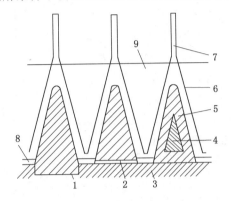

图 7-12　复杂结构的惰性阳极导流槽

1——固定于槽底的阴极;2——黏结物;3——抗铝液侵蚀层;4——铸铁;5——阴极块;6——阳极;

7——阳极开口;8——铝液;9——电解质

D. 竖式铝电解槽

同时使用惰性阳极和可润湿性阴极的新型电解槽中,还有一类为采用单极性电极或双极性电极的竖式电解槽。

双极性电极竖式电解槽结构如图 7-13 所示。每块电极一面作为阳极,另一面作为阴极,每对电极的组合,都可以看作一个电解槽,然后一个个在槽内串联成系列;电流从槽的一端流入第一个阳极,再经电解质流入下一个电极的阴极面,最终到达槽尾的最后一个阴极。因此,电解可在比较低的槽电流和比较高的槽电压下运行,使电流输送比较容易;其极距可以控制在一个较小的范围之内,所以,整个槽形可以设计得更加紧凑,并且有较高的产出率。

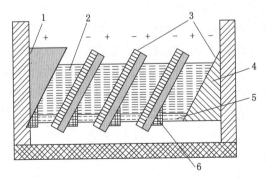

图 7-13　双极性电极竖式电解槽结构示意图

1——阳极;2——电解质;3——双极性电极;4——阴极;5——铝液;6——惰性绝缘材料

单极性电极电解槽(图 7-14)除了两端的电极为单面导电外,中间的电极都是两面导电,但极性相同。每两个电极的组合同样可以看成是一个电解槽,与双极性电极电解槽相比不同之处是电极组合之间是并联而非串联排列。

E. 料浆电解槽

低温电解有利于降低电解质熔体对惰性阳极的腐蚀和热冲击,是惰性阳极发展的必由之路。但是,在低温条件下电解时,氧化铝溶解度小,溶解速度降低;在 Al_2O_3 补充不足时,随着阳极附近的氧化铝浓度降低,阳极电位升高,阳极表面氧化物与电解质反应同样会加剧,甚至发生灾难性腐蚀(金属的阳极溶解和氧化物的电化学分解)。为了使电解顺利进行,在电解质中必须有过量未溶的氧化铝存在,以及时补充电极附近消耗的氧化铝,使电流密度能保持在合理的范围,但是这样很容易造成大量的氧化铝沉淀。

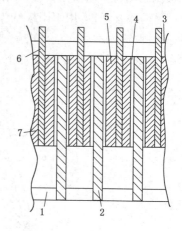

图 7-14　单极性电极竖式电解槽
1——铝液；2——阴极；3——电解质；
4——极间空隙；5——阳极；
6——导杆；7——惰性材料

料浆电解槽解决了上述问题。这种电解槽仍采用竖式单极性电极,只是将槽底也作为阳极,电解过程中,往上冒的阳极气泡能保证未溶 Al_2O_3 悬浮在电解质中,析出的铝液包裹在电解质中,随着电解质流动沉积到位于槽底边部的聚铝沟中。电解温度可以通过电解槽侧壁和底部的冷却管来控制。

7.2　湿法电冶金设备

7.2.1　湿法电解工艺流程

有色金属提取过程往往需要把粗金属或它们的盐经过电解精炼或电沉积来制得满足用途要求的纯金属。比如在铜的提取过程中,火法精炼产出的阳极铜中铜的品位一般 99.2%～99.7%.其中还含有 0.3%～0.8% 的杂质,杂质主要为砷、锑、铋、镍、钴、铁、锌、铅、氧、硫和金、银、硒、碲等。有些杂质含量虽不多,但能使铜的使用性能或加工性能变坏,如铜中含砷只要达 0.0013%,就使铜的电导率降低 1%;含铅只要达 0.05%,即变热脆,难以加工,火法精炼难以把这些杂质除去到能满足各种应用的要求。有些杂质,其本身具有回收价值,如金、银、硒、碲等,而火法精炼时难以回收。为了提高铜的性能,使其达到各种应用的要求,同时回收其中的有价金属,必须进行电解精炼。电解精炼的目的就是把火法精铜中的有害杂质进一步除去,得到既易加工又具有良好使用性能的电解铜,同时回收金、银、硒、碲等有价金属。

铜的电解精炼是以火法精炼铜为阳极,纯铜片为阴极,硫酸和硫酸铜的水溶液为电解液,在直流电的作用下,阳极上的铜和比铜更负电性的金属电化溶解,以离子状态进入电解液;比铜更正电性的金属和某些难溶化合物不溶于电解液而以阳极泥形态沉淀;电解液中的铜离子在阴极上电化析出,成为阴极铜,从而实现了铜与杂质的分离;电解液中比铜更负电性的离子积聚在电解液中,在净液时除去;阳极泥进一步处理,回收其中的有价金属;残极送火法精炼重熔。铜电解精炼工艺流程如图 7-15 所示。

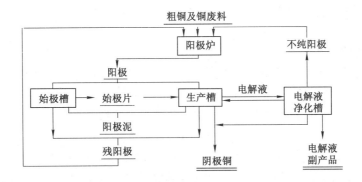

图 7-15　铜电解精炼工艺流程

7.2.2　铜电解精炼的基本原理

铜电解精炼,是利用铜和杂质的电位序不同,在直流电的作用下,阳极上的铜既能电化溶解,又能在阴极上电化析出杂质,有的进入电解液,有的进入阳极泥。这样使铜和杂质进一步分离。铜的电解精炼过程如图 7-16 所示。

铜电解精炼时,电解槽可近似地用下列电化系统表示:

Cu(阴极纯铜)|Cu₂SO₄,H₂SO₄,H₂O|Cu(阳极精铜)

电解液中各组分部分或全部电离。

未通电时,这些离子处于无秩序的热运动状态;通电后,它们做定向运动,阳离子向阴极移动,阴离子向阳极移动,同在两极与电解液的界面上发生相应的电化过程。

(1) 阳极反应。电解精炼过程中阳极上进行氧化反应,反应如下:

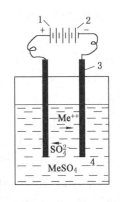

图 7-16　铜电解精炼过程示意图
1——阳极;2——阴极;3——导电杆;
4——CuSO₄ 及 H₂SO₄ 的水溶液

$$Cu^\circ - 2e \longrightarrow Cu^{2+}$$
$$Me^\circ - 2e \longrightarrow Me^{2+}$$

式中 Me 是指比铜更负电性的杂质元素,因其浓度低,电极电位将进一步降低,从而优先溶解进入电解液。Au、Ag 及 Pt 族元素电位更正,在阳极上不能被氧化进入溶液,落到电解槽底部进入阳极泥中。由于阳极的主成分是铜,故阳极上的主要反应为铜溶解为铜离子。

(2) 阴极反应。在阴极上进行还原反应,反应如下:

$$Cu^{2+} + 2e \longrightarrow Cu$$
$$Me^{2+} + 2e \longrightarrow Me$$

阴极上主要析出铜,只有当电解液中 Cu²⁺ 浓度降低,才有可能使已进入溶液的杂质在阴极上析出。

综上所述,铜电解精炼的电板反应,主要是阳极铜的电化溶解和铜离子在阴极上的电化析出。

7.2.3　铜电解设备

铜电解精炼车间通常装有几百甚至上千个电解槽,并包括变电、整流设备,电解液循环、加热设备,起重运输设备,始极片制作、平整设备及其他辅助设备。

7.2.3.1 电解槽

(1)电解槽的构造

电解槽是电解车间的主要设备。它是一个长方形的槽子,材质有钢筋混凝土、辉绿岩-水玻璃耐酸混凝土和花岗岩等。为了防止电解液对槽体的腐蚀,钢筋混凝土电解槽内壁衬耐酸、绝缘的材料。电解槽的外壁和槽底外部涂以沥青等防酸涂料。用作内衬的材料有铅皮和塑料。铅皮一般含锑3%,厚度为2~3 mm。铅皮内衬耐酸性能好,高温不变形,寿命长,施工方便;缺点是绝缘较差、造价较高。塑料内衬耐酸、绝热、绝缘性能均较好,施工方便;缺点是高温作用下力学性能下降、易老化。辉绿岩-水玻璃耐酸混凝土捣制的电解槽,其本身就耐酸,绝缘性能好,机械强度大并造价较低,不必另加内衬。花岗岩槽也不必加内衬。

典型的电解槽是内衬防腐材料的无盖钢筋混凝土槽。不同工厂的电解槽尺寸稍有差异,但各种槽的具体尺寸可通过计算确定,即槽宽比阴极片宽100~110 mm,使阴极与槽壁保持一定距离;槽深为阴极片长加上阴极片底边距槽底的距离约250 mm;槽长为每槽阴极片数与极间距的乘积,加上槽壁与阴极的距离。

电解槽一端设进液口,另一端有出液口,出液口处有闸板以调整液面高度。出液口一端的槽底设放液口,孔口高出槽底100 mm左右,以备清槽时放出全部电解液而不放出阳极泥。槽底中部或另一端设阳极泥放出孔,以备洗槽时放出全部阳极泥。

若干个电解槽组成一组,放在钢筋混凝土立柱架起的横梁上,槽底四角垫瓷砖或橡胶板进行电绝缘。槽侧壁槽沿上铺设绝缘瓷砖或塑料板,其上放槽间导电板和阴、阳极。

精炼金属不同电解槽及电解液循环系统则有所差别。例如铜的电解精炼要求电解液温度在60 ℃左右,电解槽防腐材料则需选用耐较高温度的软PVC作衬里或者辉绿岩作槽体,但价格贵。而铅电解精炼电解液温度只需40 ℃左右,所以用廉价的沥青-瓦斯灰作衬里即可。在锌电解沉积时,电流密度和槽电压均较高,电积过程中放大量的热,使电解液温度超过锌电积所要求的45 ℃,所以在此类电解液循环系统中常常须安装电解液冷却装置。电解精炼与电积均需直流电源,而工业用电一般为高压交流电,因此在电解中需配置供电系统。

(2)电解槽的排列

电解槽在车间的排列,即电解车间的布置,要考虑电路连接、电解液循环、运输线路、通风采光等。

在铜电解车间内,电解槽的电路连接绝大多数采用复联法,即电解槽内的各电极并联装槽,而各个电解槽之间的电路串联相接。每个电解槽内全部阳极并列相连,全部阴极也并列相连。电解槽的电流强度等于通过槽内各同名电极电流的总和,而槽电压等于槽内任何一对电极之间的电压降。

图7-17为复联法连接示意图。图中每个小长方形表示一个电解槽,粗线段表示阳极,细线段表示阴极;每一组由四个电解槽组成,电解槽中交替地悬挂着阳极和阴极。

电流从阳极导电排1,通向电解槽Ⅰ的全部阳极,该电解槽的阴极与中间导电排2连接,中间导电排放在分隔电解槽Ⅰ和Ⅱ的壁上。同一中间导电排2与电解槽Ⅱ的阳极连接,故导电排2对电解槽Ⅰ而言为阴极,对电解槽Ⅱ而言则为阳极。电解槽Ⅳ的阴极接向导电排3,其对第一槽组而言为阴极,对第二槽组而言为阳极。同样,导电排4对第二槽组为阴极,到第三槽组上成为阳极的导电排。因此,电流从电解槽Ⅰ通向电解槽Ⅷ,必须经过一系

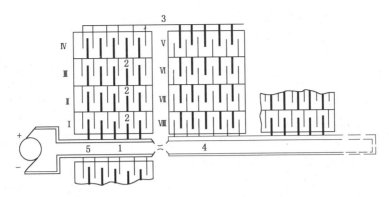

图 7-17　复联法连接示意图
1——阳极导电排；2～4——中间导电排；5——阴极导电排

列槽组，最后经阴极导电排 5 回到电源。

除电解槽两端的极板外，电解槽中的每一阳极和阴极均两面工作，即阳极的两面同时溶解，阴极的两面同时析出。

（3）电解槽的安装

电解槽通常是安装在上面铺有绝缘层的砖柱或钢筋混凝土的梁上，电解槽槽底的四角正好对准梁柱上的绝缘衬垫，使电解槽对地面绝缘，便于检查是否漏电、漏液，并可适当安装其他设备。

电解槽每几个或几十个排成一列，安装时，电解槽必须找平，相邻的电解槽之间留 25 mm 左右的间隔，以便空气流通并使槽体之间绝缘。在电解槽上部，槽与槽的间隔，首先用橡皮条嵌入沟内，使其与槽上边缘相平，然后在上面铺绝缘垫。槽间导电棒就放在绝缘垫上。槽间导电棒有圆形、方形、三角形等几种，通常选用三角形，因其能保证阴极、阳极与其紧密接触，并使落到导电棒上的溶液快速流下，避免因蒸发而在导电棒上形成阻碍导电的薄膜。

7.2.3.2　电解液加热设备

电解液的加热，大多数工厂采用沉浸式蛇形管加温槽加热。按进气出水方式，蛇形管有"下进上出"式、"上进下出"式和"上进上出"式三种。"上进上出"式从上部引入蒸汽，蛇形管尾部再向上翻过加温槽槽壁，排出冷凝水。此种方式蒸汽热利用率高，又不致因蛇形管破损造成跑液的危险。

蛇形管材质曾经采用铅管，由于铅管的热导率低、机械强度小、易被高压蒸汽冲破、表面易附着漂浮阳极泥，故改用不锈钢蛇形管，其具有较高的热效率。

不透性石墨热交换器也用来加热铜电解液，其以天然石墨或人造石墨为原料，经成形后用各种树脂浸渍或压型而成，具有下列优点：

① 具有良好的耐腐蚀性，对大部分酸类均稳定。

② 具有良好的导热性，其热导率比铅高 3.5 倍。

③ 不污染介质。

④ 密度小。

⑤ 力学性能好，可加工成各种结构形状的零件。

不透性石墨热交换器按其结构可分为三类。

（1）浮头列管式热交换器

浮头列管式热交换器是一种应用较广的石墨热交换器适用于单相腐蚀性介质。用于加热时，饱和水蒸气压力不超过 202 kPa，使用温度为 243～393 K。浮头列管式热交换器如图 7-18 所示。

（2）块孔式热交换器

块孔式热交换器由不透性石墨块、侧盖、顶盖及紧固拉杆等元件组成。在不透性石墨块的两个侧面上，分别钻有同面平行、异面相交而又不贯穿的小孔，借助交叉孔间形成的石墨壁同种流体进行热交换，块孔式热交换器适用于两种腐蚀性介质的热交换。

（3）板室式热交换器

板室式热交换器是用石墨板经机械加工和树脂浸渍后，按板室式原理黏结成两种介质的热交换室，依次逐层积累，达到所需的传热面积，组成一个立式的箱形体。此种换热器适用于两种腐蚀性介质及温差较小的热交换。

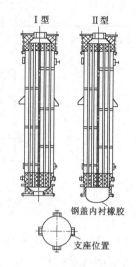

图 7-18　浮头列管式热交换器

铜电解液的加热以选用浮头列管式为宜。其蒸汽通过管间流动，电解液从管内流动，因而热交换器的铁质壳体不必加防腐内衬，为防止热交换器中的石墨管受震动而损坏，电解液由高位槽直接流入。电解液停止循环时，先停气，后停液；开循环时，先开液，后开气。停止循环后，严禁打开气门，以防石墨管内电解液被烧干，造成结晶堵塞。停产检修时，必须打开放空管闸门放出交换器内的电解液。

钛加热器的应用越来越广，其蒸汽通过管间流动，电解液从管内流动，蒸汽压力一般为 100～150 kPa。钛加热器的冷凝水需每班检测，其外壳应定期涂防腐涂料。

7.2.3.3　电解液循环系统

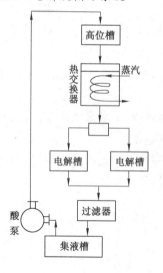

图 7-19　电解液循环系统示意图

为了减少阴极附近溶液中离子的浓度差极化，使电解添加剂均分布于电解液中，同时保持电解液温度的恒定，以得到平整光滑的阴极产品，在电解生产过程中，电解液必须不断地循环流通。同时，循环流通时可以补充加热，以维持电解所需温度。以铜为例，电解液循环系统主要由电解槽、循环贮槽、高位槽、电解液循环泵和加热器等组成，如图 7-19 所示。

（1）高位槽

高位槽一般用钢筋混凝土制作，内衬铅，位于车间的最高位置，其容积按 5～10 min 时间内的溶液循环量计算。溶液靠重力自然地通过输液管道向电解槽供液。为保证高位槽内水位的恒定，槽上缘附近设有溢流管，循环时，使耐酸泵的扬量大于电解液总供液量，多余的溶液从溢流管溢出。

向电解槽供液管道可采用铅管、聚氯乙烯或塑料管等。铅管易黏结漂浮阳极泥,管道必须绝缘,否则易造成管道漏电。从电解槽排出的电解液,可用敞口流槽或管道输送。采用敞口槽时,由于不承受液压,故可采用硬聚氯乙烯板焊接,也可选用软聚氯乙烯塑料作为流槽衬里。

(2)集液槽

电解液的集液槽,采用钢筋混凝土衬铅或衬聚氯乙烯塑料,位于车间的最低位置。在设计集液槽的容积时,除考虑槽内储备必要的液量以供耐酸泵抽酸运转外,应有足够的富余空间,以防突然停电耐酸泵停止扬酸,而电解槽内溶液继续回液时,造成跑液现象。集液槽一般分隔成为多个,隔墙上缘留有缺口互相流通。

(3)耐酸泵

电解液循环使用的耐酸泵,一般都选用单级单吸悬臂式离心耐酸泵。同一类型的泵又可用不同的材质制造。泵的种类有高硅铸铁泵、高铬铸铁泵、铸铁泵、铅制泵、不锈钢泵、陶瓷泵和塑料泵等,它们的基本结构和工作参数完全相同,仅接触溶液的材质不同。铜电解液循环使用的耐酸泵性能范围为流量 $10 \sim 230 \ m^3/h$,扬程 $10 \sim 32 \ m$。

(4)过滤器

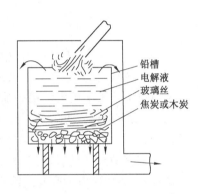

为了除去电解液中的砷、锑漂浮阳极泥,必须对电解液进行过滤。电解液的过滤除分别在每个电解槽的进液口或出液口用小型过滤匣内填充玻璃丝过滤外,还可在电解液汇流入集液槽处用大型的过滤器过滤。过滤器用铅皮或塑料焊成,如图 7-20 所示。过滤器设有假底,假底上放置焦炭或玻璃丝等物,其中的玻璃丝应经常取出清洗或更换。清洗玻璃丝时,应停止过滤,以免玻璃丝上夹杂的悬浮物被冲走又进入电解液。过滤的溶液量,以电解液中漂浮阳极泥的含量不超过规定为原则。

图 7-20　电解液过滤器

电解槽中电解液的循环方式通常有上进下出式和下进上出式两种。

图 7-21(a)为常规端进端出的上进下出式循环,电解液从槽子一端直接进入电解槽上部,并由上向下流,在电解槽的另一端设有出水袋(或出水隔板),将电解槽下部的电解液导出。在上进下出式电解槽中,电解液的流动方向与阳极泥的沉降方向相同,因此上进下出液循环有利于阳极泥的沉降,而且阴极铜含金、银量低。另外,上进下出对于温度分布比较有利,但漂浮阳极泥被出水挡板所阻,不易排出槽外,而且电解液上下层浓度差较大。在用小阳极板电解的工厂,由于电解槽尺寸较小,一般采用上进下出的循环方式。

图 7-21(b)为下进上出循环方式,电解液从电解槽一端的进水隔板内(或直接由进液管)导入电解槽的下部,在槽内由下向上流动,从电解槽另一端上部的出水袋溢流口(或直接由溢流管)溢出。在下进上出式电解槽中,溶液温度的分布不能令人满意,并且电解液的流动方向与阳极泥的沉降方向相反,不利于阳极泥的快速沉降,但可使电解液中的漂浮阳极泥尽快排出槽外,减少其在槽中的积累,故对于高砷锑铜阳极特别有利。

随着电解槽的大型化、电极间距的缩小以及电流密度的提高,为维持大型电解槽内各处电解液温度和成分的均匀,一些工厂采用电解液与阴极板面平行流动的循环方式,即采用槽底中央进液、槽上两端出液的新"下进上出"循环方式,它是在电解槽底中央沿着槽的长度方向设一个进液管(PVC硬管)或在槽底两侧设两个平行的进液管,通过沿管均布的小孔(孔距与同名极距相同)给液。排液漏斗安放在槽两端壁预留的出液口上,并与槽内衬连成整体,如图7-21(c)所示。由于给液小孔对着阴极出液,不仅有利于阴极附近离子的扩散,降低浓差极化,而且减少了对阳极泥的冲击和搅拌。此外,中间进液,两端出液,有利于电解液浓度、温度以及添加剂的均匀分布,有利于阴极质量的提高。

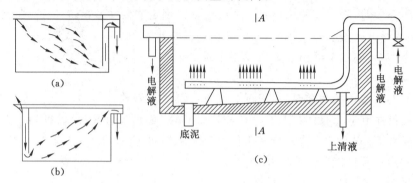

图 7-21 电解液循环方式

另一种大型槽的"上进下出"循环方式是在电解槽一长边的两拐角处各设一个进液口,各进一半电解液,在另一长边中央下部设一出液口。进液口来的电解液流呈对角线喷射,并由出液口将电解液引向电解槽一端排出。此方法能防止阳极泥上浮。

此外,还有渠道式电解槽,与一般电解槽所不同的是,其中电解液的流动方向与阴、阳极板面相平行,因此具有优良的水力学条件,可以大大减小电极附近的浓差极化,并可使漂浮阳极泥很容易地离开电解槽,有利于阴极铜的均匀沉积。

图7-22是一种用于特大型槽的平行循环方式。

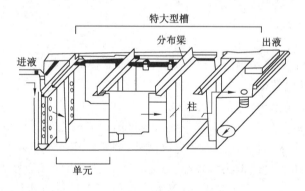

图 7-22 特大型槽的平行循环方式

7.2.3.4 电解精炼的配套设备

除上述设备外,为满足电解精炼需要,电解车间还需配备其他配套设备,如残极洗槽、阴极洗槽、阳极泡洗槽、阳极泥洗槽、种板洗槽、阳极泥泵、阴极加工设备等。

7.2.3.5 电极及电极材料

水溶液电解的电极材料及结构是多种多样的。它随电解工艺(是电解沉积还是电解精炼)和被精炼金属的不同而不同。而对于用同种工艺精炼同种金属,其电极结构材料有时也不同。

（1）阳极

电解精炼和电沉积所用设备的主要区别在于电解槽阳极材质的不同。电解精炼所用的阳极为被精炼的粗金属，是可溶性阳极，它在精炼过程中不断被溶解，阴极不断析出纯金属，组成电解精炼的过程。电解沉积过程的阳极一般为不溶性的 Pb-Ag 合金（含银约 1%），银的加入可延缓铅阳极的溶解，电积时从水溶液中析出的金属不断地沉积在阴极上。近年来，不锈钢板、钛板被逐渐用作不溶性阳极板。

火法精炼后的精铜，铸成电解精炼的阳极。阳极的尺寸与电解槽的宽度及深度、阴极尺寸相关，同时取决于工厂的规模和机械化程度。阳极的宽度宜略小于槽宽，长度则宜略小于槽深。过宽的阳极，使阴极相应增宽面易于弯曲，造成短路；过长的阳极，使相应增长的阴极易被沉降的阳极泥污染。机械化程度较高的大型工厂采用大型阳极板，其重量一般在 300 kg 以上。中小型工厂，机械化程度较低，常采用小型阳极，其重量约 150～260 kg。阳极的厚度取决于电流密度和阳极溶解周期。阳极的溶解周期通常在 14～42 天之间波动，阳极越厚，残极率越低，但生产过程中积压的金属越多。

阳极的尺寸一般为长 800～1 000 mm，宽 650～900 mm，厚 30～45 mm。阳极的溶解并不均匀，一般在上部，尤其是液面部分溶解速度较快，为避免电解过程中因上部溶解快而掉极，浇注阳极时，上部适当厚些，下部薄些，并尽可能减少飞边毛刺、表面鼓泡和背部隆起的现象，以免造成极间短路。阳极板形状如图 7-23 所示。

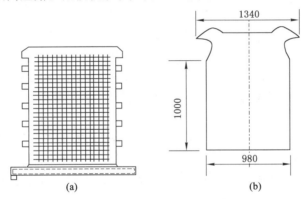

图 7-23　阳极板形状示意图
（a）铅银合金阳极板；（b）大型铜阳极板

为了减小 Pb-Ag 阳极板变形弯曲，改善绝缘，在阳极板边缘装有绝缘套。一般用瓷套，每边装八块，也可采用压模的乙烯绝缘条套在阳极两边。

阳极在装槽前，需经过加工，即矫正外形，剔除飞边毛刺，并用酸泡洗。酸洗的目的是为了除去表面的 Cu_2O，因其与电解液作用在阳极表面生成铜粉，消耗电解液中的硫酸并使电解液中 Cu^{2+} 浓度升高。酸洗后，阳极表面的铜粉用水冲去，经调整板间距离后即可装槽。

经过加工的阳极在溶解正常的情况下，残极率可低至 15% 以下，但如阳极厚薄不一，或过早穿孔、掉极，残极率有时可高达 50% 以上。

（2）阴极

阴极尺寸一般较阳极略大，其目的是减少周边的枝晶的产生而引起的短路。

（3）始极片的制作

电解精炼的阴极，通常叫始极片。始极片用纯铜薄片制成，纯铜薄片由种板槽电解生产。种板槽与生产槽大体相同，用粗铜做阳极；用 H_2SO_4、$CuSO_4$ 的水溶液做电解液；轧制铜板、不锈钢板或钛板做阴极，该阴极板叫种板。

铜始极片系先在种板槽中电积出 0.5 mm 厚的铜片，然后经脱板加工而成。电解一段时间后，种板上析出一薄层铜，取出剥下即为一薄薄的纯铜片，用以制作始极片。铜始片如图 7-24 所示。

种板的材质目前有紫铜板、不锈钢和钛三种，以紫铜板为多，几种材质各有优缺点。

紫铜板厚 3～4 mm，优点是价格便宜，铜挂耳与母板接触良好，绝缘材料黏附强度大；缺点是对隔离剂的要求较严，质地较软，易变形引起槽内短路，笨重。

不锈钢板厚 2～3 mm，优点是重量轻，始极片易剥离；缺点是质硬，与绝缘材料黏结不如钢材，弹性大，难以平直。

钛板厚 2.5～3.5 mm，优点是不需隔离剂，剥片容易，重量轻，始极片成品率高达 95% 以上，使用寿命长，推广应用较快。缺点是铜耳与钛板因膨胀系数不同，铆接处易松动，积留硫酸铜结晶，影响导电，须定期细砂打毛，处理氧化膜；变形后不易矫正；包边问题难解决，造价高。

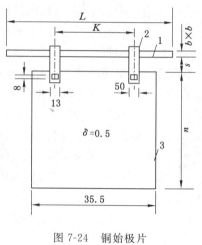

图 7-24　铜始极片
1——阴极导电棒；2——攀条；3——铜片

种板的尺寸一般比始极片宽 20～30 mm，长 45～70 mm，如过宽、过长，会造成种板边上的电力线减弱，析出的始极片过薄而酥脆，不便剥离。为便于始极片剥离，种板三边涂有宽 10～20 mm 的绝缘边。国内常用的沾边方法有两种：

① 环氧树脂贴涤纶布法。用此法沾边得到的绝缘边整齐美观，使用寿命可达两个月以上。

② 沥青塑料沾边法。此法使用寿命较短，约为 30～35 天，但施工方便，沾边后静置干燥后即可使用。

粘贴上绝缘材料的种板装槽前在板面上涂一层隔离薄膜，常用中性隔离剂或普通肥皂。中性隔离剂是一种表面活性物质，为中性或弱碱性的液体溶液，能均匀溶解于水，对任何固体物质表面的浸润性均好。将种板置于中性隔离剂的水溶液中浸泡片刻，即可吊出装槽使用。由于液膜的表面张力小、强度低，隔离剂溶液黏附于种板表面并均匀浸润，更重要的是隔离剂分子有向界面移动的趋势，吸附在种板表面，形成连续的膜。当粘有隔离剂的种板装入电解槽后，隔离剂的主成分 RCOONa 立即与电解液中的 H_2SO_4、$CuSO_4$ 等发生交互反应。反应产物均匀黏附于种板表面，成为隔离析出的铜和种板之间的薄膜。

电解一定时间，即种板上析出的铜达到 0.5～0.7 mm 的厚度时，取出种板，剥下铜片。从种板上剥下的铜片尺寸即始极片的尺寸。阴极的长与宽应比阳极大一些，防止电解时阴极边上电流密度过大而长粒子。纯铜片经平整、挂耳、拍平、穿导电棒等作业后，加工成边缘整齐、尺寸准确、厚薄均匀、平直光滑、无孔洞和毛刺、挂起来不前后左右弯斜的始极片。

悬挂阴极的导电棒形状有半圆形、圆形、方形等,其中以方形空心铜棒最好,既不具方向性、接触面较大,放置又很平稳。为增加始极片的强度,在平直始极片时,往往将其压成带有浅宽沟槽的花纹。

加工好的始极片在电解槽内的析出时间,视电流密度和阳极周期而定,一般为阳极周期的 1/2、1/3 或 1/4。阴极周期越长,后期析出的铜越粗糙,且积压在生产过程中的金属越多。

近年来,不锈钢板被用来作为铜电积的阴极板是一种发展趋势。铜的 ISA 法(永久不锈钢阴极法)电解使用永久性的不锈钢阴极替代始极片阴极。电解铜从永久阴极上剥取。ISA 法电解工艺具有许多优点。

ISA 法电解由于电流密度高,极距小,从而可以减少电解槽数量和厂房面积。但是永久性不锈钢阴极价格昂贵,一次性投资大,因此,总的基建投资将略高于常规电解的投资。

永久性不锈钢阴极的极板用 316L 不锈钢板制作,厚度 3.25 mm,其表面粗糙度为 2B。用 304 不锈钢异型钢管焊接在钢板上,然后镀上 2.5 mm 厚的铜,替代传统电解法阴极导电棒,起到吊挂阴极并导电的作用。不锈钢表面有一层永久性的很薄的氧化层,可以很好地解决沉积铜的黏附性和剥离性之间的矛盾,既能使沉积的电铜不会从阴极上掉落于电解槽内,又可以容易地从阴极上剥离下来。

不锈钢板的两个侧边用聚氯乙烯的挤压件包边,并用高熔点的蜡密封其间的缝隙。不锈钢板的底边则用高熔点的蜡蘸边。

图 7-25 为永久性不锈钢阴极。

(3) 出装槽

电解进行一段时间后,必须分别更换阴极和阳极,并清除槽中的阳极泥。随着电解时间的推移,阳极越来越薄,阴极越来越厚。阳极和阴极在槽内停留的时间称为"周期"。阳极的周期应为阴极周期的整数倍。阴极周期视电流密度、操作条件、极间距等条件自定。电流密度大、极间距小,需用人工提起阴极检查,则阴极周期宜短些,一般为 5～7天。阳极周期通常为阴极周期的 2～4 倍,更换阳极时,可同时更换阴极。

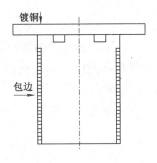

图 7-25 永久性不锈钢阴极

阳极的装入与阴极、残极的取出,均用吊车整槽进行。始极片的装入,需用人工一片一片地插入槽内两阳极之间,以免碰弯造成短路。电解槽的两端均是阴极,因此每槽阴极比阳极多一片。

每次更换阳极时由于阳极泥的沉积,需将其放出进行刷槽。刷槽时首先把阴极吊出,然后把残极吊出,打开放液口,放空上清电解液,最后打开阳极泥孔,放出阳极泥浆,用水把槽子冲刷干净。刷槽后,重新装入阳极、始极片,注入电解液,即可进行电解。

每一次出装槽,均应有计划地逐槽进行,并对出装的槽进行"横电",以保证其他槽的电路畅通。

(4) 极距的选择

电极之间的排列距离称为极间距离,通常以同名电极如同为阳极或阴极之间的距离表示,简称极距。极距对电解过程的技术经济指标和电铜质量均有很大影响。缩短极距使电解槽内的极片数量增加,从而提高设备的生产率;但极距过小,阳极泥在沉降过程中黏附阴极表面的可能性增加,使贵金属的损失增加并降低电铜质量;此外极距过小,极间的短路现象增多,使电流效率下降,为消除短路,需消耗大量的劳动。故选择极距应综合考虑多方面的因素。

7.2.4 电解槽设计

7.2.4.1 电解槽产能设计

(1) 昼夜生产阴极金属量 α 的计算(t/d)

$$\alpha = A'/360(1+x) \tag{7-3}$$

式中　A'——金属锭年产量,t;

　　　x——阴极金属在熔化时的损失,按金属锭的质量百分率表示。

(2) 阴极有效表面积 F 的计算(m²)

$$F = 10^6 \alpha / D_阴 t_槽 \eta_i q \tag{7-4}$$

式中　$D_阴$——阴极电流密度,A/m²;

　　　$t_槽$——电解槽每日实际工作时数,h,一般为 23~23.5 h;

　　　η_i——电流效率,%;

　　　q——电化当量,g/(A·h)。

(3) 直流电耗 W 的确定(kW)

$$W = 10^3 \alpha E_槽 / t_槽 \eta_i q \tag{7-5}$$

式中　$E_槽$——槽电压,V。

由计算出的电能消耗,从产品目录中选择直流整流器的型号和数量,并按照选定的配置方案确定电流强度 I,再按确定的电流强度计算电解槽的阴极面积及阴极数目。

(4) 阴极数目和阳极数目的确定

首先确定一个电解槽的阴极表面积 f(m²):

$$f = I/D_阴 \tag{7-6}$$

$$N_阴 = f/f_阴 \tag{7-7}$$

式中　$f_阴$——1块阴极板两面的表面积,m²;

　　　$N_阴$——阴极板数。

其次验算 $D_阴$ 与前面取值是否相符:

$$D_阴 = I/(N_阴 f_阴) \tag{7-8}$$

对电解沉积,阳极板数比阴极板数多 1 块,即

$$N_阳 = N_阴 + 1 \tag{7-9}$$

请注意,在电解精炼时,则阳极的板数比阴极板数少 1 块。

(5) 电解槽数目 N 的确定

$$N = F/(N_阴 f_阴) = F/f \tag{7-10}$$

或

$$N = nE/E_槽 \tag{7-11}$$

式中　F——电解槽阴极总面积;

n——直流整流器台数；

E——每台直流整流器的电压，V。

（6）电解槽尺寸和容积的计算

电解槽的尺寸如下：

$$B = b + 2b' \tag{7-12}$$

$$H = h + h' \tag{7-13}$$

$$L = N_阴(\delta_阴 + \delta_阳 + 2d) + \delta_阳 + 2l \tag{7-14}$$

式中 B——槽的宽度，m；

b——阴极板的宽度，m；

b'——阴极的边缘到槽壁的距离，m，可选 0.075～0.10 m；

H——槽的有效深度，m；

h——阴极板浸没在电解液的高度，m，一般取阴极板高度的 85％左右；

h'——阴极底边距离槽底的高度，m，通常为 0.2～0.4 m；

L——槽的长度，m；

$\delta_阴$——阴极板厚度，m；

$\delta_阳$——阳极板厚度，m；

d——阴极与阳极间的距离，m，通常为 0.2～0.4 m；

l——两端阴极到槽端的距离，m，通常为 0.15～0.25 m。

电解槽的淹没度通常为 85％～90％，故电解槽的总容积（m^3）为：

$$V_效 = BHL \tag{7-15}$$

$$V_总 = BHL / (0.85 \sim 0.90) \tag{7-16}$$

电解槽单位容积有效面积 $S(m^2/m^3)$ 为：

$$S = f / V_效 \tag{7-17}$$

计算得到的单位有效面积应与现代工厂的实际指标相符。

7.2.4.2 电解槽绝缘

（1）电解槽的材质

现在普遍采用的电解槽槽体为钢筋混凝土槽体。

钢筋混凝土电解槽有成列就地捣制、单槽整体预制，现代又发展到预制板拼装式槽体。整列就地捣制施工快、造价低，但是检修更换不便，绝缘处理难，易漏电；而单槽整体预制，搬运、安装、检修、更换方便，绝缘好，漏电少，为多数工厂所采用。

我国一些工厂采用过辉绿岩耐酸混凝土单个捣制槽和花岗岩单个整体槽，这些槽耐酸、绝缘较好。但辉绿岩槽易渗漏。花岗岩槽价格贵，运输不便，且易产生暗缝渗漏，仅适合于小型且能就地取材的工厂采用。近十年来，聚乙烯（PE）整体槽得到广泛应用，主要原因是造价低、重量轻、耐腐蚀、绝缘性好，也耐 60 ℃以下的温度，施工和安装都很方便。

（2）电解槽的绝缘

电解槽安装在钢筋混凝土横梁上。为防止电解液滴在横梁上造成腐蚀漏电，在横梁上首先铺设厚 3～4 mm、比横梁每边宽出 200～300 mm 的软聚氯乙烯保护板，然后在槽底四角垫以瓷砖及橡胶板用以绝缘。电解槽由多个排成一列，两个相邻电解槽要留 20～30 mm 的空隙。槽侧壁顶面覆以塑料垫层，装设槽间导电板、绝缘分隔板等，以防止槽与槽之间短路漏电。

7.2.5 供电系统

7.2.5.1 整流器

电解精炼要用直流电,因此必须用整流器将从发电厂或变电所输送来的交流电转变为直流电。

水溶液电解槽一般为槽间串联,施加于槽系列的电压,应等于系列槽中的反电动势、电解质中的电压降、直流馈电母线以及接点的电压降之和。有色金属水溶液电解时所采用的系列电压和电流值,根据产量大小而定,其电压由数伏至数百伏,其电流由数百至数千安。常见的几种有色金属所采用的最高系列电压和最大系列电流值如表 7-1 所示。一般认为超过下列电压时,不论从漏电或安全的观点看,都不是适宜的。

表 7-1　　　　　　　　几种常见有色金属电解系列电压与系列电流值

电解		主要参数	
种类	产品	系列电压/V	系列电流/A
水溶液	铜	230 以下	10 000～15 000
水溶液	铅	230 以下	10 000～15 000
水溶液	锌	350～825	5 000～18 000
水溶液	镍	220 以下	8 000 以下
熔盐	铝	350～825	70 000～100 000 以上
熔盐	镁	220～500	60 000 以下

整流器产品有固定的型号供电解工厂选用,特殊情况也可特别定做。

7.2.5.2 输电线路

输电线路包括槽边导电排、槽间导电板、阴极导电棒和出装槽短路器等。

(1)槽边导电排

槽边导电排与整流器供电导线相连,通过电流为电解槽的总电流。导电排的允许电流密度可取 $1\sim1.1$ A/mm²;对小型精炼厂,由于电流强度不大,导电排允许电流密度还可适当提高到 $1.4\sim1.6$ A/mm²。导电排截面积可按下式计算:

$$F_1 = A/D_1$$

式中　F_1——导体截面积,mm²;

　　　A——总电流,A;

　　　D_1——允许电流密度,A/mm²。

导电排的温度不应高于周围空气 $20\sim40$ ℃,当计算出导体截面积后,还应用下式进行升温验算:

$$\Delta t = \frac{K I^2 \rho}{Sn}$$

式中　Δt——导体与周围空气温度差,℃;

　　　K——散热系数,在露天取 25,在室内取 85;

I——电流强度,A;

ρ——导体比电阻,$\Omega/(m \cdot mm^2)$,铜为 0.017 5;

S——导体横截面积,mm^2;

n——导体断面的周长,mm。

大型电解槽电流强度大,截面积过大的导电排难于在槽边安装,故不宜采用组合式的槽边导电排直接安装于槽边,而是采用单片式导电排,沿槽边长度方向由多个接点自供电母线接入电流。

(2)槽间导电板

槽间导电板由紫铜制作,其断面一般采用圆形、半圆形、三角形等,使接触点保持清洁;国外有的厂为防止接触点过热氧化而导致槽电压上升,采用了槽形导电板;也有因为采用对称挂耳阳极而采用带冲压凸台的导电板。槽间导电板允许电流密度可取 0.3~0.9 A/mm^2。其截面积可按下式计算:

$$F_2 = A/nD_2 \tag{7-18}$$

式中 F_2——槽间导电板的截面积,mm^2;

A——总电流,A;

n——每槽阴极数;

D_2——槽间导电体允许电流密度,A/mm^2。

槽间导电板的截面积的确定,还与电解槽的操作方式有关,若出装槽作业采用人工横棒短路断电操作,则槽间导电板截面积还需要满足通过短路电流的要求并进行验算。因横棒短路断电的时间不长,允许电流密度以不超过 7.5 A/mm^2 为宜。

(3)阴极导电棒

阴极导电棒一般以紫铜制作,其断面有圆形、方形、中空方形及钢芯铜皮方形等,视阴极的大小和重量决定。考虑到强度及加工的方便,中、小极板一般选用中空方形导电棒;大极板则选用钢芯包铜方形导电棒。阴极导电棒允许电流密度可取 1~1.25 A/mm^2。其截面积可按公式(7-18)计算。

(4)出装槽短路器

电解槽出装槽时,需要短路断电。断电方式目前有两种,一为横钢棒断电,人工操作;一为采用遥控短路开闭器,既可在仪表室操纵,也可在现场动手操作。国内一般小厂操作电流强度小,可用单槽人工横棒短路断电;而大、中型工厂,即采用大极板、大电解槽的工厂,操作电流强度大,应采用遥控短路开闭器断电,以减轻劳动强度和保护槽面的绝缘垫板。

7.2.6 湿法电解的主要技术经济指标及计算方法

7.2.6.1 电流效率

电流效率是指阴极实际析出铜量与按法拉第定律理论析出铜量之比,即

$$\eta_k = a/(qIt) \times 100\%$$

式中 η_k——阴极电流效率,%;

a——实际析出金属量,g;

q——电化当量,g/(A·h);

I——电流强度,A;

t——电解时间,h。

在实际生产中,电流效率不可能达到100%,一般为93%～98%。影响电流效率的因素很多,主要有以下几点。

(1)短路

由于阴、阳板放置不当造成阴极长粒子引起短路,一部分电能不起电化析出作用而以其他形式损失,减少了金属铜的析出量。

短路是降低电流效率的主要因素。防止短路的措施是保证阳极的物理规格,不出现飞边毛制或凹凸不平现象;始极片无卷曲、卷角;合理使用添加剂,避免阴极长粒子,并加强电解槽的管理。

(2)化学溶解

在阴极上已电化析出的金属铜,由于电解液中游离酸、空气的存在,部分又被溶解,在高酸、高温、断路及阴极周期较长的条件下,这种溶解较为严重。阴极的化学溶解可使电流效率降低0.25%～0.75%。

(3)漏电

漏电包括电解槽、循环系统等的漏电。正常生产时,车间均有较好的绝缘措施,总压又不太高。因此漏电不会严重。

(4)副反应

在电解过程中,由于Fe^{3+}和Cu^+的存在,它们在两极之间由高价变低价、低价变高价,一方面消耗电能,一方面使用阴极钢溶解,从而降低电流效率。一般电解液中Fe^{2+}、Cu^+浓度不高,因此影响不大。

7.2.6.2 槽电压

槽电压是影响电能消耗的重要因素,比电流效率的影响还显著。槽电压$E_槽$由阳极与阴极电位(E_a-E_k)、电解液电压降IR和接触点、导电棒、阳板泥等电压降E_r所组成,用下式表示:

$$E_槽 = E_r + IR + (E_a - E_k)$$

在钢电解精炼的槽电压中,电解液的电压降占主要地位,占槽电压的60%～80%;其次为阳极阴极的电位差,占20%～25%;接触点等的电压降处于次要地位。槽电压高,则漏电严重,电流效率低,电能单耗高。

铜电解精炼的槽电压一般为0.2～0.3 V,种板槽为0.3～0.4 V。电解精炼时,希望低的槽电压,以减少电能消耗。降低槽电压的措施如下:

① 改善阳极质量,将粗钢中的杂质在火法精炼中脱除,以降低用极电位,防止阳极泥壳的生成。

② 合理的残极率,一般在18%左右即可,过低的残极率会使阳极的溶解末期槽电压急剧升高。

③ 电解液的酸度。温度、铜浓度不能过分提高,并尽可能地降低其他杂质的含量和胶的加入量。

④ 尽可能地缩短极间距离。

7.2.6.3 电能消耗

电能消耗一般是指直流电能单位消耗。即生产1 t铜消耗的直流电能量,单位为kW·

h/t Cu。电能消耗可用下式计算,

$$W = (E_{槽} \times 10^3)(\eta_k \times q)$$

式中 W——电能单耗,kW·h/t Cu;

     $E_{槽}$——槽电压,V;

     η_k——阴极电流效率,%;

     q——电化当量,g/(A·h)。

由上式可知,电能单耗与槽电压成正比,与电流效率成反比。因此,降低电能单耗有两个途径,即降低槽电压提高电流效率。

电能单耗一般为 220~240 kW·h/t Cu

7.2.6.4 其他指标

除上述指标外,还有铜的回收率、残极率、硫酸单耗、蒸汽单耗等。

7.3 氯碱工业设备

7.3.1 氯碱工业基本原理

工业上用电解饱和 NaCl 溶液的方法来制取 NaOH、Cl_2 和 H_2,并以它们为原料生产一系列化工产品,称为氯碱工业。氯碱工业是最基本的化学工业之一,它的产品除应用于化学工业本身外,还广泛应用于轻工业、纺织工业、冶金工业、石油化学工业以及公用事业。

氯碱系统是由电解、盐水、氯氢、液氯、冷冻、盐酸、漂液、蒸发、循环水组成的系统。其主要流程是盐水生产的精盐水经电解生成主要成分是氢氧化钠、NaCl 的电解液和 Cl_2、H_2 三种物质。电解液由蒸发经浓缩,并分离其中的 NaCl,加水溶解后供盐水工序生产精盐水用。氢氧化钠经冷却沉降后,送成品桶作为成品销售。Cl_2 在氯氢工序通过洗涤冷却、干燥,压缩输送到液氯、盐酸、PVC、三氯氢硅。氯碱片区主要是送液氯和盐酸。Cl_2 在液氯经冷冻送来的 $-35\ ℃$ 冷冻盐水中液化为液氯,液氯尾气送盐酸和漂液生产盐酸和漂液用。H_2 是经氯氢工序洗涤冷却,压缩输送到 PVC、三氯氢硅、盐酸。氯碱片区送盐酸,在合成炉与 Cl_2 燃烧生成氯化氢气体,经水吸收后生成成品盐酸供销售出售。液氯尾气在漂液生产池中与石灰水生成漂液供销售出售。

氯碱生产工艺有隔膜电解法、离子膜法和水银电解法。水银法电流效率高,产品质量好,但污染严重,易发生炸槽事故;隔膜法生产效率低,产品质量差,所用石棉污染环境,对人体有危害;离子膜法电流效率高,产品质量好且无污染,但膜与机框的成本高。氯碱工艺主要包括盐水精制、电解及产品处理等过程。

(1)电解过程的主要反应

NaCl 是强电解质,在溶液里完全电离,水是弱电解质,也微弱电离,因此在溶液中存在 Na^+、H^+、Cl^-、OH^- 四种离子。当接通直流电源后,带负电的 OH^- 和 Cl^- 向阳极移动,带正电的 Na^+ 和 H^+ 向阴极移动。当阴离子到达阳极时,在阳极放电,失去电子变成不带电的原子;同理,阳离子到达阴极时,在阴极放电,获得电子也变成不带电的原子。Cl^- 比 OH^- 更易失去电子,在阳极被氧化成氯原子,氯原子结合成氯分子放出。

阳极反应：$2Cl^- - 2e^- = Cl_2\uparrow$（氧化反应）

H^+ 比 Na^+ 容易得到电子，因而 H^+ 不断地从阴极获得电子被还原为氢原子，并结合成氢分子从阴极放出。

阴极反应：$2H^+ + 2e^- = H_2\uparrow$（还原反应）

在上述反应中，H^+ 是由水的电离生成的，由于 H^+ 在阴极上不断得到电子而生成 H_2 放出，破坏了附近的水的电离平衡，水分子继续电离出 H^+ 和 OH^-，H^+ 又不断得到电子变成 H_2，结果在阴极区溶液里 OH^- 的浓度相对地增大。因此，总反应可以表示为：

$$2NaCl + 2H_2O \xrightarrow{电解} 2NaOH + H_2\uparrow + Cl_2\uparrow$$

（2）电解过程的副反应

随着电解反应的进行，在电极上还有一些副反应发生。在阳极上产生的 Cl_2 部分溶解在水中，与水作用生成次氯酸和盐酸：

$$Cl_2 + H_2O \rightarrow HCl + HClO$$

电解槽中虽然放置了隔膜，但由于渗透扩散作用仍有少部分 NaOH 从阴极室进入阳极室，在阳极室与次氯酸反应生成次氯酸钠。

$$NaOH + HClO \rightarrow NaClO + H_2O$$

次氯酸钠又离解为 Na^+ 和 ClO^-，ClO^- 也可以在阳极上放电，生成氯酸、盐酸和氧气。

$$12ClO^- + 6H_2O - 12e^- \rightarrow 4HClO_3 + 8HCl + 3O_2\uparrow$$

生成的 $HClO_3$ 与 NaOH 作用，生成氯酸钠和氯化钠等。

此外，阳极附近的 OH^- 浓度升高后也导致 OH^- 在阳极放电，发生以下副反应：

$$4OH^- - 4e^- \rightarrow O_2\uparrow + 2H_2O$$

副反应生成的次氯酸盐、氯酸盐和氧气等，不仅消耗产品，而且浪费电能。必须采取各种措施减少副反应，保证获得高纯度产品，降低单位产品的能耗。

7.3.2 原盐及盐水精制设备

原盐的主要成分为氯化钠，工业原盐中含有 $CaCl_2$、$MgCl_2$ 和 Na_2SO_4 等杂质。原盐溶解后所得的粗盐水中，含有的钙、镁、硫酸根等杂质严重影响正常的电解过程，因此需要对盐水进行精制。在工业上一般采用化学精制方法，即加入精制剂，使盐水中的可溶性杂质转变为溶解度很小的沉淀物而分离除去。盐水精制过程包括原盐的溶化、粗盐水精制、混盐水澄清和过滤、盐泥洗涤等。

（1）原盐的溶化

原盐从立式盐仓经皮带输送机和计量秤连续加入化盐桶。化盐用水来自洗泥桶的淡盐水和蒸发工段的含碱熟盐水。加热过的化盐用水，从化盐桶底部经设有均匀分布的菌状折流帽流出，与盐层呈逆向流动状态溶解原盐并成为饱和粗盐水。原盐中夹带的草屑等杂质由化盐桶上方的铁栅除去；沉积于桶底的泥砂则定期从化盐桶底部的除泥孔清除。

在化盐桶内除原盐溶解外，原盐中的镁离子及其他重金属离子还与熟盐水中的氢氧化钠反应，生成不溶性氢氧化物。化盐桶结构如图 7-26 所示。

（2）粗盐水的精制

从化盐桶上部流出的粗制盐水，经曲颈槽流入反应桶，在反应桶内加入精制剂 Na_2CO_3 溶液，以除去粗盐水中的钙离子。若盐水中 SO_4^{2-} 含量大于 5 g/L 时，还需加入氯化钡。

（3）混盐水的澄清和过滤

从反应桶出来的含有碳酸钙、氢氧化镁等悬浮物的浑浊盐水，须分离出沉淀颗粒后才能得到合格的精制盐水。为加快悬浮物的沉淀速度，在澄清时必须加入适量助沉剂。目前常用的澄清方法有重力沉降和浮上澄清两种。从澄清桶出来的清盐水中，还有少量细微的悬浮物，需要经过砂滤进一步净化。

（4）盐泥的洗涤

从盐水澄清设备的底部或从浮上澄清桶上部排出的盐泥中含有大量盐，为了降低原盐消耗，必须将其回收。回收氯化钠的操作一般均在三层洗泥桶内进行。盐泥在三层洗泥桶内与洗涤水逆流接触多次，让氯化钠充分溶于水中。所得淡盐水供溶盐使用，盐泥则自上而下经层层洗涤后由桶底定时排出。

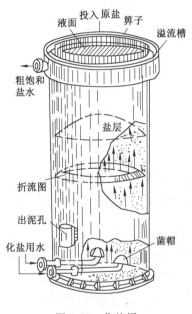

图 7-26　化盐桶

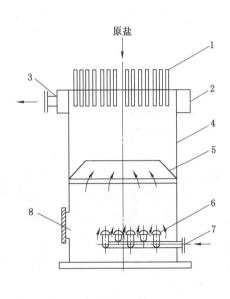

图 7-27　化盐桶

1——铁栅；2——溢流槽；3——粗盐水出口；

4——桶体；5——折流圈；6——折流帽；

7——溶盐水进口；8——入孔

7.3.2.1　溶盐设备

原盐溶解是在化盐桶内进行的。化盐桶为立式衬胶的钢制圆筒形设备，内部结构见图7-27。在桶的底部有菌状折流帽，其作用是使化盐水流动时发生短路。上部有盐水溢流槽及铁栅。

化盐桶的高度为考虑方便可取 4～5 m，桶的直径可根据生产需要按下式计算：

$$D = \sqrt{\dfrac{Q}{\dfrac{\pi}{4} \cdot q}}$$

式中　D——化盐桶直径，m；

　　　Q——盐水流量，m^3/h；

q——生产强度,一般取 $8\sim12$ m^3/(m$^2\cdot$h)。

7.3.2.2 澄清设备

(1) 道尔型澄清桶

道尔型澄清桶为底部向中心约有 $8°\sim90°$ 的倾斜角的钢制圆筒槽,中间有相当于凝聚反应式的中心筒。筒中有一根长轴,轴的下端连接有泥耙,轴的上端与传动装置相连可带动泥耙,每 $6\sim8$ min 转动 1 圈。筒上部有一个环形溢流槽。粗盐水由中心筒上部进入,中心筒实际上是一个旋流式凝聚反应室。粗盐水入口管呈 S 形,使进入的盐水作旋转运动,避免影响盐水中杂质的沉降。整流板呈井字形方格,高 0.8 m,每格大小 0.5 m×0.5 m。中心筒下部出口处有一扩大口,以减慢盐水流速,避免破坏泥层。粗盐水出中心筒扩大口后,经过泥浆沉淀层,悬浮颗粒被截留并渐渐沉到桶底。缓缓转动的泥耙将泥浆集中在排泥口定时排出,清液则不断上升,从上部经溢流槽汇集后流出。

道尔型澄清桶的直径,可根据盐水的流量及清液上升的速度来确定:

$$D=\sqrt{\frac{Q}{\frac{\pi}{4}\cdot V}}$$

式中 D——澄清桶的直径,m;

Q——盐水的流量,m^3/h;

V——清液上升的速度,m/h。

根据经验,V 取 $0.4\sim0.6$ m/h,优质盐采用上限,劣质盐采用下限。

根据澄清原理,澄清桶的生产能力(即清盐水的流出量 Q)仅与清盐水的上升速度及澄清桶的截面积有关,而与澄清桶的高度无关,即

$$Q=V\cdot A$$

但为了稳定澄清操作和保持适当的泥封层,澄清桶应有一定高度。国内一般采用 $5\sim7$ m。

道尔型澄清桶的主要优点是操作比较稳定,对盐质变化、过碱量变化的适应性较强,生产的弹性比较大。其缺点是体积庞大,投资费用较多。

(2) 斜板(蜂窝)型澄清桶

如前所述,粗盐水在澄清桶内的流出量与澄清桶的截面积成正比。因此,如果单位容积内的有效澄清面积越大,则生产能力也就越大,斜板式澄清桶就是根据这一原理设计的。

斜板式澄清桶是在道尔型澄清桶的基础上改进的。它是在直立的澄清桶内加设若干快间距为 100 mm 的斜板(见图 7-28)。这样就增加了设备单位体积内的沉降面积,缩短了颗粒的沉降距离,使盐水在层流状态下分离,因此澄清效果就较好。

反应后的混盐水经 S 形斜管和中心筒的扩大口折返向上,沿着斜板在澄清桶的整个截面均匀缓慢上升。当盐水中颗粒较大的悬浮物下沉速度大于盐水的上升速度时,悬浮颗粒就沉向底部,而颗粒较小的悬浮物就随着盐水通过斜板间隙继续上升,并受到斜板的阻挡改变方向而逐渐沉降在斜板上,当盐泥积聚到一定量时就沿斜板滑落聚积在桶底,定时从排泥口排出清盐水继续上升至溢流堰,由清盐水口流出。

斜板式澄清桶具有容积小、澄清效率高等优点。但由于底部容积小,盐泥存量较少,排泥操作比较频繁。特别是当生产能力提高时,清盐水速度加快后,易使沉降在底部的悬浮物

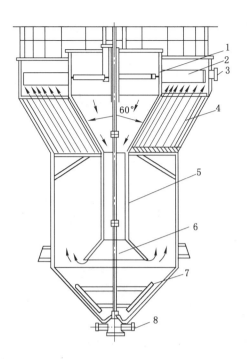

图 7-28　斜板式澄清桶图

1——S形入口管；2——溢流堰；3——澄清盐水出口；4——斜板；5——中心筒；6——转动轴；

7——泥耙；8——排泥口

重新泛起，影响盐水质量。另外操作也没有像道尔型澄清桶那样稳定。

（3）浮上澄清桶

浮上澄清桶的结构如图 7-29 所示。自加压槽出来的溶有空气的浑盐水，加入助沉剂后进入浮上澄清桶的凝聚反应室 3，在凝聚反应室内盐水一方面进行凝聚反应，另一方面压力减小，释放出大量极为细微的气泡并附着在悬浮物的表面，使悬浮物向上浮起。浮泥通过浮泥槽 5 在澄清桶的中部连续排出，重度较大的泥砂则从凝聚室直接下沉到沉泥斗 4 排出，清盐水经过挡圈向下折流，然后从清盐水通道管 7 进入集水槽 6 流出。

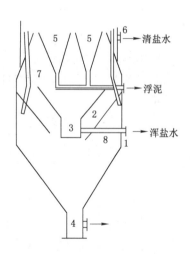

图 7-29　浮上澄清桶

1——槽体；2——挡圈；

3——凝聚反应室；4——沉泥斗；

5——浮泥槽；6——集水槽；

7——清盐水通道管；

8——粗盐水进口管

浮上澄清桶的优点是适用于含镁较高的原盐，且受温度影响较小，清盐水上升速度快，设备的生产能力也较大；缺点是需要一套加压装置，辅助设备较多，消耗的动力也较多。

（4）双搅拌澄清桶

双搅拌澄清桶（见图 7-30）是在道尔型澄清桶的基础上改进的，故又称为改良型道尔澄清桶。来自反应桶的浑盐水加入助沉剂后进入澄清桶的凝聚室 5，在中心管搅拌棒 6 的搅拌下，盐水在凝聚反应室内进行凝聚反应。悬浮物的颗粒逐渐增大，当它的下沉速度大于盐水的上升速度时,悬浮物就沉向底部;颗粒较小的悬浮物就随盐水继续上升,在通过泥封层时一部分被吸附,一部分则受泥封的阻挡而改变运动方向,向下沉降,由刮泥耙 7 将泥脚集中到锥底的排泥口定期排出。而清盐水则继续上升到集水管 4,经集水圈 8 从清盐水出口流出。

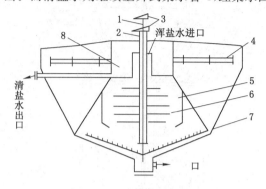

图 7-30　双搅拌澄清桶

1——搅拌轴;2——外套筒搅拌轴;3——搅拌减速器;4——集水管;5——凝聚反应室;6——搅拌棒;

7——刮泥耙;8——集水圈

它与道尔型澄清桶不同之处主要有两个方面:一是设有双层搅拌即凝聚室中心套筒搅拌和排泥搅拌,使凝聚反应更趋完全,因此澄清效果较好;二是将直立澄清桶底部改为锥形底,使盐泥更容易聚集排出。

双搅拌澄清桶的操作比较稳定,对盐质的变化、过碱量的变化适应性较强,因此生产能力大。但它的体积庞大,投资费用也较大。

7.3.2.3　过滤设备

虹吸式过滤器(见图 7-31)由过滤器本体、进水分配箱、水封槽及虹吸系统组成。虹吸系统是过滤自动进行的主要部件,过滤器的内部用中间隔板将过滤器分为滤料层及洗水贮槽两部分。

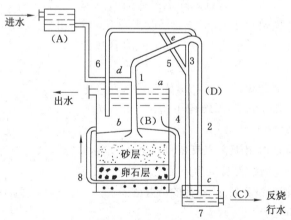

图 7-31　虹吸过滤器工作原理示意图

(A)进水分配箱;(B)过滤器本体;(C)水封槽;(D)虹吸系统;

1——虹吸上升管;2——虹吸下降管;3——虹吸辅助管;4——辅助扩大管;5——抽气管;6——虹吸破坏管;

7——冲洗强度调节器;8——集水管

过滤开始时,含有少量悬浮物的清盐水经过进水分配箱进入过滤器,自上而下通过滤层,盐水中悬浮物被滤层截留。盐水则通过集水管进入上部洗水贮槽,再从出口管流出。此时经过滤器过滤后的精盐水的液位在 a 处,而未经过滤的清盐水的液位在虹吸上升管的 d 处,其差值 $\Delta H = d - a$,即为盐水经过滤层及滤饼的阻力降,亦即是过滤的推动力。随着过滤时间的延长其阻力也逐渐增大。滤饼越来越厚,因此,d 点的液位就不断上升。当虹吸上升管中清盐水的液位上升至 c 点时,有一小股盐水将从虹吸辅助管流出。此时,虹吸下降管中的空气,分别通过管和被辅助扩大管中的盐水带至水封槽溢出。同时虹吸下降管中的空气逐步上升,当真空度达到一定程度时,虹吸上升管及下降管内液面就接通,于是产生虹吸现象。反冲洗水贮槽内的精盐水就通过集水管、滤料层连同被截留的滤饼通过虹吸上吸管、虹吸下吸管及水封管而排出。当反冲洗水贮槽内盐水的液面下降到 b 处时,空气从虹吸管中进入虹吸下降管,虹吸就中断,反冲洗即停止。过滤自动进入第二个周期。

7.3.2.4　洗泥设备

从澄清桶排出的盐泥约含有氯化钠 310 g/L,100%NaOH 约排出盐泥 0.3~0.9 m³/t。为了降低原盐的消耗定额及避免 NaCl 外流污染环境,一般采用多层洗泥桶或板框压滤机回收原盐。

（1）三层洗泥桶

三层洗泥桶的结构见图 7-32。桶体是钢板焊制的立式圆桶,桶中有两块隔板,将桶分隔成上、中、下三层。每层均有缓慢转动（每转约 8~10 min）的泥耙,并由桶盖上部的传动装置带动。桶外上方装有洗水小槽（内部实际又分隔为三个小槽）。在洗泥时,洗水槽内的洗水利用位差自动流入洗泥桶下层,与中层耙下的泥浆接触进行洗涤,使泥浆中的盐转移到洗水。洗水由于受到中央套管泥封的阻挡,不能直接进入中层,而只能从该层上部边缘的导管疏至一次洗液小槽,一次洗液小槽内的洗水又通过导管流入洗泥桶的中层,对上层耙下来的泥浆进行洗涤。同样因泥封存在使洗水再返回二次洗液小槽。二次洗液小槽内的洗水再次流入洗泥桶的上层与上部加入的盐泥接触进行洗涤。含有氯化钠的淡盐水从洗泥桶上部边缘的集水槽溢流到淡盐水贮槽,经过三次洗涤后的盐泥则从排泥口排出。

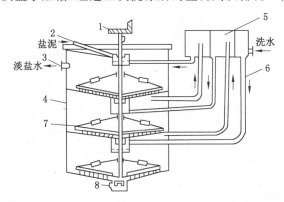

图 7-32　三层洗泥桶工作示意图

1——传动装置；2——加料口；3——淡盐水出口；4——壳体；5——洗液小槽；6——循环水管；
7——转动耙；8——排泥口

（2）板框式压滤机

从澄清桶排出的泥(或洗泥桶排出的泥)经板框式压滤机压滤,泥浆形成滤饼,固含量为50%左右,压出盐水返回生产系统。使用压滤机能降低原盐的消耗定额及避免盐泥污染环境。

板框式压滤机(见图7-33)是由许多按一定顺序排列的滤板组成的。滤板具有凹凸的表面,构成了许多沟槽,形成通道。板块之间夹有滤布,装合时用压紧装置格滤板压紧,两滤板之间所形成的空间构成一个过滤室。过滤时具有一定压力的滤浆通过板框中心的进料孔,经各个滤框的料液通道进入到过滤空间内。滤液通过滤布沿着滤板的凹凸表面流下,并汇集在滤板下端,由出水管排出。

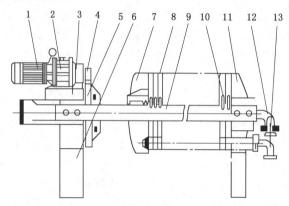

图 7-33　板框式压滤机

1——电动机;2——针轮减速机;3——丝杠传动体;4——主动齿轮;5——从动齿轮;6——机脚;
7——活动压板;8——复合橡胶滤板;9——大梁;10——拉手;11——固定压板;12——进料口;13——出水口

当操作一段时间之后,滤饼充满了整个滤框,过滤速度逐渐减慢。此时可放松机头的压板移动滤板,取出滤渣后重新装合,再进行下一次工作。

板框压滤机具有结构简单、制造方便、所需辅助设备少、过滤面积大、操作压力高、管理简单及使用可靠等优点,适用于液相黏度高,具有腐蚀性的悬浮液的过滤。其缺点是装卸板框的劳动强度大、洗涤不均、滤布损耗快。

7.3.3　电解槽

如图7-34所示,精制盐水由盐水工序送入精盐水贮槽,用精盐水泵送入高位槽,自流入盐水预热器,加热至80 ± 2 ℃后注入电解槽内。在通电状态下,溶液里的Cl^-在阳极放电生成Cl_2,从溶液中逸出,消耗部分NaCl的饱和盐水则成为淡盐水流出电解槽,而Na^+则透过

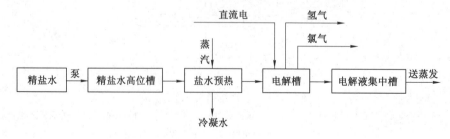

图 7-34　电解工艺流程简图

膜移向阴极;与此同时,向电槽阴极室加入纯水,水被电解生成氢气和 OH^-,H_2 从溶液中逸出,而 OH^- 则和从阳极过来的 Na^+ 结合成 NaOH。电解碱液断电后经管道流入电解液集中槽,用泵送至蒸发工序。在实际生产中,仍有少量的 Cl^- 通过扩散从阳极室迁移到阴极,使生成的碱液中含有少量 NaCl;同时又有少量 OH^- 由于电迁移,从阴极室移向阳极室,从而导致电流效率下降和阳极副反应的增加。

电槽中进行的反应:

总反应方程式: $2NaCl + 2H_2O \longrightarrow 2NaOH + 2Cl_2\uparrow + 2H_2\uparrow$

（1）阳极室: $2Cl^- - 2e \longrightarrow Cl_2\uparrow$（主反应）

（2）阴极室: $2H_2O + 2e \longrightarrow H_2\uparrow + 2OH^-$（主反应）

7.3.3.1 隔膜法电解槽

（1）隔膜法电解槽工作原理

隔膜法电解槽的阳极通常使用石墨电极或金属涂层电极;阴极用铁丝网或冲孔铁板;中间的隔膜由一种多孔渗透件材料做成,多采用石棉,将电解槽分隔成阴极室和阳极室两部分,使阳极产物与阴极产物分离隔开,可使电解液通过,并以一定的速度流向阴极。图7-35和图7-36分别为隔膜电解槽结构示意图和隔膜法生产氧气、烧碱和氢气的基本工艺过程。

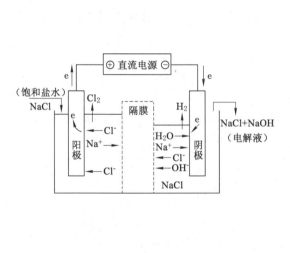

图 7-35　隔膜电解槽结构示意图

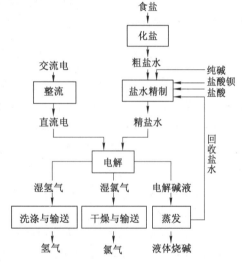

图 7-36　隔膜法生产氧气、烧碱和
氢气的基本工艺过程

饱和食盐水由阳极室注入,使阳极室的液面高于阴极室的液面,阳极液以一定流速通过隔膜流入阴极室以阻止 OH^- 的返迁移。得到的产品氢气、氯气分别从阴极室和阳极室上方的导出管导出,氢氧化钠则从阴极室下方导出。目前,工业上较多使用的是立式隔膜电解槽。

（2）立式吸附隔膜电解槽

立式吸附隔膜电解槽根据阳极材质不同,可分为石墨阳极电解槽和金属阳极电解槽。由于金属阳极电解槽具有能耗低、寿命长、产量高等优点,发展比较迅速。因此,本节主要介绍金属阳极隔膜电解槽。

① 电极与隔膜材料的选择

a. 阳极材料

由于阳极是直接与化学性质活泼的湿氯气、新生态氧、盐酸及次氯酸等接触,因此对阳极材料的要求是具有较强的耐化学腐蚀性;对氯的过电位要低、导电性能良好;机械强度高而又易于加工。此外,还应考虑电极价格便宜而又易于取得。

在氯碱工业发展过程中,曾试用过铂、碳铁矿、碳、人造石墨等各种阳极材料。其中人造石墨由于导电性能良好,价格便宜又具有一定的耐腐蚀性,一直沿用至今。

金属阳极是 20 世纪 50 年代开始研制,并于 60 年代末应用于生产的一种新型阳极材料。所谓金属阳极就是以金属钛为基体,在钛的表面涂上一层其他金属氧化物的活化层所构成的阳极。

金属钛具有较好的耐电化腐蚀性能,表面容易形成钝化膜而本身导电性能良好。钛由于是一种阀型金属,它具有单向导电性,在盐水中作为阴极是导电的,但是如果改作阳极就不导电。因此,在盐水电解时不能直接作为阳极使用。但当在它的表面涂上一层活化层后,就能成为导电性能良好的阳极。

根据钛基上活化涂层的组成,金属阳极又可分为含钌金属阳极(如钌-钛、钌-铱、钌-铱-钛、钌-锡-锑等)和非钌金属阳极(锡-锑、锡-锑钴)两大类。前者的活化涂层中含有金属钌的氧化物,而后者则不含有金属钌的氧化物。在氯碱工业中目前使用最广泛的是钌钛金属阳极。

b. 阴极材料

阴极材料要具有耐氢氧化钠、氯化钠的腐蚀,导电性能良好,氢在电极上的过电位要低等特点。钢是能符合上述各种条件的较理想的阴极材料。

立式吸附隔膜电槽的阴极,目前大多采用铁丝编织的网袋,也有用铁丝冲孔制成。近几年来,国外已采用活性阴极,国内也有不少单位在开始进行研究工作。所谓活性阴极,就是在碳钢阴极表面涂上一层具有能降低氢的过电位的含镍合金(如镍-铅、镍-锌、钴-钨-磷等活性涂层),从而达到进一步降低电能消耗的目的。

c. 隔膜材料

隔膜是隔膜电解槽中直接吸附在阴极上,并将阳极室和阴极室分开的多孔物料层,是隔膜电解槽的关键组分。隔膜的质量直接影响电槽的电流效率和电能消耗。

对隔膜材料的要求是应具有较强的化学稳定性,要求既能耐酸(阳极室一侧)又能耐碱(阴极室一侧)的腐蚀;并有相当的强度,要能经受盐水的长期冲刷而不易损坏;必须具有良好的渗透率,使盐水能以一定流速均匀地透过隔膜,并防止阴极液与阳极液机械混合;具有较小的电阻以降低隔膜电压损失;材料成本低、易更换、制作简便。

石棉是一种硅酸盐纤维状矿物,具有耐酸耐碱的特性,能比较全面地满足上述要求,所以到目前为止,氯碱企业一直以石棉作为制作隔膜的材料。

根据组成不同,石棉又可分为温石棉(镁的含水硅酸盐)和青石棉(钠和铁的硅酸盐)两种。

氯碱工业用石棉一般为温石棉,它的柔性、抗张性、劈分性、绝缘性都比较好。

石棉耐蚀性能的强弱,主要决定于 SiO_2/MgO 的相对含量,温石棉中 SiO_2/MgO 的比值一般为 0.99～1.10,如果比值太高,则耐碱性就比较差。

用石棉做隔膜主要有两个优点,一是石棉的亲水性比较好;二是它表面的水合硅酸镁中,负电荷和氢氧根离子有抑制电解液中的 OH^- 离子反扩散的功能。其缺点是隔膜在溶液中易溶胀,寿命较短,在一般情况下约为 6～8 个月。

② 金属阳极电解槽

金属阳极隔膜电解槽的结构见图 7-37。它由槽盖、阴极箱体、阳极片和底板以及隔膜等组成。

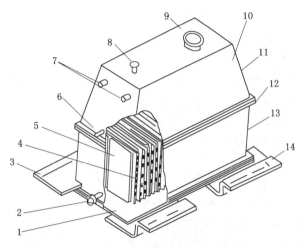

图 7-37　金属阳极隔膜电解槽

1——阳极组合件;2——电解口出口;3——阴极连接钢排;4——阴极网袋;5——阳极片;

6——阴极水位表接口;7——盐水喷嘴插口;8——氯气压力表接口;9——氯气出口;10——氢气出口;

11——槽盖;12——橡皮垫床;13——阴极箱组合件;14——阳极连接钢排

a. 槽盖

槽盖采用钢衬胶织成,盖顶有氯气出口、氯气压力表接口及防爆膜,侧部有盐水进口、阳极液位计接口,槽盖与阴极箱之间用法兰连接。

b. 阴极箱

阴极箱由箱体、阴极网袋及导电铜板组成(见图 7-38)。阴极箱体是用钢板焊成的无底

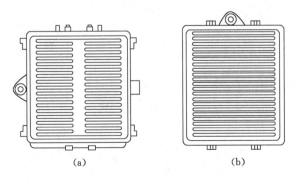

(a)　　　　　　　　　　　(b)

图 7-38　隔膜电解槽阴极的两种型式

(a) 适用于石墨阳极电解槽;(b) 适用于金属阳极电解槽

无盖的长方形框,在箱体上有氢气和电解液出口管,外侧有导电铜板,使电流均匀分布在阴极网袋上,网袋由铁丝编织而成。由于中空状金属阳极对电解质溶液具有导通作用,所以阴极网袋就不再设置循环通道。

c. 金属阳极和底板

金属阳极由阳极片和钛铜复合棒焊接而成。阳极片采用 1～1.5 mm 钛板冲压扩张成菱形网片。阳极片经处理后,涂上钌钛涂层。这种阳极不仅机械强度高、导电性能好,而且形状稳定,气泡效应少,能促进电解液循环,从而有效降低了阳极的过电位和溶液的电压降。钛铜复合棒是在铜棒上包裹一层钛皮的复合体,在棒的一端滚有螺纹,可与阳极底板紧固,盒式菱形阳极网片焊在钛铜复合棒上。

金属阳极的支持结构见图 7-39。

电解槽底板由橡胶-钢-铜三层叠合形成。最上面是 3 mm 厚的硬质 508 橡胶层,作为防腐层;中层为 26 mm 厚的钢板作为支承;下层为 30 mm 厚的铜板,作为阳极导电板。阳极片通过钛铜复合棒一端的螺栓紧固在铜导电板上。

d. 隔膜

由长度不等的石棉纤维按一定配比制成的石棉绒浆液,用真空抽吸方法将石棉绒吸附在阴极网袋上,设置在阴极室和阳极室之间。严格控制吸附隔膜的操作条件,制作高质量的隔膜;对延长隔膜的使用寿命,改善隔膜的渗透性,降低氯内含氢,以及降低隔膜电压和提高电流效率均有好处。

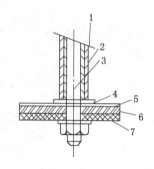

图 7-39　隔膜电解槽阳极支持结构
1——钌钛氧化物涂层;2——钛阳极;
3——钛铜复合棒;4——钛垫圈;
5——橡胶层;6——钢板;7——铜导板

近年来,为了适应金属阳极的技术特性,正在研制改性隔膜。所谓改性隔膜就是在石棉浆液中添加某些树脂,以增强隔膜的机械效能及耐腐蚀性,改善石棉的溶胀性和延长隔膜的使用寿命。

③ 物料衡算

a. 计算依据

精盐水规格

NaCl:315 g/L,密度:1 190 kg/m³,精盐水中的杂质忽略不计。

电解液规格

NaOH:125 g/L,NaCl:180 g/L,密度:1 185 kg/m³,电解碱液中由于副反应产生的杂质忽略不计。

以生产 1 t 100%NaOH 成品计

$$2NaCl+2H_2O \stackrel{电解}{=\!=\!=} 2NaOH+H_2\uparrow+Cl_2\uparrow$$

$$2\times58.5 \quad 2\times18 \quad 2\times40 \quad 2 \quad 71$$

生产 1 t 100%NaOH 可制得氯气、氢气的重量及消耗氯化钠及水的重量分别为:

氯气:[71/(2×40)]×1 000=887.5 (kg)

氢气:[2/(2×40)]×1 000=25 (kg)

耗盐:[2×58.5/(2×40)]×1 000=1 462.5 (kg)

耗水:$[2 \times 18/(2 \times 40)] \times 1\,000 = 450$(kg)

b. 物料衡算

电解槽的物料平衡如图 7-40 所示。

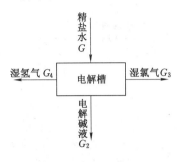

图 7-40 电解槽物料平衡示意图

• 进入电解槽的精制盐水量的计算

进入电解槽的 NaCl 重量＝已转化为 NaOH 的 NaCl 重量＋未转化的 NaCl 重量

$$= 1\,462.5 + (180/125) \times 1\,000 = 2\,902.5\text{(kg)}$$

折合精制盐水体积 $V_1 = 2\,902.5/315 = 9.213(\text{m}^3)$

精制盐水重量 $G_1 = 9.213 \times 1\,190 = 10\,963.5\text{(kg)}$

其中:NaCl:2 902.5 kg;H_2O:8 061 kg。

• 输出电解槽的电解碱液计算

电解碱液的体积 $V_2 = 1\,000/125 = 8.000(\text{m}^3)$

电解碱液的重量 $G_2 = 8.000 \times 1\,185 = 9\,480\text{(kg)}$

其中 NaOH:1 000 kg,NaCl:1 440 kg;H_2O:7 040 kg。

• 湿氯气的计算

湿氯气中含水量的计算:

根据气体分压定律,湿氯气中氯气和水蒸气的分压应与它们的摩尔数成正比:

$$P_{H_2O} : P_{Cl_2} = n_{H_2O} : n_{Cl_2}$$

所以

$$n_{H_2O} = P_{H_2O} \div P_{Cl_2} \times n_{Cl_2}$$

已知:在 90 ℃阳极液上方的水蒸气的分压应与它们的摩尔数成正比:

则

$$n_{H_2O} = [58.41/(101.3 - 58.4)] \times 887.5/71 = 17.02\text{(kmol)}$$

$$G_{H_2O}(阳) = 17.02 \times 18.02 = 306.7\text{(kg)}$$

因此,离开电槽的湿氯气总重量:

$$G_3 = 887.5 + 306.70 = 1\,194.2\text{(kg)}$$

• 湿氯气的计算

湿氯气中含水量计算:

根据 $P_{H_2O} : P_{H_2} = n_{H_2O} : n_{H_2}$,已知在 90 ℃时阴极液上方的水蒸气分压为 54.70 kPa (410.11 mm Hg),则

$$n_{H_2O} = [P_{H_2O}/P_{H_2}] \cdot n_{H_2} = [54.7/(101.3 - 54.7)] \times 25/2 = 14.67\text{ (kmol)}$$

$$G_{H_2O} = 14.67 \times 18.02 = 264.3\text{ (kg)}$$

因此,离开电槽的湿氢气总重量

$$G_4 = 25 + 264.3 = 289.3 \text{ (kg)}$$

电解槽总的物料平衡见表 7-2。

表 7-2　　　　　　　　　　　　　　电解槽物料平衡表

输入	输出
精盐水 G_1:10 963.5 kg 其中　NaCl:2 902.5 kg 　　　H_2O:8 061 kg	电解碱液 G_2:9 480 kg 其中　　NaOH:1 000 kg 　　　　NaCl:1 440 kg 　　　　H_2O:7 040 kg 湿氢气　G_3:1 194.2 kg 其中　Cl_2:887.5 kg 　　　H_2O:306.7 kg 湿氢气　G_4:289.3 kg 其中　H_2:25 kg 　　　H_2O:264.3 kg
总计　10 963.5 kg	10 963.5 kg

7.3.3.2　离子交换膜法电解槽

目前世界上比较先进的电解制碱技术是离子交换膜法。这一技术在 20 世纪 50 年代开始研究,80 年代开始工业化生产。离子膜法制碱技术与传统的隔膜法、水银法相比,具有能耗低、产品质量高、占地面积小、生产能力大及能适应电流昼夜变化波动大等优点。此外,它还彻底根治了石棉、水银对环境的污染。

(1) 离子膜电解槽工作原理

用于氯碱工业的离子交换膜,是一种能耐氯碱腐蚀的阳离子交换膜。在膜的内部具有极为复杂的化学结构,膜内存在固定离子和可交换的对离子两部分。在电解食盐水溶液时所使用的阳离子交换膜的膜体中,它的活性基团是由带负电荷的固定离子(如 SO_3^-、COO^-)和一个带正电荷的对离子(如 Na^+)组成,它们之间以离子键结合在一起。磺酸型阳离子交换膜的化学结构可用下式表示:

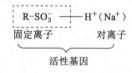

式中,R 表示大分子结构。

由于磺酸基团具有亲水性能,因此膜在溶液中能够溶胀,而使膜体结构变松,形成许多微细弯曲的通道。这样活性基团中的对离子(Na^+)就可以与水溶液中的同电荷的 Na^+ 进行交换并透过膜。而活性基团中的固定离子(SO_3^-),则具有排斥 Cl^- 和 OH^- 的能力(见图 7-41),使它们不能透过离子膜,从而获得高纯度的氢氧化钠溶液。

离子膜电解制碱原理如图 7-42 所示。电解槽的阴极室和阳极室用阳离子交换膜隔开,精制盐水进入阳极室,纯水加入阴极室。通电时 H_2O 在阴极表面放电生成氢气,Na^+ 通过离子膜由阳极室迁移到阴极室与 OH^- 结合成 NaOH；Cl^- 则在阳极表面放电生成氯气。经电解后的淡盐水随氯气一起离开阳极室。氢氧化钠的浓度可利用进电槽的纯水量来调节。

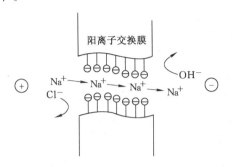
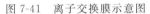

图 7-41　离子交换膜示意图

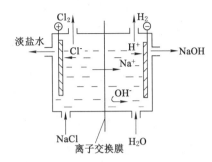

图 7-42　离子膜电解制碱原理

　　这一工艺的技术关键是使用对离子具有选择透过性的离子交换膜，在氯碱工业采用的是全氟阳离子交换膜，它只允许钠离子由阳极区进入阴极区，却不允许 OH^-、Cl^- 及水分子通过，这样不仅使两极产物隔离，避免了导致电流效率下降的各种副反应，而且能从阴极区直接获得高纯（含盐仅 30×10^{-6}）、高浓度（一般为 32%～35%）的烧碱。

　　离子膜电解法不仅具有产品质量高、能耗低的优点，而且可消除隔膜法使用石棉、水银法使用汞造成的公害及环境污染，因而成为氯碱工业的发展方向。

　　(2) 离子交换膜的种类

　　① 全氟羧酸膜（Rf—COOH）

　　全氟羧酸膜是一种具有弱酸性和亲水性小的离子交换膜。膜内固定离子的浓度较大，能阻止 OH 的反渗透，因此阴极室的 NaOH 浓度可达 35% 左右。而且电流效率也较高，可达 95% 以上。它能置于 pH>3 的酸性溶液中，在电解时化学稳定性好。其缺点是膜电阻较大，在阳极室不能加酸，因此氯中含氧较高。目前采用的羧酸膜是具有高/低交换容量羧酸层组成的复合膜。电解时，面向阴极侧的是低交换容量的羧酸层，面向阳极侧的是高交换容量的羧酸层，这样既能得到较高的电流效率又能降低膜电阻，具有较好的机械强度。

　　② 全氟磺酸膜（Rf—SO₃H）

　　全氟磺酸膜是一种强酸型离子交换膜。这类膜的亲水性好，因此膜电阻小，但由于膜的固定离子浓度低，对 OH^- 的排斥力小。因此，电槽的电流效率较低，一般小于 80%，且产品的 NaOH 浓度也较低，一般小于 20%。但它能置于 pH=1 的酸性溶液中，因此可在电解槽阳极室内加盐酸，以中和反渗的 OH^-，这样所得的氯气纯度就高，一般含氧少于 0.5%。

　　③ 全氟磺酸/羧酸复合膜（Rf—SO₃H/ Rf—COOH）

　　这是一种电化学性能优良的离子交换膜。在膜的两侧具有两种离子交换基团，电解时较薄的羧酸层面向阴极，较厚的磺酸层面向阳极。因此兼有羧酸膜和磺酸膜的优点，它可阻挡 OH^- 的反渗透，从而可以在较高电流效率下制得高浓度的 NaOH 溶液，同时由于膜电阻较小，可以在较大电流密度下工作，且可用盐酸中和阳极液，得到纯度高的氯气。

　　全氟离子膜的特性如表 7-3 所示。

表 7-3　　　　　　　　　　　　不同交换基团的离子交换膜的特性比较

性能	离子交换基团			性能	离子交换基团		
	Rf—SO₃H	Rf—COOH	Rf—COOH Rf—SO₃H		Rf—SO₃H	Rf—COOH	Rf—COOH Rf—SO₃H
交换基团的酸度(pK_a)	<1	<2~3	2~3/<1	阳极液的 pH 值	>1	>3	>1
亲水性	大	小	小/大	用 HCl 中和 OH⁻	可用	不能用	可用
含水率/%	高	低	低/高	Cl_2 中 O_2 含量	<0.5%	>2%	<0.5%
电流效率/%(8N NaOH)	75	96	96	阳极寿命	长	长	长
电阻	小	大	小	电流密度	高	低	高
化学稳定性	优良	良好	良好	需电槽数量	多	多	少
操作条件(pH)	>1	>3	>3				

（3）离子膜电解槽

离子交换膜电解槽主要由阳极、阴极、离子交换膜、电解槽框和导电铜棒等组成，每台电解槽由若干个单元槽串联或并联组成。图 7-43 表示的是一个单元槽的示意图。电解槽的阳极用金属钛网制成，为了延长电极使用寿命和提高电解效率，钛阳极网上涂有钛、钌等氧化物涂层；阴极由碳钢网制成，上面涂有镍涂层；阳离子交换膜把电解槽隔成阴极室和阳极室。阳离子交换膜有一种特殊的性质，即它只允许阳离子通过，而阻止阴离子和气体通过，也就是说只允许 Na⁺ 通过，而 Cl⁻、OH⁻

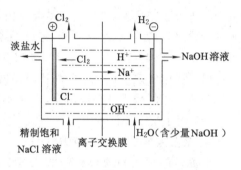

图 7-43

和气体则不能通过。这样既能防止阴极产生的 H_2 和阳极产生的 Cl_2 相混合而引起爆炸，又能避免 Cl_2 和 NaOH 溶液作用生成 NaClO 而影响烧碱的质量。

精制的饱和食盐水进入阳极室；纯水（加入一定量的 NaOH 溶液）加入阴极室。通电时，H_2O 在阴极表面放电生成 H_2，Na⁺ 穿过离子膜由阳极室进入阴极室，导出的阴极液中含有 NaOH；Cl⁻ 则在阳极表面放电生成 Cl_2。电解后的淡盐水从阳极导出，可重新用于配制食盐水。

图 7-44 为离子膜电解槽的结构示意图，有一块隔板将阳极室与阴极室隔开。两室所用材料不同，阳极室一般为钛，阴极室一般为不锈钢或镍。隔板一般是不锈钢或镍和钛板的复合板。隔板的两边各焊有筋板，其材料分别与阳极室和阴极室的材料相同。筋板上开有圆孔以利于电解液流通，在筋板上焊有阳极和阴极。

离子交换膜法电解制碱的主要生产流程可以简单表示，如图 7-45 所示。

氯碱工业上离子膜法生产工艺流程主要包括原盐溶解，盐水的一次及二次精制，电解产生浓度为 32% 的烧碱及氢气和氯气，淡盐水脱除游离氯返回原盐溶解，氢气和氯气的冷却、干燥、压缩等，烧碱液的蒸发与浓缩。

离子交换膜法制碱技术，具有设备占地面积小、能连续生产、生产能力大、产品质量高、

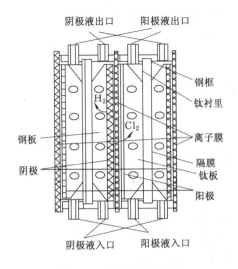

图 7-44 离子膜电解槽的
结构示意图

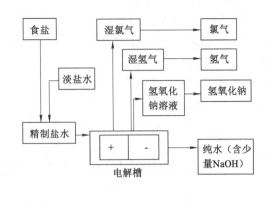

图 7-45 离子交换膜法电解制碱
的主要生产流程

能适应电流波动、能耗低、污染小等优点,是氯碱工业发展的方向。

7.3.4 固体烧碱设备

从蒸发工序送出的液碱浓度一般不大于 50%,其用途受到局限性,且不便于长途运输和贮存。因此,为了满足有特殊要求的使用部门,以及便于运输和贮存,需要生产一部分固体烧碱即固碱。固碱按其成型方式可分为桶碱、片碱和粒碱。

在工业上,生产固体烧碱的主要方法有两种,即间歇法锅式蒸煮和连续法膜式蒸发。锅式蒸煮固碱采用铸铁锅,直接用火加热蒸煮液碱和熬制固碱。这种方法工艺成熟,成品质量稳定,铸铁锅的维修工作量不大。连续法膜式蒸发制固碱是采用膜式蒸发原理,将 45%(wt)的液碱先在升膜蒸发器内预浓缩到 60%,然后再经降膜蒸发器浓缩制成熔融碱。这种工艺便于大型化、连续化及自动控制。

7.3.4.1 间歇法锅式蒸煮固碱设备

(1) 生产原理

锅式蒸煮固碱,是采用铸铁锅以直接火加热,在常压下蒸发液碱熬制而成。这个生产过程大致分为两个阶段:第一阶段液碱在预热锅内利用烟道气余热进行预热,第二阶段在熬碱锅内进行蒸发脱水、熔融和澄清。

液碱被加热到沸腾时水分不断蒸发,随着液碱的浓度不断增大,其沸点亦相应升高。在整个熬制过程中,需要持续供给热量使其始终处于沸腾状态。在熬制过程中,由于熬碱锅受高温浓碱的侵蚀,使碱液带有各种颜色。在熬制初期,铸铁锅腐蚀生成二价的氧化亚铁(FeO),颜色为棕黄色,再继续氧化则生成三价的三氧化二铁(Fe_2O_3),颜色为棕红色。三氧化二铁在高温浓碱的条件下,与空气中氧反应,生成易溶于碱的铁酸钠(Na_2FeO_4)。

$$8NaOH+2Fe_2O_3+3O_2 \Longrightarrow 4Na_2FeO_4+4H_2O$$

与此同时,铸铁中的杂质锰相继生成粉红色的氧化锰(MnO)、黑色的二氧化锰和蓝色的锰酸钠(Na_2MnO_4),这些锰的化合物都易溶于碱中。因此,在碱液的熬制过程中,随着温度的升高,金属杂质被氧化,碱液的颜色也会随着发生变化。在低温时锅内碱液呈蓝色或绿色,当温度升高到 180 ℃以上时即呈现出红色。这些杂质中,只有三氧化二铁及二氧化锰的颗粒较大,容易沉降。因此,为了分离铁、锰等杂质,在工业生产中,常采用硝酸钠氧化,再用硫磺还原,把颗粒细、沉淀困难的二价铁和易溶于碱的六价锰转变成三价铁和四价锰。硝酸钠往往在熬制开始时就加入,这样一方面可以使熬碱锅表面钝化,缓解浓碱对锅的腐蚀,另一方面使溶于碱液中的二价铁氧化成三价铁。

$$Fe + 2H_2O = Fe(OH)_2 + H_2 \uparrow$$
$$10Fe(OH)_2 + 2NaNO_3 + 6H_2O = 10Fe(OH)_3 \downarrow + 2NaOH + N_2 \uparrow$$
$$2Fe(OH)_3 = Fe_2O_3 \downarrow + 3H_2O$$

加入适量的磺酸,能使高价锰的化合物还原成二氧化锰沉淀,与液碱分离:

$$6NaOH + 4S = 2Na_2S + Na_2S_2O_3 + 3H_2O$$
$$Na_2S + 4Na_2MnO_4 + 4H_2O = Na_2SO_4 + 8NaOH + 4MnO_2 \downarrow$$
$$Na_2S_2O_3 + 4Na_2MnO_4 + 3H_2O = 2Na_2SO_4 + 6NaOH + 4MnO_2 \downarrow$$

若加硫过量则要生成粉红色的二价锰,此时可再加硝酸钠进行调整。

在熬碱过程中,根据碱液的温度和颜色,加入一定量的氧化剂和还原剂的过程称为"调色"。调色技术是熬制固碱的关键,它会直接影响成品碱的质量。特别在加硫时,除了要控制碱的温度外,还要掌握加入的时间。如果加硫过早,此时锅内的三氧化二铁尚未沉淀完全,就会与硫反应生成大量硫化铁使沉降变慢而影响碱的颜色,若加硫过迟,碱温低于 380 ℃时,由于熔融碱的黏度变大,二氧化锰沉降困难,同样也会影响成品的色泽。在生产中加硫的碱温度一般控制在 420～440 ℃左右。如果温度过高,则硫磺达到沸点(444.6 ℃),易挥发而增加硫的消耗。

(2) 固碱工艺流程

锅式蒸煮固碱的生产工艺流程见图 7-46。

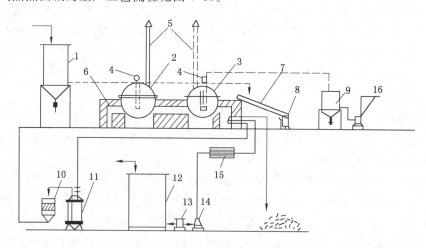

图 7-46　锅式蒸煮固碱工艺流程图

1——浓碱高位槽;2——预热锅;3——熬碱锅;4——碱液下泵;5——排气筒;6——烟道;
7——碱流出槽;8——固碱桶;9——锅底贮槽;10——阻火器;11——氢气水封;12——重油贮槽;
13——油过滤器;14——油泵;15——油预热器;16——锅底碱泵

由蒸发工序送来经过冷却澄清并分析合格的 45% 液碱,进入浓碱高位贮槽,再经自然澄清、分析合格后加入预热锅内。预热锅内碱液经烟道气预热至 130~140 ℃。用液下泵打入熬碱锅内。当加入碱液达 8~9 m³ 时,开始点火升温。当碱温逐步上升到达沸点时,碱液中的水分不断蒸发逸出。逸出的水蒸气经排气筒直接排至室外。因冷凝而回流的含碱冷凝水放至贮槽送回蒸发工序回收。

由于水分的不断蒸发,在熬制过程中需不断补加一定量预热后的碱液,以维持锅内液面稳定。当加碱结束,碱温升至 430~450 ℃,碱液呈熔融状态时,停火(亦称封火、压火)。其熬碱时间根据燃料的不同和炉灶的差异各有长短,一般在 22 小时左右。当降温至 400~420 ℃ 时,加硫调色并澄清不少于 10~12 h,用液下泵出碱装桶。包装后剩余的锅底碱,一般含氢氧化钠 85%,其余为氯化钠、碳酸钠等杂质。经加液碱溶化并冲稀后,用液下泵送至锅底碱贮槽再用锅底碱泵返回蒸发工序。

(3)固碱生产设备

锅式蒸煮固碱的主体生产设备为铸铁锅。典型熬碱锅的主要规格如下:

生产能力:18 t/台

容　　积:11 m³

锅体自重:11.6 t

外形尺寸:ϕ3 096 mm×2 155 mm(总高)

材　　料:C%　Si%　Mn%　P%　S%

1 号铸铁碱锅:2.8~3.4　1.4~2.0　0.5~0.9　≤0.3　≤0.12

锅壁厚度为 45 mm,锅底厚度为 55 mm,锅盖附有保温层隔热,其上连接排气筒(见图 7-47)。

由于采用直接火加热熬碱锅,锅内碱温在 450 ℃左右,而锅底外壁燃烧温度可达 1 100~1 200 ℃。因此,熬碱锅经常遭受到不均匀的周期性的加热(熬碱)与冷却(出碱洗锅)。在这种操作条件下长期运行,锅体内就会产生应力。这种应力与高温浓碱共同作用下,就会产生称之为"碱脆"的应力腐蚀破裂,使锅体损坏。这是造成熬碱锅破坏的主要原因。因此,应合理设计炉灶结构,使整个锅体均匀受热,不偏烧并定期将熬碱锅旋转一定角度,对延长铸铁锅的使用寿命都是行之有效的措施。

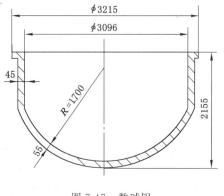

图 7-47　熬碱锅

此外,在熬碱锅点火前,最好预先向锅内加入 3~4 kg 硝酸钠,使锅的表面上生成一层氧化保护层,以防止碱的腐蚀,延长锅的使用寿命。

7.3.4.2　膜式法固碱设备

(1)生产原理

膜式法固碱生产系根据薄膜蒸发原理,采用升膜蒸发器将 45% 液碱,在负压下用蒸汽加热预浓缩到 60% 液碱。然后再通过降膜蒸发器,以熔盐作为载热体,在常压下将 60% 碱液加热浓缩成熔融碱,最后冷却制得固碱。

(2)固碱工艺流程

由于隔膜碱中含有较多氯酸盐,对降膜管有强烈的腐蚀作用,因此我国膜式法固碱生产均以离子膜碱为原料。碱液先经升膜蒸发浓缩至 60% 左右,再由降膜蒸发制成成品碱。

从蒸发工序送来的合格的 45% 液碱送至高位槽,经流量计计量后加入升膜蒸发器,升膜蒸发器用 0.3~0.4 MPa 的蒸汽加热。升膜蒸发器的顶部由水喷射泵抽真空至 66.7~80.0 kPa。碱液在升膜蒸发器内呈膜状沿管壁上升,被浓缩至 60% 左右。产生的二次蒸汽,经旋风分离器分离碱沫后,由水喷射泵抽走;被分离的碱沫从分离器的底部流入地槽回收。浓度为 60%、温度为 110 ℃的碱液,从蒸发室下部出口溢流入 60% 碱缓冲罐,并用加热蒸汽的冷凝液保温。蔗糖在糖液配置槽内用温水制成浓度为 10%~15% 的糖液后,按一定比例流入 60% 碱缓冲罐,充分混合后,再用液下泵将碱液打至碱液分配管后进入降膜蒸发器。碱液在降膜蒸发器内经分配器在降膜管内呈膜状向下流动,与熔盐充分换热蒸发脱水后,以熔融状态流入成品分离器。二次蒸汽由顶部经镍网捕抹后排出。成品分离器中熔融碱的温度一般控制在 395~415 ℃左右,经过液封装置自动流出,直接灌桶包装或流入片碱机制成片碱。

(3) 固碱生产设备

① 升膜蒸发器

升膜蒸发器的结构如图 7-48 所示,它由加热室和分离器两部分组成。蒸发器的下部为列管式加热室,加热管一般为镍管,管径为 $\phi 25~50$ mm,管长 5 000~7 000 mm,通常长径比 $L/D \geqslant 200$。碱液从蒸发器底部进入加热室,加热蒸汽从加热室上部进入管间,冷凝水从加热室下部排出。蒸发器的上部为分离器,为提高气液分离器的效果及尽量缩短升膜蒸发器的高度,一般需采用旋流板除雾器和丝网除雾器二级分离装置。二次蒸汽从分离器顶部排出,60% 碱液从分离器底部排出。

② 降膜蒸发器

降膜蒸发器一般为单流型降膜蒸发器。它由一束加热管组成,也有采用单管或若干个单管式加热管组合而成。加热管采用镍管或超纯铁素体高铬钢管,管径一般为 50~100 mm,长径比 $L/D < 100$。在降膜蒸发器的液碱管路上,装有校正过的孔板,从而保证进碱量均匀。上部为造膜器,其作用是把碱液造成均匀的降膜液。降膜管内有再分配器,它是由组装在一个中心管上的若干个叶片组成。叶片间距为 50~300 mm,上部间距较小,下部间距较大,呈不均匀分布。再分配器的顶部有一盖板,用以安装和固定整个再分配器。降膜管外部为碳钢外壳或套管,载热体熔盐在套管中以湍流状态流过。熔融碱和二次蒸汽在蒸发器底部进入汽液分离器,在分离器底部放出成品碱,顶部排出二次蒸汽。

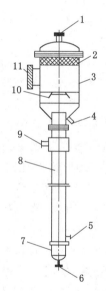

图 7-48　升膜蒸发器结构简图

1——二次蒸汽出口;2——丝网除沫器;
3——蒸发室;4——碱液出口;5——冷凝水出口;
6——碱液进口;7——管箱;8——加热器;
9——蒸汽;10——挡帽;11——人孔

在固碱生产中,高温、高浓度碱对设备有很强的腐蚀性,因此在膜式蒸发器中均选用镍材做加热管。由于碱液中含有氯酸盐,它在250 ℃以上要逐步分解,放出新生态氧。氧与镍反应生成氧化镍,而氧化镍在高温下易溶于浓碱被带走,导致镍管被腐蚀破坏,因此需要对原料碱液进行预处理。膜式蒸发生产固碱,一般均采用水银碱或离子膜碱做原料,并加蔗糖做缓蚀剂。这是原理处理最常用的一种方法,由于氯酸盐是一种强氧化剂,因此如果在碱液中加入某些还原剂,如蔗糖、葡萄糖、糖醛或山梨糖醇、甘油等,可促使氯酸盐分解,就可以起到防止对镍管腐蚀的作用。原料预处理的另一种方法是液氨萃取法,以一定量的碱液和液氨在萃取塔中对流通过,氨由下而上穿过碱液,将碱液中的氯化钠和氯酸钠等杂质萃取出来,碱液则自上而下通过萃取塔逐步被提纯。

7.3.5 氯气处理设备

根据氯处理的任务,氯处理的工艺流程大致包括氯气的冷却、干燥脱水、净化和压缩、输送几个部分。

从电解槽出来的湿氯气,一般温度较高,并伴有大量水蒸气及盐雾等杂质。这种湿氯气,对钢铁及大多数金属有强烈的腐蚀作用,只有某些金属材料或非金属材料在一定条件下,才能耐湿氯气的腐蚀,例如金属钛、聚氯乙烯、酚醛树脂、陶瓷、玻璃、橡胶、聚酯、玻璃钢等,因而使得生产及输送极不方便。但干燥的氯气对钢铁等常用材料的腐蚀在通常情况下是较小的,所以湿氯气的干燥是生产和使用氯气过程中所必需的。

氯气干燥前通常先使氯气冷却,使湿氯气中的大部分水蒸气被冷凝除去,然后用干燥剂进一步除去水分。干燥后的氯气经过压缩,再送至用户。

7.3.5.1 填料塔

填料塔可用于氯气的冷却。它和氯水循环槽、氯水泵和冷却器组成一个氯气洗涤、冷却循环系统。用于氯冷却的填料塔,常用钢衬胶,玻璃钢加强的聚氯乙烯塑料或其他耐腐蚀材料制成。由于氯气在塔内直接与氯水接触,因此传热效果好,冷却效率高,操作容易。但设备较多,管道布置复杂。

填料塔也可用于氯气的干燥。它和硫酸循环槽、硫酸泵和冷却器组成一个循环系统。用于氯气干燥的填料塔,常用玻璃钢加强的聚氯乙烯塑料、钢衬耐酸瓷砖或其他耐腐蚀材料制成。填料塔的特点是运转稳定,操作弹性大,对于电流的波动、氯气流量的变化均能适应。同时由于填料塔循环硫酸喷淋量大,流出的硫酸经冷却后循环使用,所以干燥后氯气的温度较低,从而达到了较高的干燥效果。但设备庞大、占地面积大,管道复杂,管理不便,且动力消耗较大。

如图7-49所示,填料塔一般由塔体、花板、液体分配器、填料、气液进出口接管等组成。塔内充装的填料有拉西环、螺丝圈、鞍形、波纹或其他高效填料。

7.3.5.2 泡沫塔

泡沫塔的传质速率高,被广泛地用于气体的吸收、冷却等过程中。用于氯气处理的泡沫塔可用陶瓷、聚氯乙烯、玻璃、聚氟树脂等材料制成。

用于氯气干燥的泡沫塔的塔体为圆柱形,如图7-50所示。而用于冷却的泡沫塔,由于氯气温度变化较大,氯气中水蒸气被冷凝而使每一块塔板上气体体积变化较大,所以塔体可做成锥形或塔板开孔率不同,以保证泡沫塔有较大的操作弹性。

干燥用泡沫塔一般有4~5块塔板。筛板孔径 d 和孔间距 t 采用表7-3数据会获得较好的效果(α-开孔率)。

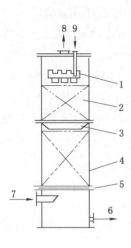

图 7-49 填料塔

1——酸分配器;2——填料;3——再分配器;
4——塔体;5——花板;6——硫酸出口;
7——氯气进口;8——氯气出口;
9——硫酸进口

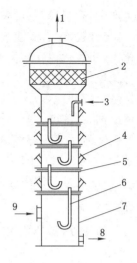

图 7-50 泡沫塔

1——氯气出口;2——填料;3——浓硫酸进口;
4——视孔;5——花板;6——溢流管;
7——塔体;8——稀酸出口;
9——氯气进口

表 7-3

l/d	5/2	8/3	12/5	14/6
$\alpha/\%$	14.5	12.7	15.7	16.3

当 t 过小时,易使气流相互干扰。设计氯气干燥泡沫塔时,一般采用 $t/d=8/3$,开孔率 $\alpha=12.7\%$,孔按正三角形排列。

在泡沫塔的塔板上气液两相的分散情况可如下所述:

① 鼓泡层。此层在靠近塔板处,气体为一个个的气泡分散在液体中。这一层随着气相速度的增大而减小至完全消失。这里由于气液两相接触面积不大,故传质效率不高。

② 泡沫层。此层发生在气体速度适当时,气液两相形成悬浮状的泡沫。这时由于泡沫的状态不断更新,而且表面积很大,这里传质阻力小,传质效率高,所以这一层决定了泡沫塔的操作好坏。

③ 雾沫层。此层在泡沫层上方,由于液柱对气体的影响减小,气体速度大于下层,泡沫破裂而形成雾沫,这时吸收阻力虽然较小,但在过高雾沫层情况下,雾沫会随着气体夹带入上层塔板,使上层塔板的硫酸浓度发生变化,结果反而降低了塔板效率。为了减少这种情况,塔板间距一般可取 300~500 mm。

在塔的上部,为了充分利用吸收剂,设有除雾装置,可堆放填料或设置旋流板等构件。

7.3.5.3 列管式热交换器

列管式热交换器在氯气处理中,主要用于工艺介质的冷却,如湿氯气的冷却、氯水的冷却、塔酸的冷却、纳氏泵循环酸的冷却及氯透平机压缩后氯气的冷却等。

用于湿氯气冷却的热交换器,必须用具有良好耐腐蚀性能的材料制成,如玻璃、石墨、钛等。用于干氯气冷却的热交换器,一般用碳钢制成。

（1）玻璃冷却器

这种设备和一般列管式冷却器结构相仿,筒身用碳钢,也有用聚氯乙烯塑料,外用玻璃钢加强,上下封头及管板均采用硬质聚氯乙烯。冷却管采用硬质耐热的 81# 或 95# 玻璃管,其规格为 $\phi 25\text{-}26 \times 1.5 \times 2\,000$,在玻璃管的两端热胀各套上一段 $\phi 32 \times 4 \times 60$ 的硬质聚氯乙烯管,即可与玻璃管紧密配合,然后用聚氯乙烯热风焊与管板焊牢。

这种冷却器结构简单、投资低、材料易得,制造工艺不复杂。但玻璃管两端直径及不圆度相差很大,容易造成泄漏,另外,由于玻璃的导热系数较低,传热效果较差,因此要求有较大的传热面积,且当温度变化较大时易发生破裂。

（2）石墨冷却器

用于氯气冷却的石墨冷却器,一般为浮头式列管式换热器。管板为经过树脂浸渍的不透性石墨,列管采用压型或碳化石墨管,管板与列管的胶合剂应与石墨浸渍剂一致,一般用酚醛石墨或呋喃石墨胶合剂。封头为钢衬胶,壳体则为碳钢制。

石墨冷却器的优点是结构紧凑,传热系数高,流体阻力小,可制成较大换热面积。其缺点是价格较贵、耐压低,不适用于强烈冲击和振动的场合,在运输和安装时容易损坏。用于氯气冷却时,必须注意氯气进口温度要在 50 ℃ 以下,这是因为高温湿氯气容易生成新生态氧,使石墨氧化而受腐蚀。

（3）钛冷却器

金属钛对湿氯气的耐腐蚀性极好,但不能用于含水量低于 0.5％（wt）的氯气场合。钛冷却器的列管可制成 1～2 mm 壁厚的薄壁管,以利于提高传热效果。

钛冷却器可制成浮头式结构,也可以制成一般列管式结构的换热器管板与管子之间,可采用氩弧焊或等离子焊工艺,这样能较好地解决缝隙腐蚀问题。

氯气的走向,可走管程也可以走壳程。走管程时管板用钛板或钛复合板,封头用钢衬胶或钛复合板或硬聚氯乙烯板,壳体、折流挡板等不与氯气接触部分可用碳钢制成。当走壳程时壳体用钛或钛复合板,管板用钛板,不与氯气接触的封头可用碳钢制成。氯气走壳程比走管程有利于提高传热效果。

7.3.5.4 氯气压缩机

（1）纳氏泵（见图 7-51）

纳氏泵又称液环泵,是氯碱厂中输送氯气的最常用的设备。它由泵壳、叶轮、大盖、小盖、轴承等几部分组成。它是一种旋转液环式气体压缩机。在椭圆形壳体中,充了一部分工作液体(用于氯气压缩时,泵内的工作液体为 98％硫酸)。由许多叶片组成的转子在壳内旋转时,壳体内的液体在离心力的作用下,沿着椭圆形的内壳形成了椭圆形液环。当叶片在位置(Ⅰ)时,其空间充满了液体。由此空间按顺时针方向旋转一个角度时,浓层逐渐向外移动,于是在叶片根部就形成了低压空间,氯气便由吸入口进入这个空间。低压空间随着转子的继续旋转,便更加扩大,吸入的氯气也就更多。当叶轮转到位置(Ⅱ)时,吸入的氯气由于空间的缩小,逐渐地被压缩,然后从排送口压出。叶轮转到位置(Ⅲ)时,叶片空间又全部被液体充满。继续旋转时,液层又逐渐移开,又开始重新吸入氯气。到了位置(Ⅳ),空间又逐渐缩小,氯气又被压缩排出。因此,当叶轮每旋转一周,泵进行了二次吸气和二次排气工作。在这个过程中,工作液体起了“液体活塞”的作用。工作液体在泵内旋转,并有一部分随着气体排出,经分离、冷却后返回泵的入口,反复使用。

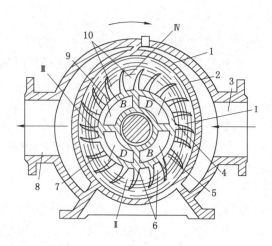

图 7-51　纳压泵工作原理图

1——壳体;2——叶轮(转子);3——吸气接管;4——上排气口;5——下吸气口;
6——下工作室;7——下排气口;8——排气接管;9——上吸气口;10——上工作室;
B——吸气室;D——排气室

（2）透平压缩机

这是一种具有涡轮的离心式压缩机,借叶轮高速旋转产生的离心力使气体压缩,其作用与液体输送所用的离心泵或离心鼓风机相似。因为气体压缩时要产生热量,所以在透平压缩的每一段压缩比不能太大,并必须在级间用中间冷却器将热量及时移去使气体体积变小,以利于压缩过程的逐级进行。这种压缩机排出的气体压力高,输送能力大,所需动力小,机械的精度也比较高。但因氯气在压缩过程中温度较高,所以对氯气含水及其杂质的要求也相应提高,一般要求含水小于 100 ppm,还要有高效的除雾装置等。

7.3.5.5　气液分离器

用于纳氏泵出口的气液分离器,是利用气液两相受重力或离心力作用不同而进行分离的。含有酸雾的氯气以切线方向进入分离器,由于酸雾重度较大,其离心力亦大,就在容器壁上碰撞后,受到重力作用从设备下部流出。氯气则由中心管向上排出,从而达到气、液两相分离的目的(见图7-52)。

7.3.5.6　氯气除雾器

氯气除雾器有管式、填充式等(见图7-53)。这些设备借过滤的原理进行操作,它们都以许多细孔通道的物料作为过滤介质。当气体通过时,悬浮在其中的雾状颗粒被截留,并自动聚集成较大的液滴,流到除雾设备的下部排出。

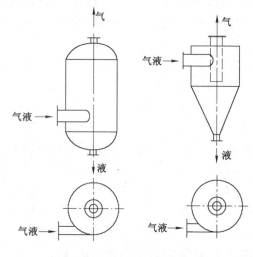

图 7-52　气液分离器示意图

填充式丝网除雾器内的填充物,是由塑料或钛丝(用于湿氯气)的编织物卷制而成。

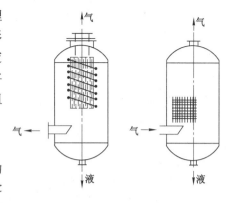

管式除雾器内的过滤介质是一种经过特殊处理的玻璃纤维,并按过滤要求设计成一种具有一定形状和厚度,以及有一定过滤面积的组件。将其固定在有阻气孔道的管子上。为了增加过滤面积,可将多个组件固定在一个管板上。它具有较小的过滤阻力,又能自净化,其性能良好,但制作要求较高。

7.3.6 氢气处理设备

从电解槽出来的氢气,其温度稍低于电解槽的槽温,含有大量饱和水蒸气,同时还带有盐和碱的雾沫。所以在生产过程中应进行冷却和洗涤,然后再用风机输送到用氢部门。

图 7-53 除雾器示意图

为了保持电解槽阴极室的压力稳定,并不使其在氢气系统出现负压,保证空气不被吸入而造成危险,在氢处理系统均设有电槽氢气压力调节装置及自动放空装置。

氢处理工艺流程如图 7-54 所示。自电解槽来的氢气进入氢气-盐水热交换器,使氢气与盐水进行热交换,氢气温度可降至 50 ℃ 左右,而盐水温度约能提高 10 ℃。这样使氢气中所带出的一部分余热可得到回收。被冷却后的氢气再进入氢气洗涤塔内,用工业上水对其进行洗涤和冷却,氢气中大部分固体杂质(盐雾和碱雾)及水蒸气被冷却水带走并排入下水道。氢气则从塔顶出来,经水气分离器分离后,由罗茨鼓风机输送到氢气柜或用氢部门。

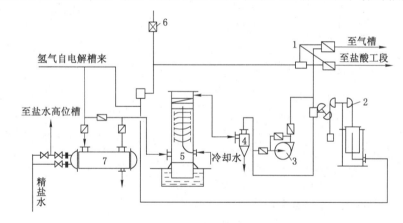

图 7-54 氢气处理工艺流程

1——蝴蝶阀;2——氢气压力自动调节器;3——罗茨鼓风机;4——水气分离器;5——氢气冷却塔;
6——氢气自动放空器;7——氢气、盐水换热器

7.3.6.1 氢气冷却塔

氢气冷却塔(见图 7-55)的塔身大多用碳钢制成,其直径视氢气处理量而定,高度约 1～6 m。塔内沿圆周方向及上下位置布置有冷却水进入的喷嘴,塔顶有捕沫用的瓷圈和防爆膜;塔底直接坐落在水槽上,使塔的下部有一个安全的水封高度。这样,一旦系统压力突然升高时,氢气便可冲破水封泄去压力,避免事态继续扩大。

7.3.6.2　罗茨鼓风机

罗茨鼓风机是一种旋转式鼓风机(图 7-56),它主要由机壳 3 和两个呈渐开线履形的旋转叶轮 1 组成,两叶轮由两个啮合的齿轮带动作相对运动,当叶轮旋转时,其一端互相严密地接触,另一端则分别与机壳密接,将机体分为两室,一室吸入气体,而另一室排出气体,其工作过程是随着这两个室容积的改变而进行的,它输送气体的容积为图中阴影部分。

为了使叶轮与叶轮、叶轮与机壳之间不致有很大的摩擦,并转动灵活,一般有分别为0.4~0.5 mm 与 0.1~0.5 mm 的间隙,但不能太大,否则压出部分的气体将漏入吸入部分,影响输气能力。

当叶轮的旋转方向改变时,从图 7-56 可以看出其吸入口与压出口将互换,所以在正式运转前应检查其转向,以防氢气被压向电解槽隔膜而造成事故。

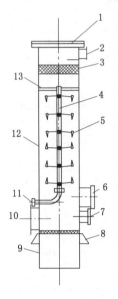

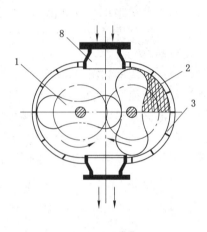

图 7-55　氢气冷却塔结构简图

1——防爆膜;2——氢气出口;3——瓷圈;
4——冷却水总管;5——冷却水喷嘴;6——人孔;
7——氢气进口;8——支座;9——支撑圈;
10——人孔;11——冷却水进口;
12——桶体;13——拉条支撑板

图 7-56　罗茨鼓风机

1——工作转子;2——输送的气体体积;
3——机壳;4——气体进口

第8章　化学电源设计过程

　　化学电源设计,是从事化学电源专业方面的技术人员所必须掌握的基本计算手段和技术技能之一。为了适应科学技术发展和社会生活的需要,无论是军用或民用电池产品,都要求化学电源向着小型化、轻型化、高比功率及高比能量的方向发展。因此,对于各个系列的化学电源,必须不断地改进老产品和研制新产品,以及不断地研究开发新型化学能源,才能满足各方面的用电要求。

8.1　电池设计的终极目标与实现

8.1.1　电池设计的终极目标

　　电池设计是为满足用电器具的要求而进行的。一方面为满足用电器具提供最佳使用性能的工作电源,另一方面为电池制造商创造最大的利润。这就要求电池设计产品具有最低的制造成本和最优化的电池性能,合理的设计是电池性能和其成本之间的一种平衡。降低单位产品的成本最行之有效的方法是减小构成电池中各部分的投料成本和提高生产效率。投料成本的降低可能导致电池的某些性能下降,为了克服这种下降,就必须提高电池投料的有效利用,如降低电池无效投料的程度,提高活性材料的利用率,以及提高产品合格率(成品率)等,所以说,电池设计的终极目标是实现物质效用的最大化。对用户来说,电池具有最好的性价比,对制造商来说,电池制造利润最大化。

8.1.2　电池设计终极目标的实现

　　提高生产效率和投料的有效利用是实现电池设计的终极目标的基本方法。在相同生产速度的前提下,电池设计终极目标是实现电池合理有效投料的过程。有效投料是指在电池生产过程中,投料均能被有效利用。对于生产过程而言,主要是指减少生产过程中的物料损失和浪费,降低废次品率(提高成品率)等;对于单位电池而言,主要是指提高活性物质的利用率,以及在保证电池要求的条件下,尽可能地降低其他组成部分的投料成本,如降低壳体材料成本,选择合理的电解质溶液、组成和用量等。

　　从以上论述角度出发,从形式上讲,电池设计的内容应包括:工艺设计、工艺计算、结构设计等。工艺设计包括材料选择与工艺方式的选择与实现、工艺流程(投料顺序)与前后工序间的合理衔接以及确定工艺与工装设备之间的关系等;工艺计算包括工艺参数与工艺配方的确定、物料衡算以及不同工序间的合理配置等;结构设计主要包括电池各组成部分结构设计及其排列方式等。工艺设计、工艺计算与结构设计并不是孤立存在的,而是相互关联、相互影响的,设计时不可顾此失彼。对于大多数常规电池而言,电池生产工艺方式、工艺流程、电池结构、工装设备、电池材料与配件等都是定型或基本定型的,所以电池设计过程侧重在工艺计算上。

从实质上讲,电池设计终极目标的实现是实现化学能量最大限度地向电能转化的过程。以锌锰电池正极生产为例,其正极活性物质为 MnO_2,在放电时,其一电子放电过程一般认为符合质子-电子理论,即

$$MnO_2 + H^+ + e \longrightarrow MnOOH \qquad (8-1)$$

其放电产物($MnOOH$)还会以歧化反应或固相扩散方式进行转化。就其一电子放电过程而言,一方面,MnO_2 本身电化学活性较低,且是不良导体,要想实现投入电池正极中的 MnO_2 分子的数量,增加正极的 H^+ 数量(通常被称为提高正极的含水量)、降低正极的固相电阻(实际的做法是正极加入碳材料)是最常见的方式。但是,在电池体积固定后,过高的物质分散度,过多的电液量及导电物质,将增加工艺实现的难度,以及影响 MnO_2 投料量。另一方面,放电产物 $MnOOH$ 的形成不仅覆盖于 MnO_2 颗粒表面,使 MnO_2 颗粒体相内部分子不参与反应,而且使正极固相电阻升高(这就是锌锰电池放电过程中正极内阻升高的原因之一),从而影响到电池能量的输出,所以如何使 $MnOOH$ 及时转化,成为电池能量输出的关键因素之一。P 型电池就是通过改变正极材料与配方、电液组成,以提高 H^+ 浓度及数量(提高含水量)的方法实现加快电极反应速度及提高 $MnOOH$ 转化速度,从而达到提高 P 型电池输出电流和输出能力的目的。应当指出:电池(电极)反应式是建立在分子学基础上的表达式,实际电池放电是无数个活性物质分子同时反应的宏观结果,所以,电池设计的目标是投入电池内部每一个活性材料分子尽可能地均参与电化学反应,实现宏观和微观的统一,也就是说把化学能尽可能地转化为电能。

应当注意,相对于有效投料,电池总的投料也有无效投料,即不能被有效利用的投料,有的无效投料是合理的,有的是不合理的。合理的无效投料通常是必须的,如为保证电池的放电容量非限制电极活性物质的合理过剩以及限制电极中未被完全利用的活性物质等,而不合理的投料是在已保证电池正常要求的情况下的过剩投料,如过多的电液量、过多的活性物质,过剩过厚的电池壳体与隔离层等。不合理投料一方面增加电池的投料成本,另一方面还可能影响到电池生产及电池性能。例如,碱性锌锰电池设计中,当负正极容量比大于 $1.2:1$ 时,即负极过剩超过 20%,会影响到电池总的加液量及过放电性能,同时注锌膏的工艺难度也相应增加。

8.2 电池设计的基本程序

电池设计的基本程序一般包括四个步骤:综合分析,找出关键问题;性能设计;结构设计;安全性设计。

8.2.1 综合分析

根据电池和用电器具之间的关系,综合分析主要考虑两方面的问题,第一是用电器具所要求的主要技术指标,包括:工作方式(是连续的还是间歇的、是固定的还是移动的)、工作电压、电压精度、工作电流、工作时间、机械载荷、使用寿命、工作环境条件(压力与温度范围)等,其二是设计电池所能达到的技术水平与制作成本。电池设计目标应是尽可能地满足用电器具的要求,所以,综合分析主要考虑在用电器具要求的条件下,电池所要达到的技术水

平及达到这一目标电池的制造成本。

应当特别注意用电器具的工作方式、使用温度范围对电池性能的影响,以及电池技术指标(性能)与价格之间的关系。例如,动力型离子电池设计除了满足容量的要求外,应特别注意电池的安全性问题;启动型及动力型铅酸电池应特别注意温度的影响,特别是低温的影响;高压大电容量电池应特别注意单体电池的一致性及大电流放电时环境温度的影响,避免和减小热失控现象的发生成为设计的重要内容之一。

8.2.2　性能设计

8.2.2.1　性能设计内容

性能设计主要是指电池电性能设计。根据设计要解决的问题,在以往已经积累的实验数据和生产中积累的经验基础上,来进行电池的性能设计。主要包括工作电压、工作电流、容量、寿命等方面的设计。

① 工作电压设计。根据用电器具的电压要求,确定电池(组)以及单体电池的开路电压与指定放电制度下的工作电压及工作电压精度。

② 工作电流设计。根据用电器具的电流要求,确定电池(组)的峰值电流及指定放电制度下的工作电流。如汽车启动电流、手机通话工作时的电流等为峰值电流,而手机待机状态时要求的电流为工作电流。

③ 容量设计根据用电器具所要求的放电制度下的最低容量值,确定电池(组)额定容量、设计容量等,从容量设计来确定活性物质的用量。

④ 寿命设计。根据用电器具的寿命要求,确定电池(组)的贮存寿命、循环寿命等,寿命设计是选择电池相关材料及其纯度的基础。

8.2.2.2　电池设计要求

不同方面的电池性能设计构成了电池整体性能设计,从而达到满足用电要求的目的。如工作电压及其精度与工作电流是为满足用电功率要求来进行的。诸性能之间相互依存和相互影响。例如,设计过高的工作电流值会影响到工作电压及其精度,以及实际放电容量值。设计过低的工作电流值,可能得到较高的工作电压、电压精度及实际容量,但可能引起输出功率的减小。所以设计时要综合考虑,可不偏袒任何一个方面。仅就电池自身而言,为达到性能设计的要求,应着重从构成电池四要素(电极、电液、隔膜、壳体)的角度出发来进行优化设计。一般地,对电池的主要组成部分的设计要求如下。

(1) 活性物质

采用"优选法"或"正交设计方法"可选择电极的制备工艺、电极配方、活性物质与添加剂的比例,选择活性物质的粒度、氧化度及成型电极的孔率等。

值得注意的是选择活性物质的粒度。它不仅可以影响电极的表面状态和结构,而且可以影响活性物质的利用率。通常粒度较小时,电极表面积较大,利用率也较高。但粒度过小时,颗粒因过高的表面能易于团聚,且电极微孔孔径会随粒径的变细而变小,电解液在电极微孔内扩散困难,液相电阻升高,反之,过大的孔径容易造成颗粒之间的接触不良而可能引起固相电阻增大,以及活性物质的脱落。

对于一些二次电极的负极,需要加入适当的"膨胀剂"和"添加剂"以防止电极物质的"凝结"。

(2) 集流体

集流体的作用是传导电流和支撑活性物质。因此集流体必须具备足够的机械强度和导电能力。一方面集流体在生产和使用过程中不断断裂和变形,另一方面集流体应制成均匀的网格,保证电流、电位均匀分布。

另外,对于正极集流体,还应考虑到集流体对正极活性物质的抗氧化能力。此外集流体必须在电液中或电极极化时要稳定。

（3）隔膜

隔膜必须具备足够的机械强度,以保证电池在装配和使用过程中不被破坏。隔膜还必须具备电子绝缘和离子穿透能力,以保证两极的隔离和离子的导电能力。

另外,隔膜必须具备较高的孔隙率和较小的孔径,以防止活性物质微粒的迁移,隔膜材料还应具有较高的抗氧化、还原能力,以防止正极或负极上的强氧化剂或还原剂,或被电池工作时产生的强氧化剂和强还原剂所氧化或还原。

（4）电解质溶液

电解质溶液俗称"电液",首先它必须具有足够高的电导率,以保证液相电阻最小,其次它在电池中应具有适当的数量,用以避免成为电池容量的"限制因素",但是它的量也不能过多,否则,除影响电池的比特性外,也对电池的密封带来困难。

由于组成电池的各个部分对电池性能都有影响,而且在一定条件下,还可能成为主要影响因素,因此,在电池设计中,不可顾此失彼,从各个角度综合考虑,以求获得电池使用的最佳性能。

另外,电池性能设计是目标设计,即性能指标是设计的应达值,要通过结构设计来实现。

8.2.3 结构设计

根据电池性能设计的要求及用电器具对电池体积或质量的要求,电池结构设计是为实现合理有效投料及降低电池内阻而进行的电池（组）结构、单体电池结构、封口结构等方面的设计。

（1）电池（组）结构设计

电池（组）结构设计主要包括单体电池结构设计及单体电池间的连接方式设计等。

单体电池结构设计以实现单体电池有效投料与投料方式及降低单体电池内阻为主要目标,在有效的电池内腔内,进行不同组成部分空间体积的合理分配与排布,保证各组成部分的投料为合理的有效投料。

单体电池间的连接方式设计主要为实现组合电池体积满足用电器具所提供空间体积的要求,并使连接电路的电阻最小化。单体电池间的连接方式大体上分为两种:内连接方式（如铅酸电池穿壁焊连接方式）和外连接方式（如铅酸电池连接方式）,电池组与电池组之间的连接方式均为外连接方式。无论是内连接还是外连接方式,均应考虑在峰值电流或大电流电池放电情况下的发热,甚至熔断问题。

（2）单体电池结构设计

单体电池结构设计主要包括电极结构及正负极排列方式设计、隔膜结构设计、电解质溶液用量设计、电池壳体设计、封口结构设计等。

电极结构设计的目的在于保证合理有效的电极物质的投料量、提高活性物质的利用率以及降低电极内阻等。电极结构设计一般包括极板外形尺寸（长度、厚度、高度等）与质量的确定、极板孔隙率与孔结构的确定,活性物质与导电集流体之间的关系确定等。在电极结构设计中,集流体加工设计也是极其重要的组成部分,集流体结构能使电极内阻最小,且使电极各处电位、电流均匀分布,从而达到最佳的电能输出效果。在电极结构设计中,通常电极厚度、孔性、电极形成工艺方式等是设计的重点。

正负极之间排列方式的设计目的是:① 实现正负极之间正对面积的确定,以保证两极上电流、电位的均匀分布;② 电极间距的合理确定,以保证两极间能够容纳电池所需的电解液和隔膜体积的要求,并具有最小的内阻。常见的两极排列方式有平板式电极以极群形式正负极交错地平行排列方式和带式极板以卷绕形成的圆弧平行排列方式两种。铅酸电池正负极的排列方式、叠片式软包装锂离子电池两极的排列方式、叠层锌锰电池两极的叠片方式等属于平板式电极以极群形式正负极交错地平行排列方式;圆柱形锂离子电池、镍氢电池、镉镍电池两极的排列方式属于带式极板以卷绕形成的圆弧平行排列方式。单体锌锰电池只有一个正极构件(电芯)和一个负极构件(锌筒),它的排列为内正外负、圆柱体与环柱体同心同轴平行方式,碱性锌锰电池则相反。

应当注意的是在电极间的排列方式中,电极间距的一致性影响到极片表面上不同位置的电流、电位分布,可能导致同一极板(或极片)上不同位置的反应效率(活性物质的利用率)不同,即影响电极上的均匀放电过程,从而影响其大电流工作效果,甚至影响单体电池的均匀性及电池的循环寿命。

隔膜结构设计依据不同的电池系列有很大的差异,从一般意义上讲,隔膜结构设计主要是实现隔膜正负极的作用,尤其是隔离两极粉状物质的相互渗透与扩散,达到防止电池内部短路的作用,但隔膜置于两极之间,这就要求隔膜对离子导电过程不能产生较大的影响,所以隔膜结构一般是高孔率、低孔径、孔分布均匀的结构方式。

电解液设计主要包括溶剂的选择、电解质的组成与浓度以及电解液的用量等。除了满足离子导电能力最大化外,还应注意到是否参与成流反应、存在状态、温度特性以及电极物质的相溶性等问题。

壳体设计主要包括电池壳体最大外形尺寸的确定,电池壁厚与电池组中间隔厚度的确定,单体电池的有效内腔尺寸的决定以及封口结构及封口方式的设计。

(3) 其他部件的设计

对于电池的其他零部件(如盖、极柱、导电板等)的设计要求是选择和确定最适当的尺寸和外形。在保证足够的机械强度下,设计尺寸与材料应尽可能地少或小,无论单体电池还是电池组对其外壳和包装的设计除要求一定的强度外,还应考虑到轻巧与美观。

另外,对于大功率电池还必须进行散热设计;对于低温工作电池,应进行保温和加热设计;对于高空电池,应进行密封和合理排气设计。

(4) 电池体积的类偏摩效应

很多电池在其充放电过程中,其体积会发生膨胀或收缩,这种膨胀或收缩现象往往会导致电池的早期失效,所以在设计电池时必须保证予以充分考虑。这种体积膨胀现象,不是常见的热胀冷缩物理现象,而是由化学反应过程所引起的体积变化。物质在化学过程中的体积变化,在化学热力学中被称为体积的偏摩效应,以下式表示:

$$V = \sum i V_i \tag{8-2}$$

式中,V 为 i 种物质混合前后总体积的变化;V_i 为 1 mol i 物质在混合过程中的体积变化。

我们可以仿照混合过程的偏摩效应公式来处理电池充放电过程的体积变化。

一般情况下,电池的总体积变化主要是由两个电极的体积变化及电解液的变化综合而成的结果,可以写成:

$$\Delta V_{电池} = \Delta V_a + \Delta V_c + \Delta V_s \tag{8-3}$$

式中,$\Delta V_{电池}$为电池总体积的变化;ΔV_a为负极的体积变化;ΔV_c为正极的体积变化;ΔV_s为电解液体积的变化。

如果电池放电过程中其产物是不溶的,而且该物质比容增大,则ΔV_a、ΔV_c为正值,反之则为负值。很多电池系列其体积是会膨胀的,这种膨胀可能会引起电池外壳的破裂,破坏电池的密封也可能胀断集流体,所以在设计电池时必须予以重视,在确定电池容积(或电池内径尺寸)时,应引入电池装配松紧度参数。

在考虑电池体积的类偏摩效应时,应当注意电池充电时正、负极体积的膨胀,在放电时两极体积则收缩;反之,充电时两极体积收缩而放电时其体积膨胀。利用装配松紧度来调解电池体积类偏摩效应对电池性能的影响时,应同时兼顾其充电过程与放电过程,尤其注意两极体积变化率变化。

此外,合理的极板孔隙率也是调节类偏摩效应的一种措施,高的孔隙率可降低电极体积的增加,低的孔隙率易于电极膨胀。

8.2.4 安全性设计

电池安全的概念与人民生命财产不受损害密切相关。安全是指没有不可接受的伤害风险。安全是可避免伤害风险和要求产品性能满足其他要求之间的一种平衡。安全是相对的,不可能有绝对的安全,即使是安全度最高的产品,也只能是相对的安全,因此在风险性评估和安全性判断的基础上来确定产品的安全。

电池的安全性是指保证在电池正常使用以合理的可预见误用的情况下电池的安全使用性能,合理的可预见误用是指可以预见到的、人们因习惯而不按供方指定的方式使用产品的过程和服务。实现电池具有安全性的过程叫安全性设计,一般安全性设计应满足:

① 通过设计防止温度异常升高,超过生产厂家规定的值;
② 通过设计控制电池内部的温度升高;
③ 通过设计电池可释放过高的内部压力等。

对不同的电池系列,其安全性差异很大,实现其安全性的方法、途径以及安全性的评价方法也各不相同,设计时可按照相关标准,有针对性地进行安全性设计。

综上所述,在电池设计的基本设计程序中,对于各部分的考虑,应着眼于主要问题,对次要问题进行折中和平衡,最后确定合理的设计方案,并在生产实际中不断加以完善,才能达到最优化设计的目标。

8.3 电池设计前的准备

电池设计,具体地说:就是为了提供某些仪器设备、工具或用具的工作电源或动力电源,因而必须针对性地、具体地对电池的使用要求来进行设计,确定电池的电极、电解液、隔膜、外壳以及其零部件的参数,并将它们合理地组成具有一定规格和指标(如电压、容量、体积和质量等)的电池或电池组。电池设计得是否合理,关系到电池的使用性能,因此必须尽量达到设计最优化。

　　为了达到最优化的设计指标,设计人员在着手设计电池之前,首先必须了解用户对电池的性能指标要求及电池使用条件,一般包括如下几个方面的内容:

　　① 电池的工作电压及要求的电压精度;

　　② 工作电流,即正常放电电流及峰值电流;

　　③ 工作时间,包括间歇或连续放电时间,以及使用寿命;

　　④ 工作环境,包括电池的工作状态及环境温度等;

　　⑤ 电池允许的最大体积和质量。

　　有些电池用于特殊场合,因而还有特殊要求,如耐冲击、耐振动、加速度、高安全性以及低温低压等。

　　根据以上几个方面的要求条件,选择合适的电池系列,同时需结合下列一些问题进行考虑:材料来源;电池特性的决定因素;电池性能;电池工艺;经济性;清洁生产等。

8.3.1　材料来源

　　设计电池,在选择电池系列的同时,要考虑电池材料来源问题,还要兼顾到产品开发及其经济性。

　　例如锌-锰电池系列,其主要材料来源是丰富而又廉价的,因而在一次电池中,其产值、产量都是最高的一种电池,直到目前为止,在一次电池当中仍占着首要位置。

　　又如二次电池中,铅酸电池系列,其主要材料来源也很丰富,价格也较锌-银、镉-镍、氢镍电池系列便宜,故其产值、产量及应用范围在二次电池中亦居于首位。

8.3.2　电池特性的决定因素

8.3.2.1　电极活性物质

　　(1) 电极活性物质的选择

　　活性物质的理论比容量与电化学当量有关。活性物质的电化当量越小,则它的理论比容量越大。从元素周期表来看,在元素周期表上面的元素,由于具有较小的摩尔质量,所以这些元素就具有较大的理论比容量。

　　如第一周期的氢,其摩尔质量为 1.008 g/mol,它的电化当量为 1.008/26.8＝0.037 6 [g/(A·h)],所以其理论质量比容量为 1 000/0.003 7＝26 600 (A·h/kg),而第六周期的铅,其摩尔质量为 207.2 g/mol,其电化当量为 103.6/26.8＝3.866[g/(A·h)],它比氢的电化当量大约 100 倍,而铅的理论质量比容量为 1 000/3.876＝258.6 (A·h/kg),它是氢的理论质量比容量的约 1/100。

$$反应物质的电化当量 = \frac{摩尔质量}{n} \times \frac{1}{26.8} \tag{8-4}$$

式中,n 为物质反应时的得失电子数。

　　所以物质的理论质量比容量,不但与物质的摩尔质量有关,而且与物质反应时得失电子数有关。如第三周期的元素 Na、Mg、Al 三种物质,其摩尔质量(g/mol)分别为 22.99、24.32、26.98,其顺序为 Na＜Mg＜Al,而它们参与反应的电子数变化分别为 1、2、3,它们的化学当量(g)分别为 Na,22.99;Mg,12.16;Al,8.99;其电化当量[g/(A·h)]分别为 Na,0.858;Mg,0.454;Al,0.335。其顺序为 Na＞Mg＞Al,显然,电化当量顺序与摩尔质量顺序相反,此时,得失电子数的变化起了主导作用。

此外,在同一族元素中,其电化学当量自上而下的变化,比之同一周期内自左而右的变化要大得多。第 I 主族中纵向自元素 Li 到元素 K,其电化当量从 0.259 g/(A·h) 变到 1.459 g/(A·h),其值约增大了 5 倍,而第 II 周期横向自元素 L 到元素 C,电化当量从 0.259 g/(A·h) 变到 0.112 g/(A·h),其值只降低了约 1 倍。

因此,在设计电池时,选择理论比容量大的电极活性物质,应主要从第 I、II、III 周期元素中来选择。表 8-1 列出了一些常见的活性物质的电化当量。

表 8-1　　　　　　　　　　　　　　活性物质的电化当量

活性物质	得失电子数	电化当量/[g/(A·h)]	活性物质	得失电子数	电化当量/[g/(A·h)]
Li	1	0.258 9	Na	1	0.858
K	1	1.458 7	Mg	2	0.453 7
Al	3	0.335 4	Mn	2	1.025
Fe	2	1.042	Fe	3	0.694 7
Ni	2	1.094 7	Ni	3	0.729 8
Pt	4	1.821 2	Cu	2	1.185 4
Ag	1	4.025 2	Ag_2O	1	4.323 9
AgO	2	2.162	AgCl	1	5.348
Zn	2	1.220	Cd	2	2.097
Hg	1	7.485	Pb	2	3.866
H	1	0.037 6	O	2	0.298 5
F	1	0.708 9	Cl	1	1.323
Br	1	2.982	I	1	4.735
S	2	0.593 1	PbO_2	2	4.463
MnO_2	1	3.243	NiOOH	1	3.422

电池的电动势是电池体系在理论上能给出最大能量的量度之一。所以在设计电池时,选择正极物质平衡电极电位越正,选择负极物质平衡电极电位越负,则电池的电动势就越高。电极的标准电极电位具有周期表的规律性,周期表左边的元素标准电极电位最负,而周期表右边的元素(如第 VI、VII 主族)的标准电极电位为最正。在选择电极活性物质时,也要兼顾到原材料来源、经济性及其加工工艺的难易程度。

表 8-2 列出了在碱性介质和酸性介质中的一些常见的电极反应的标准电位值(相对于标准氢电极);表 8-3 列出了一些常见的电池理论比能量和实际比能量的数值,以供参考。

在选择活性物质时,应选择那些电化当量较小的强氧化还原体系,如位于周期表中左上角的那些还原性强的金属元素做负极与表中右上角的那些氧化性强的非金属元素做正极组成的氧化还原体系。这是组成高比能量电池系列的基础。表 8-4 列出了这些体系的基本电化学参数的理论值(计算时,按反应生成物为最简单的固态化合物)。

表 8-2a   常见电极反应的标准电极电位(碱性介质)

电极反应	标准电位/V	电极反应	标准电位/V
$Ca(OH_2)+2e=Ca+2OH^-$	-3.02	$Ce(OH)_3+3e=Ce+3OH^-$	-2.87
$Mg(OH)_2+2e=Mg+2OH^-$	-2.69	$H_2AlO_3^-+3e+H_2O=Al+4OH^-$	-2.33
$Mn(OH)_2+2e=Mn+2OH^-$	-1.55	$Zn(OH)_2+2e=Zn+2OH^-$	-1.243
$ZnO_2^{2-}+2e+2H_2O=Zn+4OH^-$	-1.215	$Fe(OH)_2+2e^{2-}=Fe+2OH^-$	-0.877
$2H_2O+2e=H_2+2OH^-$	-0.828	$Ni(OH)_2+2e=Ni+2OH^-$	-0.72
$Fe(OH)_3+3e=Fe+3OH^-$	-0.56	$O_2+e=O_2^-$	-0.563
$S+2e=S^{2-}$	-0.447	$Cu_2O+H_2O+2e=2Cu+2OH^-$	-0.358
$MnO_2+2H_2O+2e=Mn(OH)_2+2OH^-$	-0.05	$HgO+H_2O+2e=Hg+2OH^-$	$+0.098$
$O_2+2H_2O+4e=4OH^-$	$+0.401$	$2AgO+H_2O+2e=Ag_2O+2OH^-$	$+0.607$

表 8-2b   常见电极反应的标准电极电位(酸性介质)

电极反应	电位/V	电极反应	电位/V
$Li^++e=Li$	-3.045	$Ba^{2+}+2e=Ba$	-2.906
$Na^++2e=Na$	-2.714	$Mg^{2+}+2e=Mg$	-2.363
$Mn^{2+}+2e=Mn$	-1.180	$Zn^{2+}+2e=Zn$	-0.7628
$Pb+SO_4^{2-}=PbSO_4+2e$	-0.3588	$PbO_2+4H^++2e=Pb+2H_2O$	$+1.455$
$MnO_2+4H^++2e=Mn^{2+}+2H_2O$	$+1.23$	$Pb^{2+}+2e=Pb$	-0.126
$AgCl+e=Ag+Cl^-$	$+0.2222$	$Hg_2SO_4+2e=2Hg+SO_4^{2-}$	$+0.6151$
$Ag^++e=Ag$	$+0.7991$	$Mn^{3+}+e=Mn^{2+}$	$+1.51$

表 8-3   几种常见电池的理论比能量与实际比能量

电池种类	理论比能量/(W·h/kg)	实际比能量/(W·h/kg)
铅-酸蓄电池	175.5	30～50
镉-镍蓄电池	214.3	25～35
钛-镍蓄电池	272.3	20～30
锌-银蓄电池	487.5	100～150
镉-银蓄电池	270.2	40～100
锌-汞蓄电池	255.4	30～100
锌-锰蓄电池	251.3	10～50
锌-锰碱性电池	274.0	30～100
锌-氧电池	1080	
锌-空气电池	1350(不计 O_2 重)	100～250

表 8-4　　　　　　　　　　可能组成电池体系的电动势与理论比能量

负极物质	正极物质							
	$\frac{1}{4}O_2$		$\frac{1}{2}Cl_2$		$\frac{1}{2}F_2$		$\frac{1}{2}S$	
	E/V	$W/(W\cdot h/kg)$	E/V	$W/(W\cdot h/kg)$	E/V	$W/(W\cdot h/kg)$	E/V	$W/(W\cdot h/kg)$
$\frac{1}{2}H_2$	$\frac{1}{2}H_2O$(液)		HCl(液)		HF(液)		$\frac{1}{2}H_2S$	
	1.23	3660	1.36	1 000	3.05	4 090	0.17	270
Li	$\frac{1}{2}Li_2O$		LiCl		LiF		$\frac{1}{2}LiS$	
	2.90	5 200	3.98	8 510	6.06	6 260	2.50	2 900
Na	$\frac{1}{2}Na_2O$		NaCl		NaF		$\frac{1}{2}Na_2S$	
	1.95	1 690	3.98	1 820	5.60	3 580	1.88	1 290
$\frac{1}{3}Al$	$\frac{1}{6}Al_2O_3$		$\frac{1}{3}AlCl_3$		$\frac{1}{3}AlF_3$		$\frac{1}{3}Al_2S_3$	
	2.72	4290	2.20	1320	4.25	4070	0.85	912
$\frac{1}{2}Zn$	$\frac{1}{2}ZnO$		$\frac{1}{2}ZnCl_2$		$\frac{1}{2}ZnF_2$		$\frac{1}{2}ZnS$	
	1.65	1 090	1.92	753	3.59	1 860	0.95	525

（2）电池反应生成物的状态

对于大多数电池活性物质来说，其充电态和放电态物质存在状态或比容上的差异，在充放电过程中因为这些差异导致电池体积及其性能上的变化，所以，设计电池要考虑到电池反应生成物的状态。对于一次电池，电池放电产物允许是溶解型的，而对于二次电池，其反应生成物则一般必须是仍以难溶形式存在于电极基体上。同时还要考虑到电池活性物质在充放电过程中的比容（体积）变化。如 Li/CuO 系列，放电反应：$CuO+2Li \rightarrow Li_2O+Cu$，生成物为 Li_2O，其比容大于 Li，电池往往会发生外壳变形，甚至断裂。

又如 Cd-Ni 电池系列，有极板盒式的正极，经充放电循环，电极显著膨胀，二次 Zn-AgO 电池，会出现锌极变形与下沉的现象，并导致电池失效。铅酸电池因放电反应消耗 H_2SO_4，导致 $PbSO_4$ 溶解度的升高，从而导致 $PbSO_4$ 枝晶的形成，造成电池内短路现象。

锂离子电池充电时负极膨胀，放电时收缩，易引起电池装配效果的变化，铅酸电池在循环过程中 α-PbO_2 向 β-PbO_2 转化，引起正极结构变化，正极板软化乃至脱粉，在设计中均应加以考虑。

（3）活性物质的稳定性

活性物质的稳定性关系到电池的荷电保持能力以及使用寿命。从一般意义上讲，活性物质在电池开路条件下不与电池内任何组分发生任何作用，否则，电池易于产生自放电现象，造成容量损失。一般造成活性物质稳定性下降的主要原因是电池内部杂质、电池发生内外物质交换（如封口不严、电池失水、O_2 进入电池等）等。

（4）电池的质量比能量与体积比能量的差

由于各种活性物质的电化当量不同及物质的密度不同，因而各类电池的质量比能量和体积比能量相差很大,这在图 8-1 和图 8-2 中已清楚地看出。在设定体积内进行电池设计时,选择高体积能量密度的电池系列;在给定的质量内进行设计时,因选择高质量能量密度的电池系列。提高电池质量或体积比能量是设计的基本要求之一。

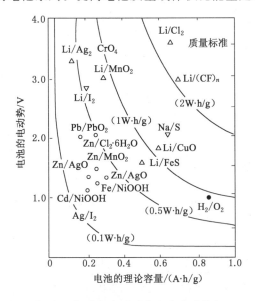

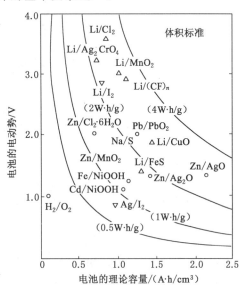

图 8-1　各种电池系列的电池电动势与
　　　　质量理论比能量的关系

图 8-2　各种电池系列的电池电动势与
　　　　体积理论比能量的关系

图 8-3 为同体积的 Li/Bi_2O_3 电池与 Li/CuO 电池放电性能相比较,图 8-4 为同质量(0.2 g)的 Bi_2O_3 与 CuO 单极放电特性比较。显然,从质量比能量相比,Li/CuO 电池大于 Li/Bi_2O_3 电池的比能量,而从体积比能量看,则由于 Bi_2O_3 的相对密度大而且电压较高,因而 Li/CuO 电池优于 Li/Bi_2O_3 电池。这两类电池的比能量比较,进一步说明了体积和质量比能量的差异性对设计电池选择能量密度的影响。

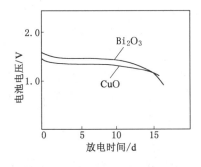

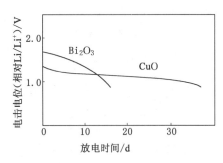

图 8-3　Li/Bi_2O_3 与 Li/CuO 电池放电线
　　　　放电电阻:12 kΩ;电池尺寸:ϕ11.6×2.0

图 8-4　Li/Bi_2O_3 与 Li/CuO 电池放电线
　　　　放电电流:2.5 mA;正极物质质量:0.2 g

图 8-5 为各种扣式电池的体积比功率和体积比能量的对比图,明显看出 $Zn/$空气电池具有很高的比能量,而比功率却很小,这是由于电池结构的关系。因为电池的空气入口很小,放电电流受到了限制,而 Cd/Ni 电池却有较高的比功率,但比能量较小,因而适用于大电流放电的二次电池。

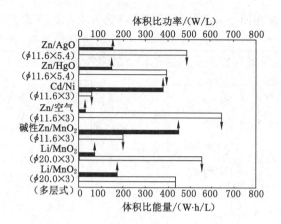

图 8-5　各种扣式电池体积比特性图

因此,在设计电池时,必须根据电池的使用目的及使用条件来选择合适的电池系列及其结构。

（5）活性物质的活性

活性物质的物理状态,如晶形、粒度和表面状态以及材料的纯度等,均影响其活性。例如,锌锰干电池的正极活性物质,由于 MnO_2 的种类不同而表现出的电化学活性差别也很大,电解 MnO_2 的活性要比天然的 MnO_2 的活性高得多。图 8-6 为几种不同正极 MnO_2 材料的干电池放电特性的比较。图 8-7 为几种不同晶型结构的 $Li-MnO_2$ 电池的放电特性比较。

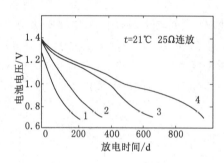

图 8-6　各种锌锰干电池放电特性比较

1——天然 MnO_2；2——电解 MnO_2；

3——电解 MnO_2（高 $ZnCl_2$ 型）；

4——电解 MnO_2（碱性中）

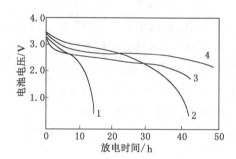

图 8-7　各种晶相结构的 $Li-MnO_2$ 电池放电特性曲线

1——$\alpha-MnO_2$；2——$\beta-MnO_2$；

3——$\gamma-MnO_2$；4——$\beta-MnO_2$

8.3.2.2　电解质溶液

电解质溶液作为电池的重要组成部分,在正负极之间起着输送离子传导电流的作用,对电池的性能有很大的影响。常用的电池电解液有水系电解液和有机电解液。在传统电池中,电解液均采用以水为溶剂的电解液体系,由于许多物质在水中的溶解度较好,而且人们对水溶液体系物理化学性质的认识已很深入,故电池的电解液选择范围很广。但是,由于水系电解液的理论分解电压只有 $1.23\ V$,因此以水为溶剂的电解液体系的电池的最高电压也只有 $2\ V$ 左右（如铅酸蓄电池）。而对于电池电压高达 $3\sim4\ V$ 的锂离子电池,传统的水溶液体系已不再适应电池的需要,而必须采用非水电解液体系的电解液。对高压下不分解的有机溶剂和电解质的选择是非水体系的关键问题。

（1）电解质应具备的基本条件

① 电解液的稳定性要高

电解液是电池主要组成之一，其性质直接关系到电池的特性。电解液要长期保存于电池中，所以它要求具有很高的稳定性，电池开路时，电解质不应发生任何反应。此外，某些电池电压较高（如超过 3 V）或由于电极物质活泼，则水溶液易被分解，而应采用非水有机溶剂电解液。

通常在水溶性电解液中，由于两极活泼性物质浸于其中，它们存在有不同程度的溶解作用而导致电池的容量损失。

② 电解液的电导率要高

电解液的电导率直接影响电池的欧姆内阻。一般应选用电导率较高的为佳。但应注意到电池的使用条件，如在低温下工作时，还要考虑到电解液的冰点情况。又如还应考虑电解液对电极的腐蚀作用。

图 8-8 为几种电解质水溶液的电导率；图 8-9 为 KOH 和 H_2SO_4 溶液的冰点和质量分数的关系。对于非水有机溶剂电解液，一般是有机溶剂的介电常数越大越好，而其黏度越小越好。图 8-10 为 $LiClO_4$ 在几种有机溶剂中的电导率。表 8-5 和表 8-6 分别列出某些有机溶剂和混合溶剂的物理特性。

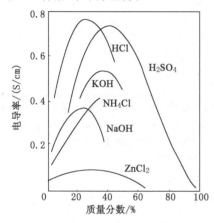

图 8-8　几种电解质水溶液的电导率

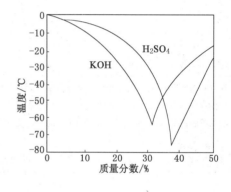

图 8-9　浓度与冰点的对应关系

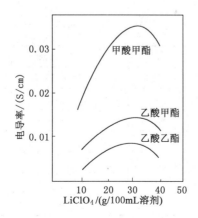

图 8-10　$LiClO_4$ 在几种有机溶剂中的电导率

表 8-5 　　　　　　　　　　　　部分有机溶剂的物理性能(25 ℃)

溶剂	熔点/℃	沸点/℃	黏度/(mPa·s)	偶极矩/(10⁻³⁰C·m)	相对介电常数	DN	AN
乙腈	−45.7	81.8	13.142	13.142	38	14.1	18.9
EC	30	242	1.86(40 ℃)	16.011	89.6(30 ℃)	16.4	
PC	−49.2	241.7	2.530	12.379	64.4	15.1	18.3
DMC	3	90	0.59		3.1		
DEC	−43	127	0.75		2.8		
EMC	−55	108	0.65		2.9		
MPC	−49	130	0.78		2.8		
γ-丁内酯	−42	206	1.751	13.743	39.1	18.0	18.2
DMC	−58	84.7	0.455	3.569	7.2	24	10.2
DEE	−108.5	124					
THF		65	0.46(30 ℃)	5.704	72.5(30 ℃)	20	8
MeTHF		80	0.475		6.24		
DGM		162	0.975		7.40	10.5	9.9
TGM		215	1.89		7.53	14.2	10.5
TEGM			3.25		7.71	16.7	11.7
1,3-DOL	−95	78	0.58		6.79(30 ℃)	18.0	
环丁砜	28.9	287.3	98.7(30 ℃)	15.678	42.5(30 ℃)	14.8	19.3
DMSO	18.4	189	1.991	13.209	46.5	29.8	19.3

注:EC 为乙烯碳酸酯;PC 为丙烯碳酸酯;DM 为二甲基碳酸酯;DEC 为碳酸二乙酯;EMC 为碳酸甲乙酯;MPC 为碳酸甲丙酯;DME 为 1,2-二甲氧基乙烷;DEE 为二乙氧基乙烷;THF 为四氢呋喃;MeTHF 为 2-甲基四氢呋喃;DGM 为缩二乙二醇二甲醚;TEGM 为缩四乙二醇二甲醚;1,3-DOL 为 1,3-二氧环戊烷;DMSO 为二甲亚枫;DN 为给体数;AN 为受体数。

表 8-6 　　　　　　　　　溶有锂盐的有机溶剂的电导率和黏度

溶　剂	电导率 γ/(mS/cm)	黏度 η/(mPa·s)
环状碳酸酯及其混合溶剂		
电解质:1 mol/L LiClO₄		
EC	7.8	6.9
PC	5.2	8.5
BC	2.8	14.1
EC+DEM(50%,体积分数)	16.5	2.2
PC+DEM(50%,体积分数)	13.5	2.7
BC+DEM(50%,体积分数)	10.6	3.0
PC+DMM(50%,体积分数)	7.9	3.3
PC+DMP(50%,体积分数)	10.3	2.9
环状与链状		
电解质:1.5 mol/L LiAsF₆		

溶　　剂	电导率 $\gamma/(\text{mS/cm})$	黏度 $\eta/(\text{mPa} \cdot \text{s})$
THF	16	
2-MeTHF	4	
DOL	12	
4-MeTHP	7	
MF	35	
MA	22	
MP	16	
环状碳酸酯与链状碳酸酯混合溶剂		
电解质：1 mol/L LiPF$_6$		
EC＋DMC(50％,体积分数)	11.6	
EC＋EMC(50％,体积分数)	9.4	
EC＋DEC(50％,体积分数)	8.2	
PC＋DMC(50％,体积分数)	11.0	
PC＋DEC(50％,体积分数)	8.3	
PC＋DEC(50％,体积分数)	7.4	

（2）电解质溶液的选择

电解质溶液主要是保证电池正常工作时正负极间的离子导电作用。对于不同的电池系列,电解质所要起的作用或通过电解液组成的改进,赋予不同的功能和作用。就一般情况而言,电解质溶液应具有高的稳定性和高的电导率就能够满足电池最基本的要求。

对于仅起导电作用的电解质溶液而言,主要考虑其电导率和稳定性的影响,通常温度的影响是重要的,应考虑的参数有黏度、冰点、沸点、熔点、燃点等。

对于参与成流反应的电解质而言,还要考虑加入量和加入方式,如铅酸电池的 H_2SO_4 在较高的电导率的浓度范围内,其加入量应满足在整个放电过程中的离子导电和反应所需。糊式锌锰干电池,NH_4Cl 以两种形式加入电池,其一以溶液形式,其二以固体形式,一般固体 NH_4Cl 加入量占合成粉质量的 16％～18％。

对于要求低温放电的电池,要注意电解质溶液冰点的影响。糊式电池低温放电性能差,改进电解液体系的组成与浓度,降低其冰点,如加入 $CaCl_2$、$LiCl$ 等是提高其低温性能的重要方法。对于要求低温大电流放电的电池,还应考虑到温度对活性物质的影响,如超低温启动型铅酸电池,在保证 H_2SO_4 溶液低温具有较高的电导条件下,主要是防止负极的表面收缩,因为海绵状的金属铅具有较高的表面能,受低温的影响,自动收缩作用加强,所以,改进负极膨胀剂也是主要考虑的内容。

对于通过改进电液配方(如加入所谓的电液添加剂)的电液体系来提高电池的某些性能,以不影响电液主要功用为基本前提,否则会顾此失彼。例如,锂离子电池电液中经常加入成膜添加剂、阻燃添加剂等。这些添加剂量过高时,将影响其导电能力,从而降低电池倍率放电性能及循环寿命。

值得注意的是,作为电解质是否参加成流反应的评判,不能仅看电池总反应,也要从单电极反应来看电解质是否参加成流反应。电池反应是分区进行的氧化还原反应,反应式是建立在分子学基础的一种分子变化的表达式,前者是宏观的,后者是微观的。对于厚型电极或极距较大的电池,这种宏观和微观的差异就凸现出来,在这种情况下,电解质溶液的加入量及其在电池中各组成部分的分布,将至关重要。选择电解质溶液时,也要考虑电液的状态。一般常见电池,如镉镍、锌银、铅酸电池等,采用液态电解液。有些小功率电池,如用于心脏起搏器的锂碘电池,采用固体电解质。而有些用于大功率贮备式的电池,可采用熔盐电解质,这类电池,贮存寿命长,而且不存在自放电问题。

对于有机电解质溶液,要得到高电导率的电解液,最好是选择介电常数大、黏度低的溶剂。但溶剂的介电常数大,黏度也高。阴离子半径大的锂盐容易在溶剂中电离,但在溶剂中移动困难。因此,在选择电解液时,必须对溶剂体系和导电盐进行综合分析,表 8-7 列出了锂离子电池用电解液的导电率。

表 8-7 　　　　　锂离子电池用电解液($1\ mol/L$ 锂盐 $25\ ℃$)的导电率 γ_{max} 　　　单位:ms/cm

电极		PC/DME	GBL/DME	PC/MP	PC/EMC	PC	GBL
	ε_r	35.5	1.04	33.6	27.4	64.9	41.8
	η_0						
γ_{max}		1.06	0.90	1.04	1.25	2.51	1.25
溶剂	$LiBF_4$	9.37	9.4	5.0	3.3	3.4	7.5
	$LiClO_4$	13.9	15.0	8.5	5.7	5.6	1.90
	$LiPF_6$	15.9	18.3	12.8	8.8	5.8	10.9
	$LiAsF_6$	15.6	18.1	13.3	9.2	5.7	11.5
	$LiCF_3SO_3$	6.5	6.8	2.8	1.7	1.7	4.3
	$Li(CF_3SO_2)_2N$	13.4	15.6	10.3	7.1	5.11	9.4
	$LiC_4F_9SO_3$	5.1	5.3	2.3	1.3	1.1	3.3

8.3.2.3 电池的结构、形状和尺寸

(1) 扣式电池厚度的影响

同一系列的电池,可能由于电池的结构、形状以及尺寸的不同而影响到电池的某些电化学参数,进而改变电池的性能,图 8-11 为扣式电池的厚度与电池容积、电池容量的关系。

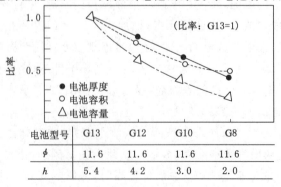

电池型号	G13	G12	G10	G8
ϕ	11.6	11.6	11.6	11.6
h	5.4	4.2	3.0	2.0

图 8-11　扣式电池的厚度与电池容积和电池容量的关系

（2）圆柱式电池直径的影响

电池的直径对于其比功率有较大的影响。图 8-12 为不同型号（直径）的锌-锰干电池的体积比功率和质量比功率的比较,明显看出直径较大的电池具有较小的比功率,而直径较小的具有较大的比功率。

图 8-13 为不同型号的碱锰干电池的体积比功率和体积比能量的比较,可以看出:从 LR20 到 LR1 型电池,其体积比能量相差甚小,而体积比功率相差甚大。其中 LR20 体积比功率最小,而 LR1 体积比功率最大。这是由于 LR20 电池直径较大,使得电池正负极间相对的反应面积相差较大,并且受到正极厚度的影响,从而造成直径较大的 LR20 电池的体积比功率相对于 LR1 型要小得多。

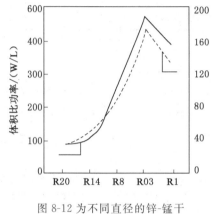

图 8-12 为不同直径的锌-锰干
电池的比功率

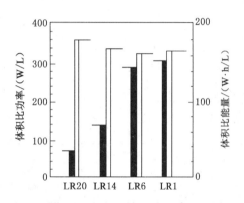

图 8-13 为不同型号的碱锰干
电池的比功率和比能量

（3）正、负极的装配结构的影响

如扣式电池中,电极装配结构可为单层平板式（CR2430 型）或多层平板式（CR2430H 型）。由于电极装配结构的不同对电池性能有所影响。图 8-14 为两种结构的示意图,图 8-15 为两种结构不同电池的放电特性比较。

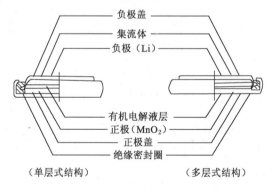

图 8-14 扣式干电池结构示意图

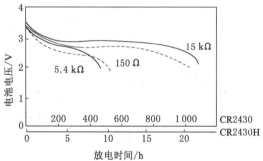

图 8-15 扣式干电池的特性比较
········ CR2430H 型；——— CR2430 型

（4）电解液隔离层的影响

电解液隔离层是指吸附电液隔膜隔离层的统称。电解液起着正、负极间的离子导电作用,隔离层保证正负极对的机械隔离,以防止活性物质微粒对迁移。因而要求电液层具有一定厚度。根据电池系列不同,以电液需用量及内阻情况来选择适当的厚度。如锌银电池、锌汞电池,其电液层稍厚些,可保持较多的电液,而对于固体电解质电池或非水有机电解质电池,因其内阻较高,则电液层薄些较佳。

(5) 电池零部件材料性能的影响

电池所用的金属材料,必须具有很好的化学稳定性,集流体对活性物质和电液应无作用及对绝缘材料要求具有一定的可塑性、耐热性及抗老化性能等。原材料质量的好坏(纯度及其性能),对电池的电性能及贮存性能有很大的影响。表8-8～表8-10分别列出一些常用的隔板隔膜及塑料的某些性能。

表 8-8　　　　　　　　几种用于铅酸蓄电池的隔板性能

隔板种类	电阻/(Ω/cm²)	孔径/μm	孔隙率/%	拉伸强度/(kgf/cm²)	寿命/周期
软质 PVC	0.001 7	11	88	22	116
硬质 PVC	0.002 2	31	46	17.5	—
微孔橡胶	0.003 2	—	63	54	218
玻璃纤维	0.009 4	48	—	—	525

注:1 kgf/cm² = 98.066 5 kPa。

表 8-9　　　　　　　　几种用于锌银电池的隔膜性能

品种		水化纤维素膜	接枝膜 PE-AA	尼龙毡	尼龙布	石棉
吸碱液量	动态/%	93.7	—	87.9	95.2	95.5
	静态/(g/g)	—	2.3	2	1.05	2
	速率/(mm/30 min)	—	—	—	82	—
电阻	比电阻	8～10	10～20	3～4	6	5.6
	方波测定	0.07	—	0.049	0.66	0.10
强度	干态拉伸强度/(kgf/cm²)	12	—	0.2～1.37	—	0.10～0.17
	干态拉伸强度/(kgf/cm²)	9.2	—	0.12～1.03	—	0.03～0.09
耐碱损失/%		2.93				

表 8-10　　　　　　　　几种用于电池的塑料的某些性能

材料	冲击强度/(kgf/cm²)	耐热温度/℃	耐寒温度/℃	相对密度
PS	1.36～2.18	65	−20	1.04～1.06
PE	8.18～10.9	121	−70	0.94～0.96
AS	2.73	60～90	−30	1.07～1.10
ABS	6～53	60～121	−40	1～1.15

值得注意的是,随着新材料的产生及其在电池中的应用,将对电池零部件的性能必然有

所提高,在设计电池时应采用性优的材料。

8.3.3 电池性能

(1) 工作电压的平稳性

电池在一定的放电制度下,其工作电压受其活性材料活性及内阻变化的影响。锌银电池或锌汞电池,随放电过程在正极上反应产物为导电良好的金属银或金属汞,因而放电电压较为平稳;而锌锰干电池则由正极的固相扩散的迟缓而极化增大,内阻上升,因而电压平稳性较差。因此在设计电池时,要根据不同的需求来选择工作电压平稳性不同的电池系列。对于那些要求电压精度高的场合,则需电压平稳性好的电池系列,反之,则应从实际和经济方面来考虑。

(2) 工作温度范围

电池的工作温度范围主要取决于电解液的性质(如电导、冰点、沸点及熔点等)。在中性锌锰电池 NH_4Cl 电解液中加入 $CaCl_2$ 可使电液的冰点下降,制成低温电池,改善电池的低温性能。碱锰电池中电解液 KOH 的冰点很低,因而扩大了它们的使用范围,而非水有机溶剂锂电池,则因为其电解液沸点升高,冰点降低,而使电池具有较宽的使用温度范围。

(3) 贮存性能

影响电池贮存性能的主要因素有:电极活性物质的特性和纯度;电极活性物质与电液的作用;组成电池各物质中有害杂质的影响;隔膜的稳定性与抗氧化性。例如活性物质的自溶解或微电池作用而形成的自放电。另外,开口电池还可能受到空气中氧化作用及碱性电液的碳酸盐化问题。此外,贮存温度的影响也不可忽略,较高的温度会加速上述那些因素的作用,因而电池贮存在较低温度为宜。

(4) 二次电池的循环寿命

凡影响电池贮存性能的影响因素也都对其循环寿命起作用。此外,电池结构与充放电制度是否合理,将影响到电极的变形与活性物质的脱落。放电深度及过充电、隔膜的抗氧化、抗枝晶穿透能力等,这些都是影响电池循环寿命不可忽视的因素。

8.3.4 工艺方面的准备

8.3.4.1 电极制造与选择

电极是电池的核心。一般电极都由三部分组成,一是参与成流反应的活性物质,二是集流体或为改善电极性能而加入的导电剂,三是少量黏结剂、添加剂、缓蚀剂等。

化学电源常用的电极形式有片状电极、两相多孔电极和气体扩散电极。电极的制造方法有很多,由于制造工艺的不同,电极结构形式也各不相同,各有特点。

(1) 片状电极

片状电极一般由金属片或板直接制成,锌锰干电池以锌饼冲成圆筒做负极,锂电池的负极用锂片。

(2) 两相多孔电极

两相多孔电极应用极广,因为电极多孔,真实面积大,电化学极化和浓差极化小,不易钝化。电极反应在固液界面上进行,充放电过程中生成的枝晶少,可以防止电极间短路。

根据电极的成型方法不同,常用的两相多孔电极有以下几种。

① 管(盒)式电极:将配制好的电极材料加入表面有微孔的管或盒中,如铅酸电池正极

是将活性物质铅粉装入玻璃丝管或涤纶编制管中,并在管中插入汇流导电体。也有极板盒式的,镉镍电极则为盒式电极。此类电极不易掉粉,电池寿命长。

② 压成式电极:将配制好的电极材料放入模具中加压而成。电极中间放导电骨架。镍氢电池中发泡镍干粉压成正极、铜网干粉压成负极等。

③ 涂膏式电极:将电极材料用电解液调成膏状,涂覆在导电骨架上,如铅酸电池的电极、锌银电池的负极、锂离子电池的电极。

④ 烧结式电极:将电极材料先通过一定工艺成形,并经高温烧结处理,可以烧结成电极基板,然后浸渍活性物质,烘干而成。镉镍电池、锌银电池用电极常用烧结法制造。烧结式电极强度高,孔隙率高,可以大电流、高倍率放电,电池寿命长,但工艺复杂,成本较高。

⑤ 发泡式电极:采用发泡镍作为导电骨架所制成的电极形式。将泡沫塑料进行化学镀镍、电镀镍处理后,经高温碳化后得到多孔网状镍基体,将活性物质填充在镍网上,经轧制成泡沫电极。泡沫镍电极孔隙率高(90%以上),真实表面积大,电极放电容量大,电极柔性较好,适合做卷绕式电极的圆筒形电池。目前主要用于氢镍和镉镍电池。

⑥ 黏结式电极:将活性物质加黏结剂混合,滚压在导电镍网上制成黏结式电极。这种电极制造工艺简单,成本低。但极板强度比烧结式的强度低,寿命不长。

⑦ 电沉积式电极:以冲孔镀镍钢带为阴极,在硫酸盐或氯化物中,将活性物质电沉积到基体上,经辊压、烘干、涂黏结剂,剪切成电极片。电沉积式电极可以制备镍、镉、钴、铁等高活性电极,其中电沉积式镉电极已在镉镍电池中应用。

⑧ 纤维式电极:以纤维镍毡状物做基体,向基体空隙中填充活性物质,电极基体孔隙率达93%~99%,具有高比容量和高活性。电极制造工艺简单,成本低,但镍纤维易造成电池正、负极短路,自放电大,目前尚未大量应用。

(3)气体扩散电极

气体扩散电极是两相多孔电极在气体电极中的应用。电极的活性物质是气体。气体电极反应在电极微孔内表面形成的气-液-固三相界面上进行。目前工业上已得到应用的是氢电极和氧电极,如燃料电池的正、负极和锌-空气电池的正极都是这种气体扩散电极。典型的电极结构有:双层多孔电极(又称培根型电极)、防水型电极、隔膜型电极等。

以上电极以压成式电极最为普遍,所用设备简单,操作方便,较为经济,一般电池系列均可采用;涂膏式电极也较为普遍,多用于二次电池;烧结式电极,寿命较长,也多用于二次电池;箔式电极生产自动化程度高,电极比表面积大,适用于大功率一次及二次电池;而电沉积式电极,孔隙率高,比表面积大,活性高,适用于大功率、快速激活电池。

在电池设计时,根据对电池的使用要求、生产条件及其经济性来综合确定。

8.3.4.2 电池的装配结构

电池的结构设计,同样需要根据电池的使用条件,结合电池系列的特殊性来进行。合理的电池结构,有利于发挥电池的最佳性能,为了保证电池的可靠性和安全性,除了在工艺上采取必要的措施(极群的连接、两极的配比、密封方式、安全阀、防爆栓等)外,还应注意到电池的使用条件,尤其是电池的工作温度和贮存温度,对电池性能及寿命有很大影响。图8-16列出了一些电池的贮存温度和工作温度的范围。

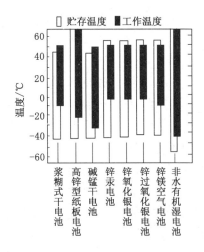

图 8-16 一些电池的贮存温度和工作温度

8.4 电池设计的一般步骤

设计主要包括参数计算和工艺制定两个方面的内容。本节仅介绍一般的基本计算和设计步骤。

8.4.1 确定组合电池中单体电池数目、工作电压和工作电流密度

根据要求的电池工作总电压、工作电流等指标,参考选定的电池系列的"伏安曲线"(经验数据或试验所得)来确定。

(1) 单体电池数目的确定

单体电池数目由电池组的工作总电压和单体电池工作电压来确定,其公式为

$$单体电池数目 = \frac{电池组合工作总电压}{单体电池工作电压} \tag{8-5}$$

(2) 选定单体电池工作电压和工作电流密度

根据选定系列电池的伏安曲线,来确定单体电池的工作电压和工作电流密度,同时应考虑到工艺(如制造方式,电极结构形式等)的影响,以及电流密度对工作电压及活性物质利用率的影响等。

8.4.2 计算电极总面积和电极数目

根据要求的工作电流和选定的工作电流密度,计算电极总面积(以限制电极为准):

$$极片总面积(cm^2) = \frac{工作电流(mA)}{工作电流密度(mA/cm^2)} \tag{8-6}$$

根据要求的电池外形最大尺寸(电池总容积),选择合适的电极尺寸,计算电极数目。应注意的是:在选择方形电池电极尺寸时,要考虑到该电池电极的长宽比。

$$电极数目 = \frac{电极总面积}{极片面积} \tag{8-7}$$

8.4.3 电池容量计算

(1) 额定容量计算

额定容量(A·h)由要求的工作电流和工作时间来决定。

$$额定容量＝工作电流×工作时间 \tag{8-8}$$

（2）确定设计容量

一般情况下，为保证电池的可靠性和使用寿命，设计容量应大于额定容量的 $10\%\sim20\%$，而锌-银蓄电池的设计容量应大于额定容量的 $20\%\sim50\%$。

$$设计容量＝(1.1\sim1.2)×额定容量 \tag{8-9}$$

8.4.4 计算电池正、负极活性物质的用量

（1）根据限制电极的活性物质的电化当量、设计容量及活性物质利用率来计算单体电池中控制电极的物质用量。

$$单体电池限制电极物质用量＝设计容量×电化当量÷利用率 \tag{8-10}$$

（2）计算非限制电极活性物质用量。

$$单体电池非限制电极物质用量＝设计容量×电化当量÷利用率×过剩系数 \tag{8-11}$$

非限制电极活性物质过量，一般过剩系数范围为 $1\sim2$。

例如选定 Zn-AgO 系列，并确定工艺为烧结式，控制电极为 AgO 电极，则单体电池正极物质（Ag 粉）用量为设计容量乘以 4.025 g/(A·h)，再除以利用率。烧结式银电极孔隙率与利用率关系见图 8-17。

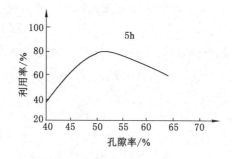

图 8-17　烧结式银电极孔隙率与利用率关系

非控制电极为锌电极，并选定工艺为涂膏式，则

$$单体电池负极混合用量＝\frac{设计容量×1.22\ \text{g/(A·h)}}{(W_{Zn}+W_{ZnO}×\frac{65.37}{81.37})×利用率}×过剩系数$$

由于涂膏式锌电极常含有黏结剂，则：锌膏质量＝混合锌粉量×(1+A)，其中 A 为黏结剂占总质量的比例。

（3）活性物质利用率的确定

首先，电极板厚度对活性物质的利用率也有较大影响。如果极板有理想的孔隙率，电解液能够充分扩散到电极内部，则在小电流放电时，极板容量应随厚度的增加而成比例的增加，但实际上是随着厚度的增加，容量的增长率逐渐减小，特别是在高倍率放电时更为突出。因此，在谈到极板容量与厚度关系时，离开放电倍率的限制是没有意义的。在相同放电倍率下放电时，随极板厚度的增加，活性物质总量增加，活性物质深处越来越难以参加反应，所以利用率随厚度的增加而下降，越高倍率放电，活性物质利用率下降得越显著。

在高倍率放电时，电解液向极板孔内的扩散赶不上放电进程，反应只在极板表面进行，

电极反应有可能生成难溶性产物(如铅酸电池放电时,生成难溶性产物 $PbSO_4$),将极板表面的孔堵塞,越发使极板内部活性物质难以进行反应,其结果使活性物质利用率下降。反之,当小电流缓慢放电时,电解液可以充分扩散,由于增加极板厚度而使容量增加的优越性才能较明显地表现出来。

表 8-11 为铅酸电池极板厚度在不同放电倍率下与利用率的关系。

表 8-11　极板厚度与活性物质利用率的关系

极性	极板厚度/mm	活性物质质量/g	理论容量/(A·h)	5 h 放电倍率		1 h 放电倍率	
				实际容量/(A·h)	利用率/%	实际容量/(A·h)	利用率/%
正极板	2.1	63	14.1	6.6	47	4.3	31
	3.8	110	24.6	8.6	35	5.1	21
	5.3	160	35.9	9.6	27	5.9	16
	6.8	209	46.8	10.5	23	6.4	14
	8.3	253	56.7	12.0	21	7.0	12
负极板	2.1	55	14.2	9.2	65	6.1	43
	3.5	94	24.4	13.9	57	8.2	34
	5.1	139	36.0	17.3	48	9.3	26
	6.6	183	47.4	18.5	39	10.2	22
	8.2	225	58.3	19.2	33	11.2	19

从表中看出:正极板 5 h 放电率,利用率为 50% 以下,而负极也不超过 65%。极板厚度增大时,利用率的下降幅度是相当大的。

以上所述,仅就活性物质的整体而言,考虑的只是平均利用率,实际上极板上的各个部位的电位、电流分布不均匀,每一部位的利用率也不相同,而电流分布、电位分布与极板面积、极板宽、高比、极耳位置与数量等因素有关,这些因素对极板容量和活性物质的利用率有很大影响,所以选择活性物质利用率时,要对各个因素综合考虑,然后确定适宜的活性物质利用率,进而确定活性物质的用量。

8.4.5　电极正负极的平均厚度

由于每片电极物质 $=\dfrac{单体电池物质用量}{单体电池极片数目}$,那么每片极片的厚度为

$$每片电极平均厚度 = \frac{每片电极物质用量}{物质密度×极片面积×(1-孔隙率)} + 集流网厚度 \quad (8-12)$$

其中　　　　$集流网厚度 = \dfrac{网格质量}{物质密度×网格面积}(或选定)$

如果电极活性物质不是单一物质而是混合物时,则物质密度应换成混合物质的密度。例如选定锌负极工艺为压成式,则负极物质为 Zn、ZnO 及 HgO 的混合物,混合密度为

$$d_{混} = \frac{W}{V} \quad (8-13)$$

式中,W 为混合物质量;V 为混合物实体积;$d_{混}$ 为混合物密度,g/cm^3。

混合锌粉的密度(g/cm^3)为

$$d_{混} = \frac{W}{\dfrac{XW}{d_{Zn}} + \dfrac{YW}{d_{ZnO}} + \dfrac{ZW}{d_{HgO}}} = \frac{1}{\dfrac{x}{d_{Zn}} + \dfrac{y}{d_{ZnO}} + \dfrac{z}{d_{HgO}}} \tag{8-14}$$

式中,x 为混合物中 Zn 的质量分数;y 为混合物中 ZnO 的质量分数;z 为混合物中 HgO 的质量分数;d_{Zn} 为 7.14 g/cm^3;d_{ZnO} 为 5.58 g/cm^3;d_{HgO} 为 11.14 g/cm^3。

8.4.6 隔膜材料的选择与厚度的确定

不同的电池系列应选择不同的隔膜材料。碱性介质应选用耐碱膜材,酸性介质应选耐酸膜材。如锌银系列隔膜,常选用再生纤维素膜或聚乙烯接枝膜,镍镉系列常选用尼龙毡等。隔膜层数及厚度要根据隔膜本身性能及具体设计电池的性能要求来确定。

8.4.7 电解液的浓度与用量的确定

电解液的浓度与用量要根据选定的电池系列特性以及结合具体设计电池的使用条件(如工作电流、工作稳定等)来确定或根据经验数据来选定。启动型铅酸蓄电池的用酸量与容量及电液利用率的关系,如图 8-18 所示。

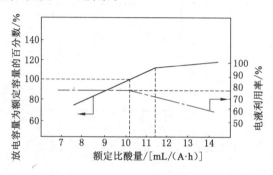

图 8-18 启动型铅酸蓄电池的用酸量与容量及电液利用率的关系

由图 8-18 可知,当额定比酸量在 11.4 mL/(A·h)以前,电池容量随电液量增大而增大,其速率为每毫升提高容量 9%,而过此点后,容量提高就缓慢了,故称此点为"有效定额比酸量",当电池达到额定容量时,所对应的额定比酸量为 10.2 mL/(A·h),当小于 10.2 mL/(A·h)时,容量由合格转为不合格,故称此点为"最低额定比酸量",此值所对应的电液利用率为 78%。此数值在容量合格的前提下,电液的利用率最高。由讨论知,对启动型铅酸蓄电池的最低用酸量(mL):

$$最低用酸量 = 10.2 \times C$$

式中,C 为电池容量,A·h,要求当 H_2SO_4 密度为 1.28~1.29 g/cm^3 时才能使用上式。

8.4.8 确定电池的装配松紧度及单体电池容器尺寸

装配松紧度由单体电池极板总厚度与隔膜厚度及电池内径来决定。

$$松紧度 = \frac{单体电池极板总厚度 + 隔膜厚度}{单体电池内径} \times 100\% \tag{8-15}$$

对于圆柱形电池,可通过横截面积来计算。

$$松紧度 = \frac{极片总长度 \times 极片厚度 + 隔膜总膜数 \times 隔膜厚度}{电池横截面积} \times 100\% \qquad (8\text{-}16)$$

考虑到电池放电过程中存在的类偏摩效应,因而在设计装配电池时必须保证具有一定的松紧度。其值要根据选定的系列电池特性及设计电池的电极厚度来确定,一般经验数据为 80%～90% 为宜。

单体电池或组合电池容器尺寸要根据电池内径及电极尺寸来确定。另外还应根据选定的壳体材料的物理性能与力学性能,确定适宜的电池容器,电池高度则需要依据壳体高度、电液量及空气室容积等情况来选定。

8.5　电池设计举例

8.5.1　锂离子电池设计概述

在锂离子电池设计中最常见的设计为:已知电池尺寸、充放电机制、放电环境等参数,来设计电池容量、内阻、相关工艺参数等;或已知容量、放电机制、放电环境等,来设计电池尺寸、相关组成部件等参数。本章节主要讨论在已知电池尺寸、常用的放电机制(<1 C 充放电)、常温用电环境下,对电池容量、制造工艺等计算。其他情况设计方法相同,仅计算顺序不同。

锂离子电池尺寸与容量、放电电流等要求相关,可以用以下等式表述:

$$尺寸 = f(容量、放电电流、材料 \cdots\cdots) \qquad (8\text{-}17)$$

或

$$容量 = f(尺寸、放电电流、材料 \cdots\cdots) \qquad (8\text{-}18)$$

因为电池设计可能无法同时满足上述所有要求,所以只能通过材料、工艺、设计等方面的变化在一定范围内一定程度的满足。在设计中因单体电池电压或电流密度不能满足要求时,可以通过多个单体电池组合(串联、并联)来实现;组合电池除了考虑电压、电流密度、尺寸的变化外,还需考虑充放电过程中热量的传递(或积累)。

本节主要论述单体电池的设计,对组合电池不做重点论述。

8.5.2　影响锂离子电池设计的相关因素

锂离子电池是近年来新发展起来的新型化学能源,为了强化对该电池设计的理解,在此对该电池性能及设计的主要影响因素加以简要说明。

影响锂离子电池设计的相关因素很多,如原材料、电池结构、工艺参数、工艺能力等。上述各个方面通过影响电池各组成部分的体积最终决定电池尺寸;各材料的选择、结构及工艺变化影响到电池的性能。诸影响因素之间并不是完全独立的,它们之间相互影响,此处的分类仅是为了更好地说明问题。

(1) 原材料的影响

材料的选择是电池设计的关键部分,材料的特性决定了电池的性能。

① 活性物质的影响　正/负极活性物质自身特性之间决定了电池的性能。活性物质的质量比容量是决定电池容量的关键因素。同时其颗粒度、比表面积、表面形态决定电池的内阻、放电倍率等性能。

② 集流体的影响 集流体的厚度、表面状态等影响电池尺寸、内阻、放电倍率以及活性物质之间的结合力等。

③ 隔离膜 隔离膜厚度影响电池尺寸；其厚度、孔隙率等将直接影响电池内阻、放电倍率。

④ 包装材料 包装材料厚度影响电池尺寸。材料性质影响电芯结构，例如钢壳电池采用负极包尾(Cu箔包尾)结构；铝壳电池采用正极包尾(Al箔包尾)；软包装在保证内部PP层不破损的情况下，正极或负极包尾均可。

⑤ 电解液 电解液电导率、黏度、组分及添加剂等影响到电池的内阻、放电倍率、安全性等方面。

其他材料如正负极导电剂、黏结剂、极耳、包装胶都会不同程度地影响到电池的设计结果。

（2）电池结构对电池设计的影响

① 按外包装材料类别电池可分为钢壳、铝壳、软包装(铝塑膜)电池，软包装与钢/铝壳因内部空间的差异及内部空间的利用率不同，导致设计的差别。

② 裸电芯的结构分为叠片、卷绕，不同的裸电芯结构在空间利用率上也存在不同。

③ 按形状分为圆柱形、方形、异形，不同的裸电芯结构在不同形状的壳体内，空间利用率也存在不同。

另外对于卷绕结构电池，不同的卷绕方式也对电池尺寸、容量有一定的影响。不同的卷绕方式包括正极包尾、负极包尾；极耳在外，极耳在内等。

（3）工艺参数对电池设计的影响

工艺参数的选择由材料特性决定，此处仍将此影响归结于工艺参数的影响。

① 正/负极配方：配方中活性物质百分比影响电池容量。各材料的配比影响到极片的厚度。

② 正/负极面密度的匹配：在一定范围内正/负极面密度对电池的尺寸有影响。

③ 正/负极涂布的面密度：涂布面密度影响电池尺寸及倍率放电性能。

④ 正/负极冷压密度：冷压密度影响极片的厚度、孔隙率，从而影响到电池尺寸、倍率放电性能。特别是负极的压实密度大，将使负极的利用率下降，在充放电过程中出现析锂现象，电池性能恶化。

⑤ 装配松紧度：装配松紧度影响电池尺寸，以及电池内阻与性能。

⑥ 电液量：电解液不足将直接导致电池性能的恶化，过多电解液量将导致生产过程的困难及电池的污染。

设计过程中的其他参数也将影响到电池的最终结果，包括隔离膜设计余量、负极相对正极的设计余量(尺寸方面)等，对于软包装电池还包括封装区的宽度等。

（4）工艺能力对电池设计的影响

在设计过程中需要考虑工艺能力，工艺的偏差大，设计的余量需要增大，工艺能力的概念贯穿设计的全过程，包括正负极容量匹配、冷压厚度的范围、容量的范围等。一般可用统计学方法来确认一定的工艺能力条件下的设计偏差范围。例如电池标称容量为 $100\ mA \cdot h$（最低容量），标准偏差为 $2\ mA \cdot h$，在无异常情况下要求容量合格率为 99.85%，此时的设计容量为

$$设计容量＝标称容量＋3×标准偏差＝106（mA \cdot h）$$

最终电池容量 99.7％分布在 100～112 mA·h。

（5）制作过程中半成品变化对设计的影响

在锂离子电池设计过程中，材料的状态一直处于变化的状态，主要是正负极极片厚度在过程中的变化导致电池尺寸变化，这也是考虑电池装配空间的主要因素。锂离子电池主要工艺流程及半成品变化如图 8-19 所示。

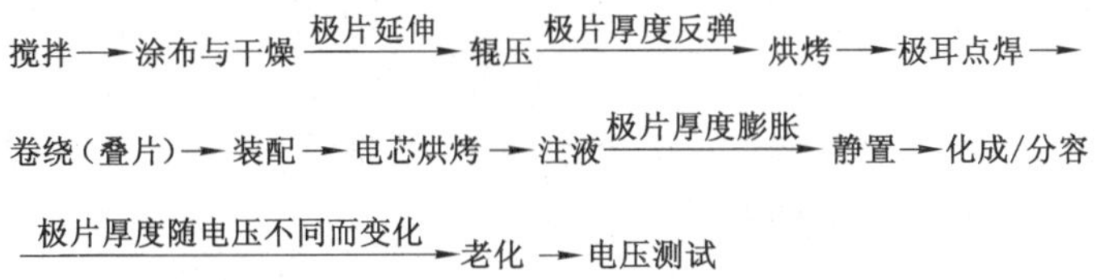

搅拌──涂布与干燥──^{极片延伸}──辊压──^{极片厚度反弹}──烘烤──极耳点焊──

卷绕（叠片）──装配──电芯烘烤──注液──^{极片厚度膨胀}──静置──化成/分容

^{极片厚度随电压不同而变化}──老化──电压测试

图 8-19　锂离子电池主要工艺流程及半成品变化示意图

通常出现半成品尺寸变化的主要工序及原因是：

① 在辊压工序中，因辊压作用使材料延伸，导致极片长度变化，延伸的程度与材料特性及压实密度有关；

② 在烘烤工序中，极片烘烤后由于其内应力的释放，导致极片厚度变化；

③ 在注液工序中，注液后极片中材料吸收电解液（特别是黏结剂的吸液）后膨胀，导致极片的膨胀；

④ 在化成与分容过程中锂离子在正负极材料之间移动，导致材料结构的变化，最终体现在极片的厚度变化。

8.5.3　锂离子电池设计关键技术

锂离子电池设计的关键部分包括正负极容量匹配的选择、裸电芯与外壳（包装材料）装配空间的计算、尺寸、电解液、容量、内阻的计算等。

8.5.3.1　正负极容量配比

容量设计的原则是负极可逆容量大于正极容量。若负极容量小于正极容量，充电过程中从正极到达负极过多的锂离子无法嵌入负极活性物质中，导致在负极表面直接被还原为锂金属，形成金属锂的过程中电池极化增大，使电池性能恶化；同时负极表面的金属锂容易形成枝晶最终导致电池内部短路。

实际设计过程中用下面公式计算正负极容量配比：

$$容量平衡系数＝\frac{单位面积的负极容量}{单位面积的正极容量}$$

$$＝\frac{负极面密度×负极活性物质占负极物料的质量分数×负极可逆质量比容量}{正极面密度×正极活性物质占正极物料的质量分数×正极可逆质量比容量}$$

平衡系数设计要求大于 1.0，实际取值取决于工序能力、材料的利用率及正负极的正对面积的比（裸电芯结构）、放电倍率等因素。平衡系数常用的范围为 1.04～1.20。

（1）工序能力对平衡系数设计的影响

工序能力高平衡系数设计可取小的数值，反之，平衡系数需要取大的数值，原则上保证任何情况下平衡系数都大于 1.0。例如，正负极的涂布面密度偏差都为 ±4％，此时的平衡系数设计应大于 1.08，这样的设计才能保证面密度最大的正极与面密度最小的负极匹配时

[]

平衡系数大于 1.0。

（2）正负极正对面积比

不同的结构设计会导致电池的正负极正对面积的差别,如果这种差别较大,也会导致平衡系数在局部小于 1.0。

例如圆柱形电池,正负极按一定的面密度设计（平衡系数一定）,但电池的不同位置,实际的平衡系数并不是原来的设计值,而是随半径变化而变化的。特别是极片厚度厚,曲率半径小的情况变化更明显。导致上述现象的原因为不同半径下正负极相对应的面积的差别。从图 8-20 可看出,负极 A 面对应正极 B 面,这种对应方式平衡系数大于原设计值,负极 B 面对应正极 A 面,此时的平衡系数小于原设计值。特别是半径较小的情况下这种现象更加明显。解决上述问题的方法可以提高平衡系数的设计值,使得最小位置的平衡系数大于1.0。或者正极或负极两面采用不同的涂布面密度。方形卷绕的电池同样在转角位也存在上述问题,但因面积较小,影响也较小,往往不予考虑。

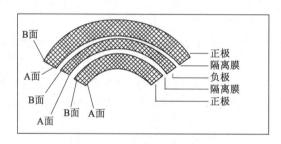

图 8-20　圆柱形锂离子电池电极装配示意图

8.5.3.2　装配空间计算

装配空间是指裸电芯与外壳（外包装）之间的尺寸配合。合理的装配空间设计对于电池性能的发挥及空间的合理利用都有很大的影响。装配空间设计过小,会造成装配过程的困难、电池尺寸超出要求,还有可能造成性能在一定程度上的恶化。装配空间过大,电池体积容量降低,内部结构无法达到紧装配的要求,在一定程度上也降低电池的性能,包括内阻、容量等。

软包装电池因外包装能够完全贴着裸电芯,故此处的装配空间是指裸电芯尺寸加上外包装尺寸与电池成型后（出货前带电状态）的尺寸差别。同一软包装电池的装配空间设计不合理主要会影响到电池最终的尺寸。

装配空间设计主要考虑两个方面的因素。第一,裸电芯在装配厚度方向上能够装入外壳;第二,电池带电后的膨胀。对于硬壳电池,要留有裸电芯膨胀的空间;对于软包装电池,膨胀后的电池的最终厚度小于设计厚度。在电池设计中因为电池长度（或圆柱形电池高度）方向不会有膨胀问题,故只需要考虑第一条原则。一般长度（或高度）装配空间大于等于 0,对于软包装电池一般长度装配空间取 0～1 mm 都是可行的,因为裸电芯中隔离膜的长度最长,隔离膜因为在一定长度下可被挤压,故设计的时候裸电芯可以比内部空间略大一点。对于要进行封口化成的硬壳电池长度设计同时要考虑空气室的空间能否容纳化成时产生的气体量（在一定压强下）。

一般情况下,电池的厚度（对于圆柱形电池直径方向）装配空间设计才是设计的关键所在。其设计原则需要同时考虑上面提到的两点要求,故需要计算出电池膨胀后的膨胀率,从而计算出膨胀的空间,再通过膨胀的空间确认入壳的难易程度。

电池的膨胀主要来源三方面的原因,极片烘烤后的反弹、吸收电解液后的膨胀、化成后的膨胀。极片烘烤后的反弹、吸收电解液后的膨胀、化成后的膨胀可以通过前后的极片厚度计算得出。化成后的膨胀是由材料的变化引起的,可以通过不同材料的层间距变化计算得出。综合上述,厚度方向的装配空间由式(8-19)表示。

厚度方向的装配空间＝正极总的膨胀厚度＋负极总膨胀厚度

＝正极压片后厚度×正极总膨胀率＋负极压片后厚度×负极总膨胀率

$$(8-19)$$

正负极总膨胀率可以通过测量压片后和充电后的厚度直接计算。但上述测量方案存在缺陷,因不同的荷电状态下膨胀率不同(特别是负极),可以先测出极片吸液后的总膨胀率,再通过以下方案计算带电后的总膨胀率。

石墨电极荷电结构如图 8-21 所示。正/负极带电后的膨胀率计算如下。

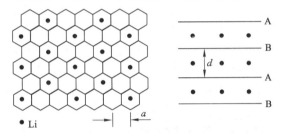

图 8-21　石墨电极荷电结构示意图

锂离子电池充电过程负极反应:

$$6C + xLi^+ + xe \longrightarrow Li_xC_6 \tag{8-20}$$

充电过程中负极由 C 转变为 LiC_6,C 的层间距 d 为 0.335 4 nm,LiC_6 的层间距 d 为 0.370 6 nm,假设负极为片状,材料膨胀的方向与极片厚度膨胀的方向一致,那么全荷电态下负极的膨胀为

$$负极膨胀率(片状) = \frac{d_{LiC_6} - d_C}{d_C} \times 100\% = \frac{0.370\ 6 - 0.335\ 4}{0.335\ 4} \times 100\% = 10.5\%$$

这一结论为全荷电态下的片状负极膨胀率。在不同的荷电状态下,负极的膨胀率不同。假设负极的膨胀率与荷电状态成正比,则负极膨胀率近似表示为

$$负极膨胀率 = \frac{d_{LiC_6} - d_C}{d_C} \times \frac{负极实际容量}{负极理论容量} \times 100\% \tag{8-21}$$

例如:负极石墨的理论容量为 372 mA·h/g,电池半荷电状态下,负极实际荷电容量约为 150 mA·h/g,此时对于负极膨胀率为 5.3%。另外,因负极一般都为球形(或类球形),故实际膨胀率小于片状石墨的膨胀率。

正极充电过程方程式为

$$LiCoO_2 \longrightarrow Li_{1-y}CoO_2 + yLi^+ + ye \tag{8-22}$$

正极满充后由 $LiCoO_2$ 变成 $Li_{0.5}CoO_2$,层间距由 0.473 nm 变成 0.478 nm,那么

$$\text{正极膨胀率(片状)} = \frac{d_{Li_{0.5}CoO_2} - d_{LiCoO_2}}{d_{LiCoO_2}} \times 100\%$$

$$= \frac{0.478 - 0.473}{0.473} \times 100\% = 1\%$$

因正极充电前后片状膨胀较小,在设计过程中可以不考虑充放电对正极极片变化的影响。

8.5.3.3 极片尺寸计算

常用的计算极片尺寸的方法为,已知电池容量,选定面密度,通过以下公式来计算极片的面积,极片面积＝容量/面密度。因锂离子电池容量一般设计为正极限容,故上式计算为正极极片面积。通过正极面积计算正极长、宽,最后确定负极的尺寸。最终计算电池的尺寸。在锂离子电池设计中更为常见的是,已知电池尺寸,计算极片尺寸。在各种结构的电池中,方形卷绕结构尺寸计算最为复杂,此处重点讨论此种情况。

卷绕过程构建的模型为:卷针长度方向为直线,侧边为半圆,随着卷绕的层数的增加,侧边的厚度增加,此时卷绕的半径增大,故每一层卷绕的侧边的计算结果不同。假设正极包尾结构(卷绕最外两折,正极靠内为膜片,靠外为铝箔,结果是正极集流体比负极集流体多一层),电池的负极折数为 n 折,则正极折数为 $n+1$ 折。设计中要保证负极膜片完全包覆正极膜片,故在正极长度设计过程中正负极膜片交界处,需要设计负极膜片大于正极膜片的余量。

图 8-22 中极片长度尺寸如下:

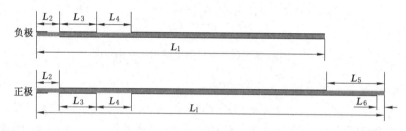

图 8-22　极片长度尺寸示意图

极片长度计算说明:

负极	正极
L_2 负极极耳宽度	正极极耳宽度＋余量 1
L_3 卷针周长/2－负极 L_2－负极 $L_4/2$	卷针周长/2－正极 L_2－正极 $L_4/2$
L_4 正极极耳宽度×2	(负极极耳宽度＋余量 2)×2
L_5	卷针周长＋第 n 折转角半圆长度＋余量 3
L_6	余量 3

负极总长度 L_1＝第 1 折长度＋第 2 折长度＋…＋第 $n-1$ 折长度＋卷针周长/2

正极总长度 L_1＝第 1 折长度＋第 2 折长度＋…＋第 n 折长度＋卷针周长/2

无论正极还是负极,收尾处在电芯表面,收尾位置不同尺寸略有不同。

第 n 折长度＝卷针周长/2＋第 n 折转角半圆长度

第 n 折转角半圆长度＝π×(第 n 折电芯厚度/2)

第 n 折负极电芯厚度＝(烘烤后正极极片厚度＋隔离膜厚度＋烘烤后负极极片厚度/2)

$+(n-1)\times$(烘烤后正极极片厚度+烘烤后负极极片厚度$+2\times$隔离膜厚度)

第 n 折正极电芯厚度=(烘烤后负极极片厚度$+2\times$隔离膜厚度+烘烤后正极极片厚度)$+(n-1)\times$(烘烤后正极极片厚度+烘烤后负极极片厚度$+2\times$隔离膜厚度)

综合上述公式,有

负极总长度 $L_1=n\times$卷针长度$\div2+\pi\div2\times$[$2\times$(烘烤后正极极片厚度$+2\times$隔离膜厚度+烘烤后负极极片厚度$\div2$)$+(n-2)\times$(烘烤后正极极片厚度+烘烤后负极极片厚度$+2\times$隔离膜厚度)]$\times(n-1)/2$ (8-23)

负极总长度 $L_1=(n+1)\times$卷针长度$\div2+\pi\div2\times$[$2\times$(烘烤后负极极片厚度$+2\times$隔离膜厚度+烘烤后正极极片厚度$\div2$)$+(n-1)\times$(烘烤后正极极片厚度+烘烤后负极极片厚度$+2\times$隔离膜厚度)]$\times n/2$ (8-24)

极片长度计算说明:

① 上述对极片长度的计算只针对其对应的卷绕方式,不同的卷绕方式计算结果有一定差别,但方法不同。

② 实际卷绕中因为极片的张力控制不紧,卷绕过程无法完全模拟上述的模型,实际结果比理论计算的长一些,特别是手工卷绕及极片较长的情况,对极片短的(中小电池设计)影响很小,可以通过修正来达到准确的极片尺寸。

③ 上述针对极片的计算为卷绕前的极片尺寸,因冷压后极片有不同程度的延伸,故裁片前的极片长度需要考虑冷压后的延伸。

8.5.3.4 电解液用量计算

电解液的作用是为电池内部的离子导电,所以理论的用量应覆盖到电芯内所有孔隙,此孔隙包括正负极膜片以及隔离膜。

理论电解液体积=正极膜片孔隙体积+负极膜片孔隙体积+隔离膜孔隙体积 (8-25)

其中:

隔离膜孔隙体积=隔离膜的总体积×隔离膜的孔隙率 (8-26)

正(负)极膜片孔隙体积=正(负)极膜片总质量×膜片孔隙率 (8-27)

因为隔膜、正负极膜片的总体积容易计算得到,隔离膜的孔隙率可从产品的物理参数得到,所以关键是膜片在总体积中所占的比例的计算。

膜片孔隙率 = 1－膜片的冷压密度÷材料的平均真实密度 (8-28)

例如:假设正极配方如下 $LiCoO_2$:导电剂:黏结剂$=95.5\%:2\%:2.5\%$。已知上述三种材料的真实密度依次为 $4.97\ g/cm^3$,$2.00\ g/cm^3$,$1.78\ g/cm^3$,则

正极材料的平均真实密度$=1\div(95.5\%\div4.97+2\%\div2.00+2.5\%\div1.78)=4.635$ (g/cm^3)

若正极冷压密度为 $3.7\ g/cm^3$,则

膜片孔隙率 $=(1-3.7\div4.635)\times100\%=21.1\%$

在实际生产中一般用电解液的质量来计量,故需要将体积转化成质量,实际的电解液用量比理论电解液用量多,因为电池其他空间会残余电解液体积,所以实际电解液体积=理论电解液体积+其他空间残余电解液体积。对于硬壳电池(方型钢、铝壳电池、圆柱形电池),其他空间的体积计算需要考虑电解液优先贮存地方的体积,对于软包装电池,因抽真空后无

多余存贮空间(仅在铝塑膜壁上有一定的残留),故常用式(8-29)计算:

$$实际电解液量 = 理论电解液量 \times 系数(约为 1.06) \tag{8-29}$$

电解液质量=电解液体积÷电解液密度,电解液密度因配方不同而异,一般的电解液密度约为 1.2 g/cm^3。

8.5.3.5 容量、内阻计算

容量、内阻、尺寸是电池的重要参数,是客户关注的重点之一。设计的一个重要任务是需要给出准确的容量、内阻值。

(1)容量计算

锂离子电池容量由正极活性物质质量决定,其公式表示如下:

$$容量=正极活性物质质量 \times 质量比容量 \times 利用率 = 正极质量 \times 正极活性物质占正极物质总质量的质量分数 \times 质量比容量 \times 利用率(一般 LiCoO_2 质量比容量为 140 \text{ mA·h/g}) \tag{8-30}$$

不同的放电制度下(放电温度、放电倍率)利用率不同,一般温度低,放电倍率低。在常温下,1 C 放电利用率接近 100%。

(2)内阻计算

电池内阻指在电池荷电 50% 时 1 kHz 下的交流阻抗。电池内阻由两部分组成,一部分为电子导电电阻,主要由集流体的电阻、极耳的电阻及其之间的接触电阻、活性物质与集流体之间的接触电阻、膜片粉状物质间的接触电阻等组成;另一部分是离子导电电阻,主要由电解液电阻、隔离膜电阻等组成。实际上在这个体系里,主要决定因素为隔离膜、电解液的影响。在当前常用的材料中,膜片的影响较小。集流体电阻、极耳电阻可通过材料的电导率及导电面积与导电长度计算得到。

$$内阻 = 电导率 \times 长度 \div 面积 \tag{8-31}$$
$$长度 = 集流体长度 \div 2 \tag{8-32}$$

在相同的体系下(电解液、膜片、隔离膜相同)单位面积离子电阻可以实测出来,通常单位面积离子电阻在 $430\,000 \sim 880\,000 \text{ m}\Omega \cdot \text{mm}^2$ 之间。

8.5.4 设计基本过程

锂离子电池设计是一个逆过程,即已知最终尺寸,推导出电池的最终结果及电池制作过程中的相关参数。此处以软包装电池为例介绍设计的思路(电芯卷绕结构为正极收尾)。

(1)带电状态裸电芯尺寸确定

通过电池最终尺寸结合外包装情况,计算带电状态下裸电芯尺寸(出货电池一般为 50% 荷电状态)。图 8-23 ××4090 电池铝塑膜冲膜图。由图 8-23 知:

$$带电状态裸电芯厚=电池厚度-铝塑膜厚度 \times 2 \tag{8-33}$$
$$带电状态裸电芯长=冲膜内坑长度 \tag{8-34}$$
$$带电状态裸电芯宽=冲膜内坑宽度 \tag{8-35}$$

(2)卷绕层数及正负极面密度确定

将一层正极厚度(双面涂浆)、一层负极厚度(双面涂浆)与两层隔离膜厚度定义为一层卷绕厚度。通过裸电芯的厚度及选定正负极最大面密度确定卷绕的层数。

$$层数 = \frac{带电状态裸电芯厚-铝箔厚度}{一层卷绕厚度(带电状态)} \tag{8-36}$$

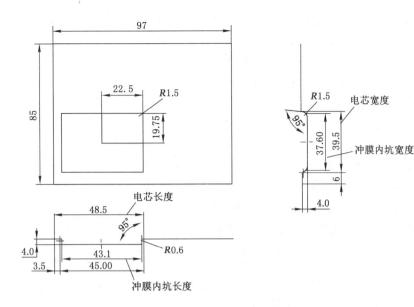

图 8-23　××4090 电池铝塑膜冲膜图

（上述公式针对正极包尾的结构，不考虑极耳、胶纸厚度的影响）

一层卷绕厚度（带电状态）＝ 正极厚度（带电状态）＋ 负极厚度（带电状态）＋

$$2 \times 隔离膜厚度 \tag{8-37}$$

$$正（负）极厚度（带电状态）＝ \frac{单面密度}{冷压密度} \times 2 \times 带电状态正（负）$$

$$极片总膨胀系数 ＋ 集流体厚度 \tag{8-38}$$

负极面密度＝

$$\frac{正极面密度 \times 正极活性物质占正极物料的质量分数 \times 正极质量比容量 \times 平衡系数}{负极活性物质占负极物料的质量分数 \times 负极质量比容量}$$

$$\tag{8-39}$$

选定的正极最大面密度可能计算出不是整数的层数，例如计算结果为 10.5 层，此时可取卷绕层数 11 层，再通过卷绕层数及裸电芯厚度确认正负极面密度。

（3）裸电芯厚度及铝塑膜冲膜深度确定

根据选定的正/负极面密度计算裸电芯厚度。

$$冷压后正（负）极极片厚度＝\frac{正（负）极面密度}{冷压密度} \times 2 ＋ 集流体厚度 \tag{8-40}$$

$$烘烤后正（负）极极片厚度＝\frac{正（负）极面密度}{冷压密度} \times 2 \times 烘烤后膜片反弹率数 ＋ 集流体厚度$$

$$\tag{8-41}$$

烘烤后一层卷绕厚度＝烘烤后正极极片厚度＋烘烤后负极极片厚度＋2×隔离膜厚度

$$\tag{8-42}$$

裸电芯厚度＝铝塑膜冲膜深度

$$＝烘烤后一层卷绕厚度 \times 层数 ＋ 铝箔厚度 \tag{8-43}$$

（4）卷针尺寸确定

卷针的关键尺寸为卷针的周长：

$$卷针周长 = (冲膜内坑宽度 - 裸电芯厚度) \times 2 \qquad (8\text{-}44)$$

$$对于长方形的卷针周长 = (卷针宽 + 卷针厚) \times 2$$

也可以根据卷针的周长来设计不同形状的卷针。

（5）极片、隔离膜尺寸计算

极片、隔离膜宽度确认：因极片、隔离膜宽度方向在过程中无变化，故通过裸电芯的长度确定隔离膜及极片的宽度。一般情况尺寸如下：

隔离膜宽度 = 裸电芯长度 - 隔离膜压缩的尺寸（隔离膜压缩的尺寸取 0~0.5 mm）

负极宽度 = 隔离膜宽度 - 负极与隔离膜错位宽度（一般取 2 mm）

正极宽度 = 负极宽度 - 正极与负极错位宽度（一般取 1 mm）

一般负极与隔离膜错位宽度，正极与负极错位宽度取值以卷绕的能达到的精度来确认。

正、负极片长度计算见上述的极片尺寸计算。

$$隔离膜长度 = (负极总长度 + 设计余量) \times 2 \qquad (8\text{-}45)$$

（6）电解液质量计算

详见上节计算方案。

（7）电芯质量计算

电芯质量 = 各材料质量总和

= 正极集流体质量 + 正极膜片质量 + 负极集流体质量 + 负极膜

片质量 + 隔离膜质量 + 电解液质量 + 正极极耳质量 + 负极极

耳质量 + 胶纸质量 + 外壳质量（保证材料质量） $\qquad (8\text{-}46)$

（8）容量、内阻计算

详见上节计算方案。

8.5.5　软包装锂离子电池设计实例

本节以设计 304090 软包装电池为例，具体说明整个设计计算过程。设计过程不考虑工艺能力对设计的影响，即设计结果为电池的平均值。设计中用到的相关参数见表 8-12 及表 8-13。设计中取容量平衡系数为 1.08，正极冷压密度为 3.6 g/cm³，负极冷压密度为 1.5 g/cm³，烘烤后正负极膜片反弹系数均为 1.02，半电状态负极膜片总反弹系数（包括烘烤、注液、化成过程中的厚度反弹）为 1.15。

表 8-12　　　　　　　　　　　304090 正负极配方、材料性质

	材料	质量分数/%	真实密度/(g/cm³)	质量比容量/(mA·h/g)
正极	LiCoO₂	95.0	4.97	140
	PVDF	3.0	1.78	
	Super-P	2.0	2	
负极	C	94.5	2.2	330
	CMC	1.5	1.3	
	SBR	3.0	1	
	Super-P	1.0	2	

表 8-13   **304090 材料性质**

材料	宽/mm	厚/mm	密度/(g/cm³)	电导率/10⁻⁸Ω·m	孔隙率
Al 箔	—	0.016	2.6	2.654 8	—
Cu 箔	—	0.012	8.58	1.678 0	—
Al 极耳	3	0.08	2.7	2.654 8	—
Ni 极耳	3	0.08	8.9	6.840 0	—
PP 隔离膜	—	0.016	0.92	—	45%
铝塑膜	—	0.015	1.563	—	—

(1) 电池的最终尺寸

电池厚＝2.95 mm   电池宽＝39.50 mm   电池长＝48.5 mm

此电池设计长、宽、厚均为负公差。

(2) 带电状态裸电芯尺寸

带电状态裸电芯厚＝2.95－2×0.115＝2.72 mm

带电状态裸电芯长＝43.1 mm

带电状态裸电芯宽＝37.6 mm

(铝塑膜图纸见图 8-23)

(3) 卷绕层数、极片面密度

假设正极最大面密度为 22 mg/cm²。

$$负极最大面密度＝\frac{1.08×22×140×0.95}{330×0.945}＝10.13(mg/cm²)$$

正极冷压厚度(22 mg/cm² 面密度)＝22÷3.6÷100×2＋0.016＝0.138(mm)

负极冷压厚度(10.13 mg/cm² 面密度)＝10.13÷1.5÷100×2＋0.012＝0.147(mm)

正极半电状态厚度(22 mg/cm² 面密度)＝(0.138－0.016)×1.08＋0.016＝0.148(mm)

负极半电状态厚度(10.13 mg/cm² 面密度)＝(0.147－0.012)×1.15＋0.012＝0.167(mm)

对应半电状态一层卷绕厚度＝0.148＋0.167＋2×0.016＝0.347(mm)

$$对应卷绕层数＝\frac{2.72－0.016}{0.34}＝7.95(层)$$

假设取层数为 8 层。

$$对应半电状态一层卷绕厚度＝\frac{2.72－0.016}{8}＝0.338(mm)$$

带电状态正极膜片厚度(双层)＋带电状态负极膜片厚度(双层)＝0.338－2×0.016－0.012－0.016＝0.278(mm)

带电状态正极膜片厚度＝正极面密度÷3.6÷100×2×1.08

带电状态负极膜片厚度＝负极面密度÷1.5÷100×2×1.15

所以：

(正极面密度÷3.6÷100×2×1.08)＋(负极面密度÷1.5÷100×2×1.15)＝0.278

(8-47)

$$\frac{负极面密度×330×0.945}{正极面密度×140×0.95}＝1.08$$

(8-48)

联合式(8-47)和式(8-48)计算得

正极面密度=21 mg/cm²

负极面密度=9.80 mg/cm²

层数=8 层

(4) 裸电芯、电池厚度

冷压后正极极片厚度=21.28÷3.6÷100×2+0.016=1.134(mm)

烘烤后正极极片厚度=21.28÷3.6÷100×2×1.02+1.06=0.137(mm)

半电状态正极极片厚度=21.28÷3.6÷100×2×1.08+0.016=0.144(mm)

冷压后负极极片厚度=9.8÷1.5÷100×2+0.012=0.143(mm)

烘烤后负极极片厚度=9.8÷1.5÷100×2×1.03+0.012=0.147(mm)

烘烤后一层卷绕厚度=0.137+0.147+2×0.016=0.315(mm)

半电状态负极极片厚度=9.8÷1.5÷100×2×1.15+0.012=0.162(mm)

裸电芯厚度=铝塑膜冲深=(0.137+0.147+2×0.016)×8+0.016=2.54(mm)

半电状态裸电芯厚度=(0.144+0.162+2×0.016)×8+0.016=2.72(mm)

电池厚度=(0.144+0.162+2×0.016)×8+0.016+2×0.115=2.95(mm)

(5) 卷芯计算

卷芯周长=(37.6-2.72)×2=69.76(mm)

假设卷针为长方形卷针,卷针总厚度为 1.2 mm,则

卷针长度=69.76÷2-1.2=33.68(mm)

(6) 极片、隔离膜尺寸计算(极片长度见图 8-22)

隔离膜宽度=43.1+0.4=43.5(mm)(0.4 mm 为隔离膜压缩尺寸)

负极宽度=Cu 箔宽度=43.5-2=41.5(mm)(2 mm 为隔离膜超出负极宽度)

正极宽度=Al 箔宽度=41.5-1=40.5(mm)(1 mm 为隔离膜超出正极宽度)

正极 L_1=Al 箔长度

　　　　=(8+1)×69.76÷2+3.14÷2×[2×(0.137/2+0.016×

　　　　2+0.147)+(8-1)×0.315]×8÷2

　　　　=331(mm)

正极 L_2=3+2=5(mm)(假设余量 1 为 2 mm)

正极 L_4=(3+2)×2=10(mm)(假设余量 2 为 2 mm)

正极 L_3=69.76÷2-5-10÷2=25(mm)

正极 L_5=69.76+3.14×[(8+1)×0.315-0.137÷2]÷4+4=76(mm)(假设余量 3 为 4 mm)

正极 L_6=4 mm

负极 L_1=Cu 箔长度=8×69.76÷2+3.14÷2×[2×(0.137+0.016+0.147÷2)+(8-2)×0.315]×(8-1)÷2=292(mm)

负极 L_2=3 mm

负极 L_4=3×2=6(mm)

负极 L_3=69.76÷2-3-6÷2=29(mm)

隔离膜厚度=292×2+10=594(mm)

（7）电解液质量计算

正极膜片真实密度＝1÷（95％÷4.97＋2％÷2.00＋3％÷1.78）＝4.587（g/cm³）

正极膜片孔隙率＝1－3.6÷4.587＝20.4％

正极膜片孔体积＝40.5×（2×331－2×5－10－76－4）×（0.134－0.016）×20.4％＝547.9（mm³）

负极膜片真实密度＝1÷（0.945÷2.2＋0.015÷1.3＋0.03÷1＋0.01÷2）＝2.10（g/cm³）

负极膜片孔隙率＝1－1.5÷2.10＝28.6％

负极膜片孔体积＝41.5×（2×292－2×3－6）×0.143×28.6％＝970.8（mm³）

隔离膜孔体积＝594×43.5×0.016×45％＝186.0（mm³）

裸电芯总体积＝547.9＋970.8＋186.0＝1704.8（mm³）

电解液质量＝1704.8×1.2÷1000×1.06＝2.17（g）

（8）电芯质量计算

Al箔质量＝331×40.5×0.016÷1000×2.6＝0.56（g）

Cu箔质量＝292×41.5×0.012÷1000×8.6＝1.25（g）

正极膜片质量＝21.28÷1000÷100×40.5×（2×331－2×5－10－76－4）＝4.844（g）

负极膜片质量＝9.80÷1000÷100×41.5×（2×292－2×3－6）＝2.326（g）

隔离膜质量＝594×43.5×0.016×（1－0.45）×0.92÷1000＝1.288（g）（两侧封宽各为3 mm）

Al极耳质量＝×60×3×0.08×2.7÷1000
＝0.039（g）（假设极耳总长度为60 mm，忽略极耳胶质量影响）

Ni极耳质量＝60×3×0.08×8.9÷1000
＝0.128（g）（假设取极耳总长为60 mm，忽略极耳胶质量影响）

电芯质量＝0.56＋1.25＋4.844＋2.326＋0.210＋1.288＋0.039＋0.128＋2.17
＝12.8（g）（忽略内部胶纸的影响，包括极耳包胶及收尾处的定位胶）

（9）容量计算

容量＝4.844×0.95×140＝644（mA·h）

（10）内阻计算

此体系单位面积离子电阻约为620 000 mΩ·mm²

离子电阻＝62 0000÷（41.5×2×292）＝25.6（mΩ）

Cu箔电阻＝1.678×（292÷2）÷（0.012×41.5）÷100＝4.92（mΩ）

Al箔电阻＝2.654 8×（3312÷2）÷（0.016×40.5）÷100＝6.78（mΩ）

Al极耳电阻＝2.654 8×（48.5÷2）÷（0.08×3）÷100＝2.68（mΩ）

Ni极耳电阻＝6.84×（48.5÷2）÷（0.08×3）÷100＝6.91（mΩ）

电芯内阻＝25.6＋4.92＋6.78＋2.68＋6.91＝46.9（mΩ）

第9章 电化学工程设计概论

9.1 工程项目基本建设与设计工作基本程序

电化学工程属于化工和制造行业。工程项目基本建设是指新建一座电化学工程装置、电化学工程企业的过程。另外,对企业装置的扩建、改造的过程也都是工程项目的基本建设。一个工程建设项目,从计划、建设到竣工投产,要经过若干按一定次序组成的步骤或环节,这些步骤或环节,就是基本建设程序。

9.1.1 基本建设程序

我国通用的基本建设程序包括以下环节:

① 编制项目建议书。

② 编制可行性研究报告。

③ 编制设计文件。根据批准的可行性研究报告,由主管部门委托设计单位进行工程设计并编制设计文件。电化学工程设计一般分为两个阶段,即初步设计及施工图设计。两个阶段完成后,要分别编制设计文件。

④ 建设准备。主要有征地,拆迁工作,编制施工组织设计,落实施工队伍,准备好建厂的水、电、道路等外部条件,进行设备,材料的订货等。

⑤ 编制设计计划。

⑥ 组织施工。

⑦ 生产准备。生产准备包括招收和培训生产人员,落实生产用的原料、材料、备品、备件、工器具;组建生产管理机构,制定生产操作规程、试车规程。安全生产制度,协作外部条件(如水、电、气、燃料等)。保障项目建成后及时投产并达到设计能力。

⑧ 竣工试验。

9.1.2 设计工作基本程序

为了合理组织设计单位各专业力量,使设计工作按计划、有步骤、有秩序地进行,以保证设计质量,提高设计效率,原化学工业部制定了设计工作基本程序,如图 9-1 所示。设计单位根据建设单位的委托,分别进行下列各项工作:

① 接受委托,参加编制项目建议书;

② 参加厂址选择,编制场址选择报告;

③ 进行技术考察;

④ 参加环境评价;

⑤ 编制预可行性研究报告;

⑥ 编制可行性研究报告；

⑦ 进行厂址复查；

⑧ 提出初勘要求；

⑨ 编制初步设计；

⑩ 进行设备及主要材料的采购；

⑪ 提出详勘要求；

⑫ 开展施工图设计；

⑬ 配合现场施工；

⑭ 参加试车、考核；

⑮ 参加竣工验收；

⑯ 工程总结、设计回访；

⑰ 参加项目后评价。

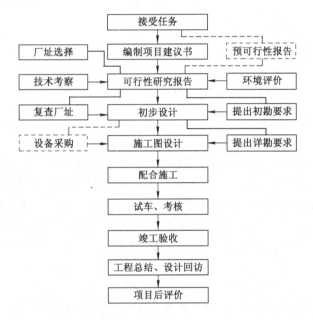

图 9-1　设计工作基本程序示意图

9.2　工程设计前期工作

工程设计前期工作的目的是对项目建设进行全面分析,研究产品的社会需求和市场、项目建设的外部条件、产品技术成熟程度、投资估算和资金筹措、经济效益评价,为项目建设提供工程技术、工程经济、产品销售等方面的依据,以及为拟建项目在建设期能最大限度地节省时间和投资,在生产经营时能获得最大的投资效果,奠定良好的基础。可以说,设计前期的两项内容——项目建议书和可行性研究报告的目的是一致的。

9.2.1　编制项目建议书

根据国民经济和社会发展的长远规划、行业及地区发展规划的要求,经过调查、预测、分析研究后提出建设项目建议书,项目建议书由国务院各主管部门、各地区计划部门或各企事业单位组织编制,也可委托有资格设计、咨询单位进行编制。

(1) 项目建议书的作用和任务

项目建议书是基本建设程序中最初阶段的工作,是对建议项目的轮廓设想和立项的先导,是为建设取得资格而提出的建议,是开展可行性研究的依据。

(2) 项目建议书的编制内容

① 项目建设的目的和意义;

② 产品需求初步预测;

③ 产品方案和拟建规模;

④ 工艺设计方案,概述原料线路、生产方法和技术来源;

⑤ 资源、主要原材料、燃料和动力的供应;

⑥ 建厂条件和厂址初步方案;

⑦ 环境保护;

⑧ 工厂组织和劳动定员估算;

⑨ 项目实施规划设想;

⑩ 投资估算和资金筹措设想;

⑪ 经济效益和社会效益的初步估算。

9.2.2 编制可行性研究报告

(1) 可行性研究报告的作用和任务

可行性研究报告是基本建设前期工作的重要内容,是对建设项目的必要性和可行性进行分析预测的一种科学方法,是对建设项目正确决策、保证投入的资金能发挥最大效益所提供的科学依据。其任务是对建设项目在技术上、工程和经济上的先进性和合理性进行全面分析论证,通过多方案比较,提出评价意见。经过批准的可行性研究报告是项目决策的标志。它起着定项目、定产品、定技术方案、定厂址、定投资、定建设制度等作用,为编制和审批初步设计提供可靠的依据。

(2) 可行性研究报告编制内容

① 总论。叙述项目名称、主办单位、编制的依据和原则、项目提出的背景、投资的必要性和经济意义、可行性研究的工作范围、研究的简要结论及存在的主要问题和建议。

② 需求预测。

③ 产品方案及生产规模。

④ 工艺技术方案。包括工艺技术方案的选择,物料平衡和消耗定额、主要设备选择等。

⑤ 原材料、燃料及动力供应。

⑥ 建厂条件和厂址方案。

⑦ 公用工程和辅助设施方案。包括总图运输、给排水、供电及电讯、储运设施、维修设施、土建人防及生活设施、福利设施。

⑧ 环境保护及安全卫生。

⑨ 工厂组织、劳动定员和人员培训。

⑩ 项目实施规划。

⑪ 投资估算和资金筹措。

⑫ 财务、经济评价及社会效益评价。

⑬ 结论。包括研究过程中主要方案的选择和推荐意见;项目实施方案的经济效益和社会效益,叙述不确定性对经济效益的影响,指出项目承担风险的程度,提出可以减少风险的措施;对工程项目建设方案,从技术经济、宏观经济及微观经济效益角度,指出存在的问题,提出建议和实施条件。

最后应附上一些有关的文件、审批意见、图标资料等。

可行性研究编制过程,工艺专业要参与厂址选择、确定工艺技术方案及向其他专业提供条件。

(3) 可行性研究的几个主要环节

① 产品方案

第一个问题是生产什么,即产品方案问题。这个问题在项目建议书提出时应该确定。根据国民经济和社会发展的规划、行业和地区发展规划,结合本地区本企业的资源、技术力量等具体条件,以能获得最大经济效益为目标而选取。

一个现有企业,通过新建设项目以扩大经营范围,可供选择的策略是:一是将原来加工成的产品继续加工成二次产品或再深加工,或建成一个装置为本企业原生产装置提供原料,使后续生产有充足的较廉价的原料保证。这样安排产品称为纵向产品组合。二是新建项目与企业原经营范围完全不同,这样的安排称为多种经营,这样做多出于"分散风险"的选择。

② 生产规模

确定企业的生产规模,需要考虑市场需求量、资源、产品的技术、经济特点、设备制造、资金技术等。需要有一个理论上的核算和评价标准,这个标准就是经济上最合理的规模,即企业的最优规模。在这种企业规模下,企业内部的生产过程和工艺流程最合理,生产组织和劳动组织最科学,机械设备的负荷最充分,原材料、燃料、动力的利用率最高。因而各项技术经济指标最先进,经济效果最佳;成本费用达到最低,盈利达到最高或投资效益达到最大。

③ 原料路线

选择原料路线应考虑:原料来源可靠,尽可能采用价廉易得,对生态环境影响小的原料,选用原料应使产品投资尽可能少,成本尽可能低。所用的矿产原料、各组分应尽可能充分利用,尽可能减少稀缺原料消耗。

④ 生产工艺路线的确定

生产工艺路线的确定就是生产方法的选择,一般要对各种工艺路线进行周密的比较,整合为技术先进可行、经济合理的工艺路线,使项目投资后能达到高产、低耗、优质和安全的生产工况。为此应考虑以下因素:

a. 技术先进性与可行性的权衡。技术先进性就是要尽量采用先进工艺、先进设备而不是落后的工艺、陈旧的甚至是将被淘汰的设备。可行性包含两方面的意义:一是技术本身的先进性与可靠性的统一,有些先进的技术可能是不成熟的,采用这样的技术可能使企业承担更大的风险;二是建设现有的条件,包括资金和人力资源能否接受、使用和管理,脱离了当地条件,盲目追求先进性也会事与愿违,造成投资增大,回收期延长,同时由于使用和管理达不到应有要求而造成资源的浪费。一般应首先采用流程简单,设备紧凑,能连续生产、便于控制、产品质量有保障并且投资少的生产方法。

b. 生产操作控制方式。为使生产的正常进行,要研究生产的控制方式,要按照生产要求和本厂的具备条件确定生产过程是连续还是间歇，是自动控制还是人工控制，或者两者结合，连续操作的工艺过程虽然操作简便、流程紧凑、设备利用率高，但不适用于生产规模小的工厂产业。这些因素在设计时要认真比较、权衡，做出选择。

c. 能量回收利用。工艺路线确定时，对一些高能耗的产品要做好能量的回收利用，以节约燃料、动力和投资。在化工生产中能量的回收主要是热量的回收，如废蒸汽的利用、工艺流程中充分交叉换热以及废气和废热的利用。

d. 三废治理措施。按照国家新建企业的三废治理项目必须同主体工程设计、同时施工、同时投产的规定，在研究确定工艺路线时要同时研究三废的产生和排放情况，三废的成分、数量、污染程度和采取的治理方案、治理效果。

e. 工艺过程的经济与社会效益。选择工艺路线要充分节约资源，避免或尽可能减少环境污染；减少进口节约外汇、增加出口创造外汇；提高国家、部门、地区的科学技术水平等，产生较好的经济效益和社会效益。

f. 工艺路线选择须全面收集各种生产方法的资料，主要有生产方法和工艺流程；原料、成品、中间产品、副产品的规格、性质及应用；实验研究报告；安全技术和劳动保护；三废治理和综合利用；基本建设投资；产品成本；水、电、气、燃料用量及供应等。将不同生产路线按工艺条件、设备结构和材质、原料要求和产品收率、精制回收方法、装置投资、生产消耗和成本等方面进行比较分析和综合评价。考虑主观、客观条件，从中筛选出符合国情的、切实可行的、优点较多、经济效益较好的生产路线。

⑤ 厂址选择

厂址选择包括区位选择（也称布点）及地址选择（也称选址）。区位选择是指工厂在较大的区域内的地理位置的选择。当区位选择后，在区位所在地选择工厂的具体坐落位置，则是地址选择。

电化学企业区位选择应考虑以下因素：

a. 应靠近原料产地和产品消费使用地，特别是原料用量大、单位产值低的工厂。耗水量大的宜布置在水量充沛的河流、湖泊附近。

b. 电解企业要用不同产地的原料，运输将成为影响经济效益的重要因素，因此区位选择应在运输方便的铁路、公路附近，使总运输费用尽可能少。在考虑运输时，应优先考虑水运。有些超大、超重、超长的设备，应注意设备生产厂家到厂址沿途是否具备运输条件。

c. 与相关企业的配置与协同关系。电镀企业属于制造行业，与电子信息、机械、化工企业紧密相关，电镀企业应易于与这些企业对接；电镀企业又属于污染危害较大的行业，选址应该远离城市和乡镇饮水源保护区、风景名胜区、居民集中区、渔业资源区等环境敏感区域。周边水域应有良好的纳污条件，包括纳污水域和空间，满足突发应急事故环境要求。因此，电镀企业既要考虑相关工业的配置与协同，又要考虑污水处理问题。

d. 企业区位选择以后，进行厂址选择，厂址选择除应考虑上述相同因素外，还应掌握下列原则：厂区的形状、面积和其他条件应满足工艺流程合理布置的需要；厂区要留有发展的余地；应注意当地的自然环境条件，并对工厂投产后对于环境问题可能造成的影响作出评价；工厂的生产区应选在居民点的下风向；工厂的用水排污处，应在居民用水下流一定距离以外；厂区的自然地形应有利于交通运输和场地排水；厂址应高于最高洪水位；应避开地震断层地区和基本烈度9度以上的地震区；不应建在厚度较大的Ⅲ级自重湿陷性黄土地区；应避开易受洪水、泥石流、滑坡等危害的山区。

⑥ 工厂布置

工厂布置的基本任务是结合厂区和各种自然条件、外部条件,确定生产过程中各种机械和设备空间的位置,获得最佳的物流、人流路线。其实质是通过布置得到一个最佳的物流运输及人员工作空间方案。从这种意义上说,厂址的确定是为了寻求最佳的场外运输路线,工厂布置则是为了寻求最佳的场内运输路线。二者的性质相似,只是讨论的区域或对象不同。

工厂布置分为厂区布置和厂房布置,前者称为总图布置,是总图专业的任务;后者称为车间布置,则是工艺专业的工作内容之一。就工作性质而言,两者是全局和局部的关系,具有相同性质的任务。

· 平面布置的原则。平面布置的任务是确定全场建构筑物、道路、码头和工程管线的平面位置。从工程角度看,厂区位置应满足:

a. 生产要求。要保证尽可能的短捷的生产作业线,尽可能避免交叉和迂回,使各物料输送距离最短。一般将公用系统耗量大的车间尽量布置在厂区中心或将几个消耗同一公用系统的车间布置在公用系统车间附近,使各种公用系统介质的输送距离为最小。这样材料消耗及动力消耗将可能最少。也要保证人流的交通路线最短捷,人货之间及各种货物之间路线避免交叉和迂回。

b. 安全要求。厂区布置要严格遵守防火、卫生的安全规范、标准的有关规定,特别是要注意防止火灾或爆炸发生。应将火源布置在主导风向的上风侧,将可能散发可燃气体的储罐或设备布置在下风侧,将居住区和生活区布置于生产厂房特别是储放有害气体及散发烟尘的上风侧。要考虑消防要求,生产装置四周要有环形道路。

c. 发展要求。要考虑到生产的扩建,厂区布置要有较大的弹性,要能对工厂发展变化有较大的适应性。应坚持“近期集中,远期外围,由近及远,自内向外”的布置原则。近期集中,可以节约土地、缩短路线,而且为了远期工程发展创造较大的灵活性。

d. 节约土地是我们的基本国策。厂区布置尽可能做到运输道路短捷,这样可以节约建设投资和减少能源消耗,又可以节约土地。

e. 尽可能利用露天布置或联合厂房布置,可以节约投资。

f. 应满足施工、安装要求。

· 竖向布置的原则。竖向布置在于确定全场建构筑物、铁路、道路、码头和工程管线的标高,利用和改造自然地形使得土石方工程量最小,并使厂区的污水、雨水顺利排除,尽可能减少动力的消耗。

竖向排布根据地形的不同,可以布置成平坡式或台阶式。在较平坦的地形上(坡度<3%时)采用平坡式是合理的。在丘陵地区,在满足交通和管理条件下,可采用台阶式,以减少土石方工程量,同时可以利用地形的高差进行流体运输,减少机械输送的数量。

9.3　初步设计与施工图设计

设计阶段一般按工程规模的大小、技术的复杂程度分为三个阶段或两个阶段。凡是重大的工程项目,技术要求严格,工艺流程复杂,为了保证设计质量一般分三个阶段进行设计,即初步设计、技术设计和施工图设计。技术成熟的中小型工程可以按两个阶段设计,即扩大初步设计(技术设计和初步设计合并而成)和施工图设计。

9.3.1 初步设计

9.3.1.1 初步设计的主要任务和作用

初步设计是根据已批准的可行性研究报告,确定全厂性的设计原则、设计标准、设计方案和重大技术问题,如总工程流程、生产方法、工厂组成、总图布置、水电气的供应方式和用量、关键设备和仪表选型、全场储运方案、消防、职业安全卫生、环境保护和综合利用以及车间或单项工程的工艺流程和专业设计方案等,编制出初步设计文件与概算。

初步设计是确定建设项目的投资额、征用土地、组织主要设备及材料的采购、进行施工准备、生产准备以及编制施工图设计的依据;是编制组织设计、签订建设总承包合同、银行贷款以及实行投资包干和控制建设工程拨款的依据。

9.3.1.2 初步设计的基本程序

(1) 设计准备。包括下述内容:

① 组织设计班子,安排阶段设计计划。

② 了解主管部门意见,进一步落实设计条件。主要是:现就可行性报告内容及上级审批意见,提出工程设计的指导思想;进一步落实协作条件,并经建设单位取得正式协议书,作为设计的依据。内容包括:征地协议、供电协议、主要原料供应协议、主要产品销售协议、工程地质勘探报告、水文地质、环境条件报告等。

③ 各专业研究技术方案,提出问题,开展调查研究。

④ 确定全厂工艺生产总流程和全厂性的设计方案。

⑤ 确定车间设计方案和专业重大技术方案、设计标准。

⑥ 确定总图方案。

⑦ 估算工作量、安排工作进度。

(2) 在上述工作基础上编制开工报告,并做好签订协作表的准备。

(3) 签协作表,各专业负责人根据专业间的协作表,安排专业工作进度,设计人按专业工作进度安排个人作业计划。

(4) 编制初步设计文件。这一步是初步设计中时间最长、工作量最大的一步,是初步设计的中心工作。包括下述内容:

① 工艺和总图专业向各专业提出正式设计条件。

② 各专业做设计方案,并互提条件。

③ 确定车间布置。车间布置方案有主项负责人组织有关专业提出,各专业协商研究审核确定。根据确定的布置方案,主项负责人正式向有关专业提出车间布置条件图。

④ 专业根据工艺专业提出的正式布置条件,修订本专业设计方案,并向有关专业互提正式条件。各专业向概算专业补提所需概算条件。

⑤ 各专业完成设计文件编制。

⑥ 确定总平面图,各专业完成车间外部设计。

⑦ 编制概算及经济分析。

(5) 汇总编制。各专业将完成文件交总负责人汇总,总负责人根据此编制总论及汇总技术经济指标。

(6) 校核和审核。各专业对各自专业设计文件认真校核和审核,然后提交总工程师审定。总负责人组织各专业将设计成品连同计算书、设计条件、校核笔记等,送交技术管理部门验收,合格后送交完成室进行复制。

(7) 文件复制、归档、发送。

(8) 设计总结。

9.3.1.3　工艺初步设计文件内容

工艺初步设计内容由三大部分组成。

(1) 说明书

① 概述。说明车间(装置)设计的规格、生产方法、流程特点及技术先进可靠性和经济合理性;车间(装置)内三废治理及环境保护的措施与实际效果;车间(装置)组成、生产制度。

② 原材料及产品(包括中间产品)的主要技术规格。

③ 车间(装置)危险性物料主要物性表。

④ 件数生产流程,写出主反应和副反应的反应方程,主要操作指标,并说明产品及原料的储存、运输方式及其有关的安全措施和注意事项。

⑤ 主要设备的选择与计算。

⑥ 原材料、动力(水、电、汽、气)消耗定额及消耗量。

⑦ 成本估算(以表格形式表示)。

⑧ 生产定员(表)。

⑨ 车间(装置)生产控制分析(表)。

⑩ 三废排量及有害物质含量(表)。

⑪ 管道材料表。

⑫ 存在问题及解决意见。

(2) 表格

① 设备一览表。

② 材料表。

(3) 图纸

① 工艺流程图。

② 公用系统流程图及平衡图。

③ 布置图。包括车间(装置)平面布置图和设备布置图。

9.3.2　技术设计

对于技术比较复杂而又缺乏经验的项目可以增加技术设计阶段。技术设计一般是根据已经批准的初步设计,解决初步设计中无法解决的技术问题。技术设计内容与初步设计大体相同,主要任务是解决以下技术难题:

① 特殊工艺流程方面的试验、研究和工艺流程的确定;

② 新型设备的试验、制造和确定;

③ 重要代用材料的试验、研究和确定;

④ 某些技术复杂、需要慎重对待的问题的研究和确定。

9.3.3　扩大初步设计

对于技术比较成熟,又有设计经验的项目,为了简化设计程序,加快设计进度,可把初步设计和技术设计合并为一个阶段,即扩大初步设计阶段。扩大初步设计的任务是要满足初步设计和技术设计两个阶段的要求,设计内容深度可以在初步设计和技术设计之间。如工艺部分应该有工艺流程图及工艺流程说明、物料流程图和物料图、管道流程图、各车间主要设备的选择说明和计算依据、关键设备及有特殊要求的设备的详细结构说明、较为详细的车间平面布置图、详细的设备一览表、设备总图等;建筑部分要说明设计中采用的建筑结构、基础工程和施工条件等基本的技术要求,还应该有全场各建筑物和构筑物的技术设计图纸等。扩大初步设计审批后即可进行施工图设计。

9.3.4 施工图设计

依据已批准的初步设计和建设单位提供的工程地质、水文地质的勘察报告及厂区地形图、主要设备的订货资料、图纸及安装说明等,就可以进行施工图设计。

(1)施工图设计的主要任务和作用

施工图设计是把初步设计中确定的设计原则和设计方案,根据安装工程或设备制作的需要,进一步具体化。把工程设计各个组成部分的布置和主要施工方法,以图样以及文字的形式加以确定,并编制设备、材料明细图。

施工图设计文件是建筑工程施工、设备及管道安装、设备制作及控制工程建设造价的依据,也可以作为生产准备的依据。

(2)施工图设计的基本程序(图9-2)

施工图设计的基本程序,与初步设计基本程序基本相同,包括:设计准备、开工报告、签协作表、开展工程施工图设计、校核和审核、汇签、复制、归档、发送、设计总结等。所不同的是开展工程施工图设计阶段,各专业间相互提出条件、相互往返关系更多,在此阶段完成的图纸量很大。

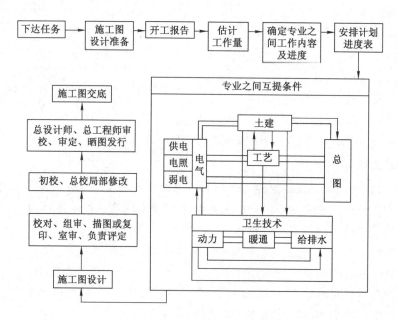

图 9-2　施工图设计基本程序

（3）施工图设计的内容

工艺设计施工图是工艺设计的最终成品，它由文字说明、表格和图纸三部分组成。

文字说明部分主要是施工图设计说明书。

施工图的主要部分是图纸，主要有：管道及仪表流程图、设备装置图、管道布置图、设备安装图、管道轴测图、特殊管架图、设备管口方位图。

表格主要有：设备一览表、设备地脚螺栓表、管段表及管道特性表、管架表、隔热材料表、防腐材料表、综合材料表等。

9.4　电化学工程设计的内容

工厂是由各个车间组成的，当一个工程的工艺流程、生产方式和规模、总平面规划、总定员等确定后，就要以车间或工段为单位进行具体设计，设计的内容与程序如下。

9.4.1　设计准备

（1）熟悉可行性研究报告

可行性研究报告是工艺设计的依据，必须正确、全面地了解建设项目的产品方案、建设规模、生产方法、工艺路线、技术指标等，制定设计进度和工作计划。

（2）收集资料

设计资料是设计工作的基础，要使设计工作能够顺利进行，就需要收集设计所必需的资料如建厂所需要的设计资料，包括地理条件、气候、地质、原料供应等；生产方法和工艺流程资料，设备设计资料；设备布置和厂房结构资料；管道设计及设计规范性资料等。收集资料一般遵循资料的"完整性、正确性、适用性、时效性"的原则，先要根据设计要求、设计顺序、设计深度和广度等全面地拟订收集提纲，再结合实践经验对所要收集的设计资料进行整理分类，并依次确定资料来源、途径，然后按顺序进行收集工作。

9.4.2　工艺流程设计

在已确定的生产工艺路线上设计工艺流程。工艺流程设计是工艺设计首先要做的事，并且随着设计的深入，工艺流程设计不断完善。要进行物料衡算、能量衡算，先设计工艺流程的轮廓，进行设备计算，完成布置设计，使工艺流程逐步完善，到最后完成带控制点的工艺流程。工艺流程设计过程中，要经过细致的分析、计算。通常先凭借设计者的经验，拟订几种流程，在运用系统工程原理，以操作可靠、安全等为约束条件，以经济性为优化目标，以计算机为工具进行评选，选出最优的工艺流程。

9.4.3　工艺计算

工艺流程设计是设计的总框架，工艺计算是工艺设计的核心。随着生产技术的发展，对生产装置的技术水平、安全可靠程度、经济效益等要求越来越高，这都要求更严密、更准确的计算。

工艺计算包括物料衡算、能量衡算和设备计算。

搞好工艺计算的基础是要概念清楚、数据可靠、方法正确。为便于自查和审核，避免出错，计算必须按一定的步骤进行。工艺计算所得的设计成果是物料流程图、主要设备条件图和条件表、带控制点的工艺流程条件表、工艺操作控制条件表、动力（水、电、汽、气、煤）原料消耗表等。如果为了比较不同设计流程和进行能耗分析,还需要绘制能流图或有效能分布图。上述方案用于不同方案比较和工程技术经济分析,或作为后面设计的条件。

工艺计算要用大量的基本理论、基本概念和数据处理,要进行计算、分析对比,是理论联系实际,提高分析问题、解决问题的能力,锻炼独立思考独立工作的主要阶段。

9.4.4 车间布置设计

车间布置是决定车间面貌的主要设计项目之一,对生产的操作控制、正常安全运行和技术经济指标都有重要的影响。设计的主要任务是确定工艺流程中所有设备及构筑物在车间的具体位置,进行多方面比较,选定最优的方案,把选定的方案用图表示出来。

9.4.5 化工管路设计

车间布置设计完成后,进行管路设计。其任务是确定化工管路、阀门、阀件、管架、管沟的位置,管道、阀门、阀件的材质及连接方法,管架的型式和结构。化工管路设计除应满足工艺流程要求外,要便于操作、安装、检查和检修,要节约管材、节省操作费用,另外还要求美观。

化工管路设计是施工图中重要的设计内容,需要绘制大量的图纸、编制大量的表格,这一阶段与非工艺专业相互提供条件,及往返关系比较多。该阶段工作要注意协同配合、周到细致。

9.4.6 审核及图纸汇签

施工图设计阶段,图纸量大,各专业之间相互提条件、相互协商并返回设计条件多。为避免错误及返工,设计各个阶段要组织好中间审核。全部设计文件完成,要做好最后校核、审核和审定、图纸汇签,以便发现并纠正错误,保证质量。

9.4.7 编制设计概算书和设计说明书

概算书是初步设计阶段编制的车间投资的大概计算,是工程项目投资的依据。概算编制完成后,进行经济分析,得到产品成本、基本建设总投资、劳动生产率、投资回收期、工厂利润等技术经济指标。这些指标反映了设计质量的好坏,可以用它判断设计的合理性。

车间设计说明是用文字、表格和少量图概括表达车间设计状况的材料,它与设计图纸、表是车间设计的最终成品。初步设计说明书则作为施工图设计的依据。施工图设计说明书和施工图、表,直接作为施工的依据,并用以准备生产原料、动力和组织投产。

设计说明书与其他设计文件,经校核和审核,提交给完成室进行复制、归档,以送有关单位。

9.4.8 设计总结、参加施工和开车

无论是初步设计还是施工图设计阶段,工作完成后设计人员都要进行总结,编写完工报告,对建设和施工单位进行设计交底,并处理施工中出现的问题,参加开车、试生产和投产验收。

9.5　厂址选择与总图布置

厂址选择是指在一定的范围内,选择和确定拟建项目的地点和区域,并在该区域内具体地选定项目建设的坐落位置。一个工程项目的总图布置,是根据已经确定的原料来源、生产规模、产品方案、厂址地形及地质条件等方面的特点,根据生产工艺流程、技术和功能上的需要及相互关系,从企业的宏观和整体出发,对建设项目的各个组成部分的相互位置及其布置方式,在设计最初阶段所做出规划与安排。

9.5.1　厂址选择

厂址选择是基本建设的一个重要环节,选择的好坏对工程的进度、投资数量、产品质量、经济效益以及环境保护等方面具有重大影响。厂址选择工作在阶段上属于可行性研究的一部分。在有条件的情况下,在编制项目建议书阶段就可以开始选厂工作。

9.5.1.1　厂址选择原则

(1) 厂址选择应符合国家工业布局、城市或地区的规划要求。

厂址选择必须符合工业布局和城市规划的要求,按照国家有关法律、法规及建设前期工作的规定进行选择。厂址用地应符合当地城市发展规划和环境保护规划。在选择厂址时,必须统筹兼顾,正确处理局部与整体、生产与安全、重点与一般、近期与远期的关系。

(2) 厂址宜选在原料、燃料供应和产品销售便利的地区。

厂址宜靠近原料、燃料产地或产品主要销售地,并应有方便、经济的交通运输条件。与厂外铁路、公路、港口的连接应短捷,且工程量小,以便能以尽可能少的投资获取最大的经济效益。

(3) 厂址应靠近水量充足、水质良好的水源地,厂址附近应建立生产污水和生活污水的处理装置。

水源地的位置决定输水管线的长度,水质的情况决定是否需要净水处理设备,即水源、水质问题可转化为输水管线、净水处理设备的基建投资和年经营成本费用问题。

(4) 厂址应尽量靠近原有交通线(水运、铁路、公路),即交通运输便利的地区。

工程建设中,运输设施的投资占总投资的 5%～10%。运输成本占企业生产成本的比例也较大。它直接影响企业经济效益及市场竞争能力。厂址的交通状况等同于厂址距主干路、火车站及码头的距离,即修建连接道路、码头的基建投资和原燃料、成品的倒运费用。

(5) 厂址地区应具有热电的供应。

厂址地区应具有满足生产、生活及发展规划所必需的电源。用电量较大的工业企业,宜靠近电源。区域变电站的远近,决定了外部输电线路的长度和外部输电线路的电损耗,即电力条件问题可转化为外部输电线路的基建投资和年电损耗的经营成本费用问题。应避免将厂址选择在建筑物密集、高压输电线路和工程管道通过的地区,以减少拆迁工程。

(6) 选厂址时注意节约用地,不占用或少占用良田。厂区的大小、形状和其他条件应满足工艺流程合理布置的需要,并应有发展的余地;厂址应不妨碍或不破坏农业水利工程,应尽量避免拆迁。

从国情出发,在厂址选择时应该严格执行国家有关耕地保护政策,处理好耕地保护与经济发展的关系,切实保护基本农田,控制工业建设占用农用地,以保证国家的粮食安全。

（7）选厂址时注意当地自然环境条件，并对工厂投产后可能造成的环境影响作出预评价。

选择厂址时，散发有害物质的化工企业应位于城镇、相邻工业企业和居住区全年最小频率风向的上风侧。当在山区建厂时，厂址不应位于窝风地段。生产装置与居住区之间的距离应满足《石油化工企业卫生防护距离》的要求。

（8）工程地质条件应符合要求。

工程地质条件对土建基础处理费用影响很大。厂址工程地质条件的差异，导致建（构）筑物基础处理费用的差异。建（构）筑物基础处理费用占建筑工程费用的比例高达 20%。而厂址选择阶段的工程地质勘探费用，一般情况下不超过建筑工程费用的 0.2%。

工程地质资料不能满足要求，厂址的比选就是盲目的，就无最佳方案可言。在厂址选择工作中，要高度重视工程地质问题，督促建设单位尽早开展勘察工作。我国《岩土工程勘察规范》（GB 50021—2017）明确规定勘察工作要分阶段进行，具体划分为可行性研究勘察、初步勘察、详细勘察三个阶段。厂址选择阶段的工程地质勘察工作，应掌握在可行性研究勘察阶段。可行性研究勘察体现了该阶段勘察工作的重要性，特别对一些重大工程更为重要。在该阶段，要通过搜集、分析已有资料，进行现场踏勘，必要时进行少量的勘探工作，对拟选厂址的稳定性和适宜性作出岩土工程评价。

（9）厂址应避免建在地震、洪水、泥石流等自然灾害易发生地区、采矿区域、风景及旅游地、文物保护区、自然疫源区等。

特别是下列地段和地区不得选为厂址：地震断层和设防烈度高于九度的地震区；有泥石流、滑坡、流沙、溶洞等直接危害的地段；采矿陷落（错动）区界限内；爆破危险范围内；坝或堤决溃后可能淹没的地区；重要的供水水源卫生保护区；国家规定的风景区及森林和自然保护区；历史文物古迹保护区；对飞机起落、电台通信、电视转播、雷达导航和重要的天文、气象、地震观察以及军事设施等有影响的范围内；Ⅳ级自重湿陷性黄土、厚度大的新近堆积黄土、高压缩性的饱和黄土和Ⅲ级膨胀土等工程地质恶劣地区；具有开采价值的矿藏区。

全部满足以上各项原则是比较困难的，因此必须根据具体情况，因地制宜，尽量满足对建厂最有影响的原则要求。

9.5.1.2 选厂报告

在选厂工作中，设计人员要踏勘现场，收集、核对资料，并开始编制选厂报告。在现场工作的基础上，项目总负责人与选厂工作小组人员一般要选择若干个可供比较的厂址方案进行比较。比较的内容着重在工程技术、建设投资和经营费用三个主要方面，然后得出结论性的意见，推荐出较为合理的厂址，将选厂报告及厂址方案图交主管部门审查。选厂报告内容如下：① 新建厂的工艺生产路线及选厂的依据；② 建厂地区的基本情况；③ 厂址方案及厂址技术条件的比较，并对建设费用及经营费用进行评估；④ 对各个厂址方案的综合分析和结论；⑤ 当地和主管部门对厂址的意见；⑥ 厂区总平面布置示意图；⑦ 各项协议文件。

9.5.2 总图布置与设计

总图是某个工程规划或设计项目的总布置图，因此必须从全局出发，进行系统的综合分析。总图设计工作应在初选、初勘、详勘后作出地质评价，在确切的地质资料提供后再进行，否则会事倍功半。总图布置与设计的任务是要总体地解决全厂所有建筑物和构筑物在平面和竖向上的布置，运输网和地上、地下工程技术管网的布置，行政管理、福利及绿化景观设施的布置等工厂总体布局问题。总图布置一般按全厂生产流程顺序及各组成部分的生产特点和火灾危险性,结合地形、风向等条件,按功能分区集中布置,即原料输入区、产品输出区、储存设施区、工艺装置区、公用工程设施区、辅助设施区、行政管理服务区、其他设施区。工厂中间应设主干道路、次干道路,将各装置区、设施区分开,并有一定的防火间距或安全距离。各装置区、设施区的装置、设施应合理集中联合布置,各装置、设施之间也应有道路和防火间距。在进行总图设计方案比较时,要注意工艺流程的合理性、总体布置的紧凑性,要在资金利用合理的条件下节约用地,使工厂能较快投产。

9.5.2.1　总图设计的内容

(1)厂区平面布置,涉及厂区划分、建筑物和构筑物的平面布置及其间距确定等问题。

(2)厂内、外运输系统的合理布置以及人流和货流组织等问题。

(3)厂区竖向布置,涉及场地平整、厂区防洪、排水等问题。

(4)厂区工程管线综合,涉及地上、地下工程管线的综合敷设和埋置间距、深度等问题。

(5)厂区绿化、美化,涉及厂区卫生面貌和环境卫生等问题。

9.5.2.2　工厂总图布置应遵循的基本原则

(1)满足生产和运输的要求。生产作业线应通顺、连续和短捷,避免交叉与迂回,厂内、外的人流与货运线路径直和短捷,不交叉与重叠。

(2)满足安全和卫生要求,重点防止火灾和爆炸的发生。

(3)满足有关标准和规范。常用的标准和规范有《建筑设计防火规范》《石油化工企业设计防火规范》《化工企业总图运输设计规范》《厂矿道路设计规范》《工业企业卫生防护距离标准》《工矿企业总平面设计规范》。

(4)考虑工厂发展的可能性和妥善处理工厂分期建设的问题。

(5)贯彻节约用地的原则,注意因地制宜,结合厂区的地形、地质、水文、气象等条件进行总图布置。

(6)满足地上、地下工程敷设要求。应将水、电、汽耗量大的车间尽量集中,形成负荷中心,负荷中心要靠近供应中心。

(7)应为施工安装创造有利条件。

(8)综合考虑绿化与生态环境的保护。

9.5.2.3　对总图的要求

在总图上主要包括规划与设计工程的总布置(有时需要包括几个主要比较方案)、各分项工程的有代表性的剖面、总工程量与总材料量、工程总的技术经济指标、投资与效益等。图是一种特殊的语言表达形式,其作用与文字报告同等重要,而有时又是文字无法取代的。为此,总图应以形象、直观、精练、高度概括的形式将规划或设计的主要内容展现出来。随着时代的发展,图件制作逐步成为一个完整、独立的学科,而总图对规划、设计成果的质量起着不可忽视的作用。对总图首先要求完整、准确地体现规划和设计意图,版面整体布局合理,图面上的各项方案与工程布置、剖面图和附表等各得其所、位置恰当、大小尺寸适中、字体选用得当,图幅匀称,给人以充实感。同时,应在准确、求实的基础上,力求图的美观,要求线条清晰、黑白分明。如为彩色图则应使整个版面色彩设计明亮、格调清新、丰满协调,有较强的层次,给人以美的感受。

在总图规划设计中,设计图纸是设计成果的具体体现。因此,如何快速、精确地制图在总图规划设计中有着十分重要的意义。随着计算机应用的发展,应用计算机辅助设计软件 AutoCAD 进行总图规划设计的精确制图已成为规划设计专业人员必不可少的基本技能。

9.5.2.4　总平面布置设计的主要技术经济指标

在工厂的总平面设计中,往往用总平面布置图中的主要技术经济指标的优劣、高低来衡量总图设计的先进性和合理性。但总图设计牵涉的面较广,影响因素多,故目前评价工厂企业总平面设计的合理性、先进性仍多数沿用多年来一直使用的各项指标。评价总图设计合理性与否的主要技术经济指标见表 9-1。

表 9-1　　　　　　　　　　　　　主要技术经济指标表

号	名称	单位	数量	备注
1	厂区占地面积	m²		
2	厂区工程占地面积	m²		
3	厂区内建筑物、构筑物占地面积	m²		
4	厂内露天堆场、作业场地占地面积	m²		
5	道路、停车场占地面积	m²		
6	铁路长度及其占地面积	m/m²		
7	管线、管沟、管架占地面积	m²		
8	围墙长度	m		
9	厂区内建筑总面积	m²		
10	厂区内绿化占地面积	m²		
11	建筑系数	%		
12	利用系数	%		
13	容积率			
14	绿化(用地)系数	%		
15	土石方工程量	m²		

第10章　工艺流程设计与设备选型

10.1　工艺流程设计

工艺流程设计是在确定的原料路线和技术路线的基础上进行的。它是整个设计中最重要、最基础的设计环节,直接关系到产品的质量、产量、成本、生产能力、操作条件等根本问题,对后续的物料衡算、工艺设备设计、车间布置设计和管道布置设计等单项设计起着决定性的作用。

生产工艺流程设计是通过图解(工艺流程图)和必要的文字说明,形象地反映出某个生产装置由原料进入到产品输出(包括污染物治理)全过程中物料和能量发生的变化及流向,以及生产中所经历的工艺过程和使用的设计仪表,还要表示出全部管道、所有阀门和管件及控制点。工艺流程图集中地概括了整个生产过程或装置的基本面貌。

工艺流程设计是工艺设计的核心。在整个设计中,设备选型、工艺计算、设备布置等工作都与工艺流程直接相关。

生产工艺流程设计复杂、涉及面广,几乎所有的设计项目都同它发生关系。而各个方面的变化又反过来影响工艺流程设计,甚至使流程发生较大的变化。因此,工艺流程设计不是一次就能完成,而往往是最先开始,几乎是最后完成。同时又需要由浅入深,由定性到定量逐步地分阶段进行,并要不断修改和完善,最后绘出生产工艺流程图。

10.1.1　流程设计应考虑的问题

工艺流程设计是一项复杂的技术工作,需要从技术、经济、社会安全和环保等许多方面综合考虑。选择生产路线也就是选择生产方法。同一化工产品可以采用不同原料,经过不同生产路线而制得,即采用同一原料,也可采用不同的生产路线,甚至同一生产路线也可以采用不同的工艺流程。工艺流程设计时需要逐个进行分析对比研究,从中筛选出最好的方法作为进一步设计的依据,具体讲应主要考虑以下问题。

(1) 技术的成熟程度

技术的成熟程度是流程设计首先应考虑的问题,如果已有成熟的工艺技术和完整的技术资料,则应选择成熟的工艺技术进行项目的开发和建设,以保证项目建设成功的可靠性,并可缩短开发周期和节约开发费用。

(2) 技术的先进性

先进性主要指技术上的先进性和经济上的合理可行,具体包括基建投资、产品成本、消耗定额和劳动生产力等方面的内容,应选择物料损耗小、循环量少、能耗消耗少和回收利用好的生产方法。

(3) 技术的可靠性

可靠性是指所选择的生产方法和所设计的工艺流程是否成熟可靠,若不可靠就会影响工厂正常生产,甚至不能投产,因此在保证工艺技术先进的前提下,设计的流程要可靠,若先进性和可靠性二者不可兼得,则宁肯选择可靠性大而先进性稍次的工艺技术作为流程设计的基础,以保证投资的安全可靠。一般不允许把大型化工装置当作实验工厂来进行设计,对生产工艺流程的改革也应采取积极而又慎重的态度,切忌侥幸心理。

（4）流程的可操作性

流程的可操作性是指流程中设备的配备是否合理,物料的传输及动力消耗是否最佳,各种工艺条件的实现是否容易控制等。

显然,流程的可操作性,应当是设计流程时必须着重考虑的问题。

在考虑流程的可操作性时,首先要考虑流程中每台设备的可操作性。要保证每台设备不能发生故障,能正常运转。每台设备的工艺条件都要容易到达和容易控制而且性能稳定。在此基础上,然后才能考虑各设备之间的合理配置和配合。如考虑相同型号设备的并联和串联,设置中间贮槽的位置、大小及数量等,以保证物料的运行流畅、动力消耗较低。此外,高速运转设备,易受腐蚀设备,易结垢和被堵塞的设备,都会因容易损坏而降低流程的可操作性。应尽量考虑生产工艺流程的要求,避免物流交叉,缩短物流路线。并尽量减少人数和物流的交叉。在流程设计中,还应考虑设置便于更换的备用设备,以使设备在操作中故障时,能及时进行切换而保证整个设备生产操作的稳定性、连续性。

（5）投资和操作费用

在流程设计中,应考虑节省建设投资,综合考虑项目资金筹措和外汇储备情况,在设备选型上要考虑国内外化工设备、机械装备及电器仪表的制造能力,化工原材料及设备制造金属材料、备品备件及未来替代品的供应状况,尽可能选用批量生产的定型标准设备,以及结构简单和造价低廉的设备,选择操作条件温和的工艺技术路线,避免对设备结构和材质过高的要求,避免对厂房建筑提出特殊要求。

从操作费用考虑,应选择价廉易得的原料路线和低能消耗的技术路线,操作条件温和、生产原料无毒、无腐蚀性和无爆炸性危险等,以降低原料消耗费用和能量消耗费用。总体目标是所设计的装置能在产品质量、生产成本及建设难度、建设周期、投资规模等主要指标上达到理想的水平。

（6）安全

当前我国在化学工程领域实施注册工程师制度,在化学工程师心目中树立伦理学观念,建立责任关怀制度,这些逐步成为国际化学工程领域的一个发展大趋势。因此在化工设计中,需要树立自觉维护化工过程的安全、环境保护、节约资源及对业主、化工厂操作人员、设备检修人员负责的精神。

在流程设计中,应重视破坏性分析。这种分析通常是通过事故模拟试验的考察来进行的。从模拟试验中可以了解到事故发生的原因,产生的条件和后果,以及引发事故的各种因素间的一些内在关系,通过分析,可以确定所设计的流程需要承担的安全风险。例如对于具有极大爆破性危险的系统,在流程设计前,应作各种条件下的爆破模拟试验。通过对试验结果的分析,可以采取防止爆破的安全措施,并在流程设计中从措施上加以保证,以避免使该危险在系统状态下操作。布置应考虑防火、防爆及卫生健康的要求。

（7）环境和生态

　　流程设计中应考虑生产中"三废"排放对环境造成的污染和危害,应从流程中提出治理"三废"的措施,在建立生产装置时一并实施解决。在工艺流程设计时,注重以"减量化、再利用、资源化"为基本原则,尽可能减少化工过程的能耗、物耗;尽可能减少有害物质的使用或生成,尽可能减少废弃物,并使废弃物在系统内能够再利用;尽可能将排放的废弃物转化为可用的再生资源,尽可能延长产品的生命周期。

10.1.2　工艺流程设计的任务

　　当生产工艺路线确定后,即可进行工艺流程设计。工艺流程设计的任务有两方面:一是确定生产流程中各个生产过程的具体内容、顺序和组合方式,达到由原料制得所需产品的目的;二是绘制工艺流程图,以图解的形式表示生产过程中,当原料经过各个单元操作过程制得产品时,物料和能量发生的变化及其流向,以及采用了哪些化工过程和设备,再进一步通过图解形式表示出化工管道流程和计量控制流程。

　　为保证设计出来的装置能够实现优质、高产、低能耗和安全生产,工艺流程设计应解决以下问题:

　　(1) 确定整个工艺流程组成

　　工艺流程反映了由原料制得产品的全过程,应确定构成全过程的各个单元过程及各个单元过程的具体任务和它们之间的连接形式,这是工艺流程设计的基本任务。

　　(2) 确定各单元过程的组成

　　主要确定过程需要采用多少设备和由哪些设备来完成该生产过程,以及各设备之间如何连接,并明确每台设备的作用和主要工艺参数。可用设备之间的位置关系和物料流向来表示。工艺中常用的载能介质有水、水蒸气、冷冻盐水、空气(真空或压缩等),其技术规格和流向可用箭头和文字直接表示在图纸中。

　　(3) 确定操作条件

　　为使生产过程包括每台设备正确地起到预定作用,应当确定单元过程或每台设备的各个不同部位要达到和保持的操作条件。主要的操作条件参数有温度、压力、浓度、流量、流速和 pH 值等。

　　(4) 确定控制方案

　　根据生产要求,分析过程特点,选用合适的控制仪表,正确实现并保证各生产单元及设备的操作条件,选用合适的控制仪表及控制回路。

　　(5) 合理利用原料及能量,计算出整个装置的技术经济指标

　　应合理地确定各个生产过程的效率,做好能量回收与综合利用,降低能耗,据此确定工艺过程的水、电、蒸汽和燃料的消耗定额。

　　(6) 确定三废治理方法和安全生产措施

　　确定全过程中所排出的三废处理的方法,尽量做到综合利用,并分析装置开车、停车、检修等过程中不安全因素,遵照行业安全规程,制订出相关的安全保障措施,如设置报警装置、爆破片、安全阀、安全水封、放空管、溢流管、泄水装置、防静电装置和事故储槽等。

10.1.3　工艺流程设计的方法

　　几乎所有的电化学工程生产过程,都涉及电化学反应以及反应过程之前的原料预处理和反应过程之后对物料的分离与提纯。工艺流程设计中需要考虑的参数如图 10-1 所示。

图 10-1　工艺流程设计中需要考虑的参数

工艺流程的一般设计方法如下：

（1）确定生产线数目

确定生产线数目，是流程设计的第一步，若产品品种牌号多，换产次数多，常可设计几条生产线同时生产，以满足产品品种多的要求。

（2）确定操作方式

当生产方法确定后，必须确定生产过程的操作方式，可根据物流特性、反应特点、生产规模、工业化条件是否成熟等因素，确定采用间歇性操作还是连续性操作亦或联合生产方式。

（3）确定主要生产过程及设备

一般是以反应过程作为主要生产过程的核心加以研究，然后再逐个建立与之相关的生产过程及设备，如蒸馏过程，除考虑蒸馏塔本身外，尚需考虑：

① 进料方式，泵送还是靠位差输送；

② 进料是否需要预热；

③ 塔底是否考虑再沸器，及塔底残液的排放与储存问题；

④ 塔底蒸汽的冷凝及回流分布；

⑤ 塔顶蒸气冷凝液的冷却及储存等。

以各个单元过程为基础，逐步勾画出流程全貌。

（4）原料预处理过程

在主反应装置确定以后，根据反应特点，必须对原料提出要求，如原料纯度、温度、压力以及加料方式等，这就要根据需要采用原料提纯精制、预热、压缩、配置、混合等操作。原料的预处理过程是要根据原料性质、处理方法而选取不同的装置及操作过程，从而可设计出不同的流程。

（5）产品的后处理

根据反应原料的特性和产品的质量要求以及反应过程的特点，反应后的反应物必须要采用各种不同的措施进行处理，如何安排每一个分离净化的设备或装置以及操作步骤，它们之间如何连通，是否能达到预期的净化效果和能力等，都是必须认真考虑的。

（6）未反应原料的循环或利用以及副产物的处理

由于化学反应往往存在副反应，除了获得目标产物外，还生成了一种或若干种副产物需要进一步分离处理，在工艺流程设计中，充分考虑物料的回收与循环利用，以降低原辅佐材料消耗，提高产品收率，降低产品成本。

对采用溶剂的载体的单元操作，或因副产品而产生的副产品一般应设计回收系统。

（7）确定"三废"排放物的处理措施

在生产过程中对各种废气、废液和废渣，应尽量综合利用，变废为宝，加以回收。无法回收的应加以妥善处理。"三废"中若含有有害物质,在排放前应该达到排放标准。因此,在工程设计中必须研究和设计治理方案和流程,"三废"治理工艺与主产品工艺设计要做到"三同时"即同时设计、同时施工、同时投运。

(8) 确定公用工程的配套措施

在生产工艺流程设计中必须使用的工艺水、蒸汽、压缩空气、氮气等以及冷冻、真空都是工艺流程设计中必须考虑的配套措施。同时在工艺流程设计中,应充分考虑能量的回收与利用,以提高能量利用率、降低能耗单耗,从而降低产品成本。

(9) 确定操作条件和控制方案

按照工艺流程设计要求,对整个流程中各个单元的物料流量、组成、温度、压力等操作条件要进行确定,确定适宜的检测位置、检测和显示仪表,并提出控制方案,并确保生产过程稳定,生产出合格产品。现代化工生产对仪表和自控水平的要求越来越高,仪表和自控水平的高低在很大程度上反映了一个装置的技术水平。

(10) 确定安全生产措施

在工艺流程设计中,要考虑到开停车、长期运转和检修过程中可能存在的各种不安全因素,根据生产过程中物料性质和生产特点,在工艺流程和装置中除设备材质和结构的安全措施外,在流程中应在适宜部位上设置事故槽、安全阀、放空管、安全水封、防爆板等以保证安全生产。

(11) 保温、防腐设计

流程中应根据介质的温度、黏度、流动特性和状态以及环境条件等状况确定设备、管道是否需要保温和防腐。

需要说明的是,工艺设计不是一蹴而就的,要做许多循环的优化调整,如图 10-2 所示。化工工艺流程设计需要在多个方案中反复比较,在保证基本前提条件也就是原始信息不变的情况下,全面比较收率、原材料消耗、能量消耗、产品成本、工程投资、设备材质、环境、安全、占地面积、检修及施工难度等因素。内循环优化是在流程结构不变的前提下,通过修改、

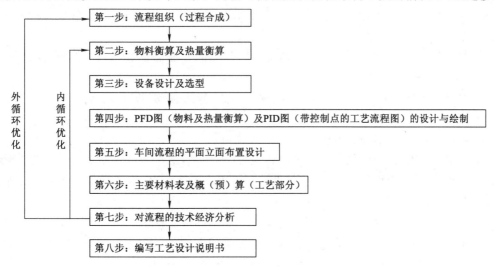

图 10-2　工艺流程设计的方法与步骤

调整流程内部的部分设备参数和操作参数,来对流程进行优化设计。外循环优化设计是在内循环优化不能满足优化目标的情况下,重新做流程组织,对流程结构进行改头换面的大变动,而达到对流程进行优化设计的目的。

10.1.4 工艺流程图

把各个生产单元按照一定的目标要求,有机地组合在一起,形成一个完整的生产工艺过程,并用图形描绘出来,即是工艺流程图。

工艺流程图是工艺设计的关键文件,它是以图解形式表示的工艺流程,即以形象的图形、符号、代号,表示出工艺过程选用的化工设备、管路、附件和仪表自控等的排列及连接,借以表达在一个化工生产中物料和能量的变化过程。流程图是管道、仪表、设备设计和装备布置等专业的设计基础,也是操作运行及兼修的指南。

工艺设计应根据不同的设计阶段进行。在工艺流程设计的不同阶段,工艺流程图的深度是不同的。在通常的两阶段设计中,初步设计阶段需绘制工艺流程草图、工艺流程物料平衡图和带控制点的工艺流程图;在施工图设计阶段需绘制施工阶段带控制点的工艺流程图。工艺设计的结果是提供各种不同类型的工艺流程图。工艺流程图一般分为以下几种:工艺流程草图、工艺物料平衡图、工艺管道仪表流程图。

10.1.4.1 工艺流程草图

工艺流程草图也称方案流程图、流程示意图,是用来表达整个工厂或车间生产流程的图样。它是设计开始时供工艺方案讨论常用的流程图,亦是工艺流程图设计的依据。

当工艺路线和生产方法确定之后,物料衡算开始之前,可进行生产工艺流程草图的绘制,绘制依据是可行性研究报告中提出的工艺路线。工艺流程草图是表示生产工艺过程的一种定性图纸,是最简单的工艺流程图,其作用是定性表示出由原料变成产品的工艺路线和顺序以及采用的各种化工过程及设备,包括全部单元操作和单元反应。

生产工艺流程草图一般由物料流程、图例、标题栏三部分组成。

物料流程包括:

① 设备示意图。可按设备大致几何形状画出(或用方块图表示)。设备位置的相对高低,不要求准确,但要标出设备名称及位号。

② 物料管线及流向箭头。包括全部物料管线和部分辅助管线,如水、汽、压缩空气、冷冻盐水、真空等。

③ 必要的文字注释。包括设备名称、物料名称、物料流向、图例(只要标出管线图例)。阀门、仪表等不必标出。

标题栏包括图名、图号、设计阶段等。

绘制方法采用由左至右展开式,先物料流程、再图例,最后设备一览表。设备轮廓线用细实线画出,物料管线用粗实线画出,辅助管线可用中实线画出,绘制技术不要求精工细作。

10.1.4.2 工艺物料平衡图

工艺物料平衡图简称 PFD(Process Flow Diagram),它表达了一个生产工艺过程中的关键设备或主要设备,或一些关键节点的物料性质如温度、压力、流量和组成。当工艺流程草图确定之后,即可进行物料衡算、能量衡算和设备的工艺计算。在此基础上,可绘制出物料流程图。此时,设计已由定性转入定量。通过物料平衡图,可以对整个生产工艺过程和与该工艺有关的基础数据有一个根本性的了解。

　　工艺物料平衡图是一种以图形与表格形式相结合的反映设计计算某些结果的图样。它既可用作提供审查的资料，又可作为进一步设计的依据。工艺物料平衡图一般包括下列内容：

　　① 图形：包括设备示意图和流程线；

　　② 标注设备的位号、名称及特性数据，流程中物料的组分、流量等；

　　③ 标题栏：包括图名、图号、设计阶段等。

　　图样采用展开式，按工艺流程的次序从左至右绘出一系列图形，并配以物料流程线和必要的标注。工艺物料平衡图一般以车间为单位进行绘制。通常用加长 A2 或 A3 幅面的长边而得，过长也可分张绘制。图中一般只画出工艺物料的流程，物料线用粗实线，流向在流程图上以箭头表示。

　　物料经过设备产生变化时，则需标注物料变化前后各组分的名称、流量（kg/h）、质量分数（%）、每小时千摩尔量（kmol/h）和每项的总和数等，具体项目可按需要酌量增减。其标注方式：可在流量的起始部分和物料产生变化的设备后，从流程线上用指引线引出。指示线、表格线及设备皆用细实线绘制。当物料组分复杂，变化多，在图形部分列表有困难时，要从物料管线上标出物流号，并在图的上方或下方从左至右按流程顺序列表表示。表的内容包括：物料名称、流量组成等。

　　工艺物料平衡图作为初步设计的成果之一，编入初步设计说明书中。

10.1.4.3　工艺管道及仪表流程图

　　工艺管道仪表流程图又称施工流程图或带控制点的工艺流程图。

　　工艺管道及仪表流程图是在工艺流程草图和物料平衡图的基础上绘制的，在初步设计阶段和施工图设计阶段都要绘制带控制点的工艺流程图，但在不同的设计阶段所表达的深度有所不同。初步设计阶段带控制点的工艺流程图是在物料流程图、设备设计计算、控制方案确定完成之后进行的。所绘制的图样往往只对过程中的主要和关键设备进行稍微详细的设计，次要设备及仪表控制点等考虑的比较粗略。此图在车间布置设计中作适当修改后，可绘制成正式的带控制点的工艺流程图作为设计成果编入初步设计阶段的设计文件中。而施工阶段带控制点的工艺流程图则是根据初步设计的审查意见，对初步设计阶段带控制点的工艺流程图进行修改和完整，并充分考虑施工要求设计而成。施工阶段带控制点的工艺流程图作为正式设计成果编入施工设计文件中。施工设计阶段的带控制点的工艺流程图更为详细地描绘了一个车间（装置）的生产全部过程，着重表达全部设备的全部管道连接关系、测量、控制及调节的全部手段。

10.2　物料衡算与热量衡算

10.2.1　物料衡算

　　根据质量守恒定律，以生产过程或生产单元设备为研究对象，对其进出口处进行定量计算，称为物料衡算。通过物料衡算可以计算原料与产品间的定量转变关系，以及计算各种原料的消耗量，各种中间产品、副产品、损耗量及组成。

　　在生产工艺流程图确定以后，就可以作车间物料衡算。通过衡算，使设计由定性转向定量。物料衡算是车间工艺设计中最先完成的一个计算项目，其结果是后续的车间热量衡算、设备工艺设计与选型、确定原材料消耗定额、进行管路设计等各种设计项目的依据。因此，物料衡算结果的正确与否将直接关系到工艺设计的可靠程度。为使物料衡算能客观地反映出生产实际状况，除对实际生产过程要做全面而深入的了解外，还必须有一套系统而严格的分析、求解方法。

在进行车间物料衡算前，首先必须确定生产工艺流程示意图，这种图限定了车间的物料衡算范围，指导工艺计算既不遗漏，也不重复。其次收集必要的数据、资料，如各种物料的名称、组成及含量，各种物料直接的配比等。具备了以上的这些条件，就可以进行车间物料衡算。

物料衡算的基础是物质的质量守恒定律，即输入一个系统的全部物料量比等于输出系统的全部物料量，再加上过程中损失量和在系统中的积累量。

$$\sum G_1 = \sum G_2 + \sum G_3 + \sum G_4$$

式中　　$\sum G_1$——输入物料量总和；

$\sum G_2$——输出物料量总和；

$\sum G_3$——物料损失量总和；

$\sum G_4$——物料积累量总和。

当系统内物料积累量为零时，上式可以写成：

$$\sum G_1 = \sum G_2 + \sum G_3$$

物料衡算的基准是：① 对于间歇式操作的过程，常采用一批原料为基准进行计算；② 对于连续式操作过程，可以采用单位时间产品数量或原料量为基准进行计算。

物料衡算的结果应列成原材料消耗定额及消耗量表。

消耗定额是指每吨产品或一定量的产品所消耗的原料量，而消耗量是指每年或每日等单位时间内所消耗的原料量。

10.2.2　热量衡算

电化学过程生产中包含有化学过程和物理过程，往往伴随有能量变化，因此必须进行能量衡算。又因生产中一般无轴功存在或轴功相对来说影响较小，因此能量衡算的实质是热量衡算。生产过程中产生的热量或冷量会使物料温度上升或下降，因此为保证生产过程在一定温度下进行，则外界须对生产系统有热量的加入或排除，即设备的热负荷。根据设备热负荷的大小、所处理物料的性质及工艺要求再选择传热面的形式，计算传热面积，确定设备的主要工艺尺寸。传热所需的加热剂或冷却剂的用量也是以热负荷的大小为依据进行计算的。对已投产的生产车间，进行能量衡算是为了更加合理地利用能量。通过对一台设备能量平衡测定与计算可以获得设备用能的各种信息，如热利用效率、余热分布情况、余热回收利用等，进而从技术上、管理上制定出节能措施，以最大限度地降低单位产品的能耗。

量衡算按能量守恒定律"在无轴功条件下，进入系统的热量与离开热量应该平衡"，在实际中对传热设备的衡算可由下式表示：

$$Q_1 + Q_2 + Q_3 = Q_4 + Q_5 + Q_6$$

式中　Q_1——所处理的物料带入设备总的热量，kJ；

　　Q_2——加热剂或冷却剂与设备和物料传递的热量(符号规定加热剂加入热量为"＋",冷却剂吸收热量为"－"),kJ;

　　Q_3——过程的热效率,它分为两类:化学反应热效应和状态变化热效应(符号规定过程放热为"＋");

　　Q_4——物料从设备离开所带走的热量,kJ;

　　Q_5——设备部件所消耗的热量,kJ;

　　Q_6——设备向四周散失的热量,又称热损失,kJ。

　　热量衡算的基准可与物料衡算相同,即对间歇生产可以以每日或每批处理物料为基准。(计算传热面积的热负荷必须以每小时作为基准,而该时间必须是稳定传热时间)热量衡算温度基准,一般规定 25 ℃。

10.3　工艺设备的设计、选型

　　工艺设备的设计、选型是工艺设计的重要内容,所有的生产工艺都必须有相应的生产设备,同时所有生产设备都是根据生产工艺要求而设计选择确定的。所以设备的设计与选型是在生产工艺确定后进行的。

　　电化学工程设备可分为机械设备和化工设备,电解以化工设备为主,化学电源制造、电镀以机械设备为主,且大部分为专用设备。如铅酸电池制造专用设备,锂离子电池制造专用设备等。

10.3.1　化工设备选型和设计

　　(1) 确定单元操作所用设备的类型。这项工作应与工艺流程设计结合起来进行。例如,工艺流程中需要使液固混合物分离,就要考虑是用过滤机还是用离心机;要实现气固分离,就要考虑是使用旋风分离器,还是用沉降槽;要使液体混合物各组分分离,就要考虑是采用萃取方法,还是采用蒸馏方法;要实现气固催化反应,就要考虑是使用固定床反应器,还是流化床反应器等。

　　(2) 确定设备的材质。根据工艺操作条件(温度、压力、介质的性质)和对设备的工艺要求确定符合要求的设备材质,这项工作应与设备设计专业人员共同完成。

　　(3) 确定设备的设计参数。设备的设计参数是通过工艺流程设计、物料衡量、热量衡算、设备的工艺计算多项工作得到的。对不同的设备,不同的设计参数如下:

　　① 换热器。热负荷,换热面积,热载体的种类,冷、热流体的流量、温度和压力。

　　② 泵。流量、扬程、轴功率、允许吸上高度。

　　③ 风机。风量和风压。

　　④ 吸收塔。气体的流量、组成、压力和温度,吸收剂种类、流量、温度和压力,塔径、筒体的材质、塔板的材质、塔板的类型和板数(对板式塔),填料种类、规格、填料总高度,每段填料的高度和段数(对填料塔)。

　　⑤ 蒸馏塔。进料物料,塔顶产品,塔釜产品的流量、组成和温度,塔的操作压力,塔径,筒体的材质,塔板的材质,塔板类型和板数(对板式塔),填料种类、规格,填料总高度,每段填料高度和段数(对填料塔),加料口位置,塔顶冷凝器的热负荷及冷却介质的种类、流量、温度和压力,再沸器的热负荷及加热介质的种类、流量、温度和压力,灵敏板位置等。

⑥ 反应器。反应器的类型,进、出口物料的流量、组成、温度和压力,催化剂的种类、规格、数量和性能参数,反应器内换热装置的型式、热负荷以及热载体的种类、数量、压力和温度,反应器的主要尺寸,换热式固定床催化反应器的温度,浓度沿床层的轴向(对大直径床还包括径向)分布,冷激式多段绝热固定床反应器的冷激气用量、组成和温度。

(4) 确定标准设备(即定型设备)的型号或牌号,并确定台数。标准设备是一些加工厂成批、成系列生产的设备,即那些能直接向生产厂家订货或购买的现成的设备。在标准设备中,一些类型的设备是除化工行业外,其他行业也能或可能广泛采用的设备,例如泵、风机、电动机、压缩机、减速机和起重运输装置等,这种类型的设备有众多的生产厂家,型号很多,可选择的范围很大;另外一些是化工行业常用的标准设备,它们是冷冻机、除尘设备、过滤机、离心机和搅拌器等。

(5) 对已有标准图纸的设备,确定标准图的图号和型号。随着中国化工设备标准化的推进,有些本来属于非标准设备的化工装置,已逐步走向系列化、定型化。它们虽还未全部统一,但已有了一些标准的图纸,有些还有了定点生产厂家。这些设备包括换热器系列、容器系列、搪玻璃设备系列以及圆泡罩、F1 型浮阀和浮阀塔塔盘系列等。还有一些虽未列入国家标准,但已有标准施工图和相应的生产厂家,例如国家中医药管理局上海医药设计院设计的发酵罐系列和立式薄壁常压容器系列。对已有标准图纸的设备,设计人员只需根据工艺需要确定标准图图号和型号便可以了,不必自己设计。

(6) 对非标准设备,向化工设备专业设计人员提出设计条件和设备草图,明确设备的型式、材质、基本设计参数、管口、维修、安装要求、支撑要求及其他要求(如防爆口、人孔、手孔、卸料口、液面计接口等)。

(7) 编制工艺设备一览表。在初步设计或扩大初步设计阶段,根据设备工艺设计的结果,编制工艺设备一览表,可按非定型工艺设备和定型工艺设备两类编制。将初步设计阶段的工艺设备一览表作为设计说明书的组成部分提供给有关部门进行审查。

10.3.2 电镀设备选型和设计

电镀设备中镀槽的选型与设计是电镀工艺设计的重要内容。

采用挂镀时,在确定镀槽尺寸之前,先要确定装挂方法。零件是竖挂还是横挂,是一面挂还是两面挂,每槽装挂的数量都不同。另外,挂具的大小和长短影响电镀的质量及使用是否方便。有时零件紧挨着镀层厚度更均匀;有时零件必须有一定的间隔才能镀上。在确定槽子尺寸前,最好先确定装挂方法和挂具大小。当然,每种情况下可以有几种选择,都摆出来比较,听一听操作人员的意见很有帮助。

10.3.2.1 根据镀件数量选镀槽尺寸和数量

在确定了挂具尺寸之后,如果每槽只挂一个挂具,槽子的尺寸就容易确定了。一般说来,挂具的底部距槽底 15~20 cm,最上排零件距液面 2~10 cm,液面距槽口 10~20 cm(零件进入时溶液体积增大越显著,这一距离应越大)。至于挂具两侧距槽壁,对手工槽可以小到 5 cm,对自动线一般要 15 cm。

但是多数情况下,每槽不止挂一个挂具,还需要确定每槽的挂具数。这时,需要知道全年要镀的零件数 A、每只挂具装挂的零件数 B、每年的工作日数 C、每天的工作时数 D。这时,每小时应镀挂具数

$$G=A/[B \times CX(D-2)]$$

式中,(D−2)表示每天有 2 h 为生产准备和结束时间,在这 2 h 中不电镀零件。知道了每小时应镀挂具数 G,再知道零件需要的电镀时间 E(以 h 为单位),就有了一组选择:

只用一个镀槽时,每槽需挂挂具数=G×E。

使用 N 个镀槽时,每槽需挂挂具数=G×E/N。

在使用自动线时,E/N=周期时间(h)。

另一个要确定的是镀槽宽度。首先要确定零件装挂后挂具的厚度 t,零件到阳极表面的距离 s。一般在 15～25 cm,阳极篮的厚度 b,阳极篮靠槽壁一边离槽壁的距离 l,为加热器留的距离 δ,然后:

$$镀槽宽度 = t + 2s + 2b + 2l + δ$$

对于镀贵重金属,为了减少溶液的体积,零件到阳极表面的距离 s 会在 10 cm 以下。阳极篮的厚度 b 一般在 5 cm 左右。阳极篮靠槽壁一边离槽壁的距离 l 一般在 5 cm 左右。

以上讲的是一种零件或几种零件共享同一种挂具的情况。如果有多种零件,使用几种挂具。只要确定一种最常用的挂具,把别的挂具折算成最常用的挂具即可。比如,最常用的挂具宽 50 cm,另一种挂具宽 80 cm,则一个这种挂具折算成最常用的挂具为 1.6 个。折算之后,即可看成一种挂具,进行推算。

在确定镀槽尺寸时,以下几点应考虑在内:

① 由镀槽深度决定的生产线高度,在车间内能否放得下。

② 由镀槽长度决定的生产线宽度,在车间内能否放得下。

③ 由镀槽宽度决定的生产线长度,在车间内能否放得下。

④ 使用电流密度大的槽子,不要使体积电流密度过大。

⑤ 尺寸过大的镀槽制作上会有困难。

⑥ 尺寸过大的镀槽在溶液处理上会有困难。

⑦ 尺寸过大的镀槽运输时会有困难。

当然,生产线的尺寸,不完全决定于镀槽尺寸,但镀槽的尺寸和数量对生产线的尺寸有重要影响。

10.3.2.2　根据电镀面积选镀槽尺寸和数量

如果不知道镀件的具体情况,只知道要电镀的表面积,可以用下法推算。设年电镀总面积 S,每小时需要电镀的表面积 F,每年的工作日数为 C,每天的工作时数为 D,则:

$$F = S / [C × (D−2)]$$

式中,(D−2)表示每天有 2 h 生产准备和结束时间,在这 2 h 中不电镀零件。

知道了每小时应镀面积,再知道零件需要的电镀时间 E(以 h 为单位),就有了一组选择:

只用一个镀槽时,每槽需电镀面积=F×E;

使用 N 个镀槽时,每槽需电镀面积=F×E/N;

在使用自动线时,E/N=周期时间(h)。

这时,需要把每槽需电镀面积转化为每槽电镀窗的面积。这里说的电镀窗的面积是指:

$$电镀窗的面积 = 可以装挂零件的槽深 × 可以装挂零件的槽宽$$

众所周知,1 m² 电镀窗可装挂的电镀面积并不一定是 1 m²,而是 n m²。而系数 n 随镀件变化,大致应在 0.5～2.0 之间。

10.3.2.3　滚镀槽尺寸的选择

滚镀时镀槽的尺寸取决于滚筒的尺寸,一般情况下每个电镀工位放 1~2 个滚筒。怕磕伤的零件只能用小滚筒,不易磕伤的大批量零件滚筒装载量 m 可在 30~200 kg 之间选择。每小时产量计算如下:

$$每小时产量＝m(\mathrm{kg})\times 每小时出活滚筒数$$

过大的滚筒数和装载量都不可取。

$$滚筒体积＝m\times V/(30\%~50\%)$$

式中 V 为每千克零件堆积体积,30%~50%表示滚筒装载率。

10.3.2.4　辅槽尺寸选择

辅助槽尺寸选择原则是在相同时间内辅助槽要能处理镀槽一样多的零件。比如每 10 min 出一个镀槽的 5 个挂具,辅槽也要每 10 min 处理 5 个挂具。如果处理能力不同,一定使辅槽的处理能力大一些。要记住,化学脱脂槽等处理的挂具可以挂在不止一根极杆上。

确定化学镀槽尺寸时,要考虑单位体积负载,即每升溶液电镀的零件的表面积不能过大,过大溶液容易分解,也不能过小,过小溶液活性不足。

第11章　车间布置设计

11.1　概述

在工程的初步设计或施工图设计中，当工厂总图、工艺流程图、物料衡算、热量衡算、设备选型及其主要尺寸确定后，就可以开始进行车间厂房(包括构筑物)和车间设备布置设计工作。

从布置设计开始，设计工作就进入了各专业共同协作的阶段，工艺专业在进行布置设计时，还要考虑到日后的安装、操作、检修等的方便。工艺专业第一次完成布置设计后，其他各专业亦在工艺布置设计的同时，也提出各自的布置要求，与工艺专业设计人员共同研究、协商，这样，最后完成一个既满足工艺生产要求又整齐美观的布置设计。车间布置是工艺专业提供给其他专业的基本设计条件，有了它，各专业就可以平行地开展各自的设计工作。

布置设计将影响整个项目的总投资，操作、安装、检修、车间的安全和车间的各项技术经济指标的完成情况，因此，在进行布置设计时，要全盘统筹考虑，合理安排布局，才能完成既符合生产要求又经济合理的布置设计。

11.1.1　车间布置设计的工作条件

车间布置有待于完成和熟悉下述各项工作或需要下列各项条件：

① 要有厂区总平面布置图，并且在总图上已经明确规定了本车间所处的具体位置和区划。

② 已掌握本车间与其他各生产车间、辅助生产车间、生活设施以及本车间同车间内外的道路、铁路、码头、输电、消防等的关系，了解有关防火、防雷、防爆、防毒和卫生等国家标准与设计规范。

③ 熟悉本车间的生产工艺并已绘出带控制点的工艺流程图；熟悉有关物性数据、原材料和主副产品的储存、运输方式和特殊要求。

④ 熟悉本车间各种设备、设施的特点、要求及日后的安装、检修、操作所需空间、位置。如根据设备的操作情况和工艺要求，决定设备装置是否露天布置，是否需要检修场地，是否经常更换等。

⑤ 了解与本车间工艺有关的试验室、配电室、控制仪表等其他专业和办公、生活设施方面的要求。

⑥ 具有车间设备一览表和车间定员表。

11.1.2　车间布置设计的内容

11.1.2.1　车间厂房布置设计

在进行厂房布置设计时，首先要推敲并确定车间设施的基本组成部分，防止遗漏不全，车间的组成一般包括以下五个部分：

① 生产设施：包括各生产工段、原料和产品的仓库、控制室、露天堆场和储罐区等。

② 生产辅助设施：包括除尘通风室、配电室、机修间、化验室等。

③ 生活行政设施：包括车间办公室、更衣室、浴室、休息室、会议室、卫生间等。

④ 其他特殊用室：如劳动保护用室、保健室等。

⑤ 近期发展用地：如考虑近期扩建或增加部分设备等所需要的场地。车间的基本部分确定之后，按照车间设备布置的情况，确定车间厂房的结构型式、跨度、长度、层高和厂房的总高度及它们之间的相互关系、相对位置；确定车间有关场地、道路的位置和大小，以此给土建专业提供一次设计条件。

11.1.2.2 车间设备布置设计

车间设备布置设计就是确定各个设备在车间范围内平面与车间立面上的准确的、具体的位置，同时也确定了场地与建筑物、构筑物的尺寸，安排工艺管道、电气仪表管线、采暖通风管线的位置。

11.1.2.3 绘制车间布置图

当车间设备比较少或车间设备在空间上相对高度相差不大时，一般只绘制设备平面布置图，按规定注明其底面或支承面的高度。当车间设备比较多且在空间上有较大差别，平面布置上表述过于繁杂时，要绘制立面图或局部剖视图，以表达清楚为原则。

11.1.3 车间布置设计的要求

① 车间布置设计要适应总图布置要求，与其他车间、公用工程系统、运输系统组成有联系的生动的整体。

② 便于生产管理，安装、操作、检修方便。在车间厂房布置设计时，要合理安排，相互协调，以便于生产管理。设备布置设计时，要考虑到以后的施工安装、操作和检修，要尽量创造良好的工作环境。需要经常检修、更换的设备附近要留有一定的检修空间和设备搬运宽度。

③ 要符合有关的布置规范和国家有关的法规，妥善处理防火、防爆、防毒、防腐等问题，保证生产安全，还要符合建筑规范和要求。

④ 经济效果要好。车间平面布置设计应简洁、紧凑，以减少建设费用，降低生产成本。

⑤ 要留有发展余地。有些设施或装置，由于设计投资较大、资金紧张，或已经预计到将来的销售情况会越来越好，经与建设单位协商，在布置设计时，要留有发展余地，以便于将来的扩建或增建。

11.1.4 车间布置设计的方法和步骤

（1）准备工作资料

（2）确定各工段的布置形式

① 室外布置：包括露天布置、半露天布置和框架式布置。室外布置的优点是：建筑投资少，用地面积省，有利于安装和检修，也有利于通风、防火、防爆；但最大的缺点是受气候影响大，操作条件差，自控要求条件高。

② 室内布置：一般小规模的间歇操作和操作较频繁的设备常布置在室内。室内布置的优点是：受气候影响小，劳动条件好，但投资较大。

（3）确定厂房布置和设备布置方案

车间厂房布置方法不同,可以产生不同的效果。在着手布置设备之前,必须率先确定厂房布置的方案,确定厂房的外形、尺寸和分布。设备布置的方案一般采用按流程布置和同类设备集中布置的方案,通常将这两种方法穿插使用。在按流程布置时,注意车间内的交通、运输和人行通道以及维修场地与空间的安排。这些在方案确定时即要考虑,某些检修场地甚至要在图上标出。

(4) 绘制车间布置草图进行比较

在绘制车间布置草图时,工艺设计人员先初步划分一下生产设施、辅助生产设施和生活办公设施的位置,确定厂房宽度和柱距,初步估算厂房面积,按一定的比例(一般用 1∶100 或 1∶50)绘于图上,然后将所有设备按同样的比例根据设备布置的原则绘制在图面上,再逐个计算每个设备所需的辅助场地和空间,以及其他设施所需的场地和空间,同时要考虑柱子、楼梯、通道等所需的场地和空间。考虑周全后,对布置进行反复推敲、精心琢磨、合理调整,有时绘几张草图,利于比较。

对于一些流程比较复杂的车间,通常要按比例剪出设备的外型,然后在方格纸上进行多个方案布置,并广泛征求各个专业的意见,同时做出几个布置设计方案进行比较,广泛征求领导、专家、建设单位的意见,最后选择最为经济合理的方案作为车间布置草图。

(5) 绘制车间平面布置图

车间平面布置草图确定后,车间厂房的跨度、高度、柱子、楼梯的位置以及各个设备的位置等基本上已确定,按照草图所使用的比例和布置尺寸进行绘制。

11.2　车间厂房布置设计

11.2.1　车间厂房的平面布置方案研究

(1) 长方形(或方型)布置(也叫一字型布置)

这种型式的厂房一般适用于中小型车间,控制室另有厂房安排,与化验室等一并安排,有时控制室也在车间内布置。外部管道的一端进,一端出;或者两端进,两端出;管道要集中布置。其主要优点是:有利于厂房的定型化,设计、施工比较简单,造价低,设备布置有较大的弹性,也有利于日后的发展安排。

(2) T 形、L 形布置

这种型式适合于较复杂的车间。其主要优点是外线管道可以从几个方向进入车间,结构显得紧凑,管廊可以几个区共用。

(3) 厂房和道路布置

车间工艺设备厂房和辅助厂房,包括化验室、待检成品库房、机修的动火区、办公室、中心控制室等要统筹安排,主要考虑安全和使用方便。车间厂房之间的通道要成环状布置,利于运输和消防。

(4) 厂房的跨度和柱网设计

厂房的跨度主要根据工艺、设备、采光、通风及建筑造价和建筑规范等因素确定。在化工厂中,单层厂房的跨度一般为 6 m、9 m、12 m、15 m、18 m,需要时,也可以采用更大的跨度;多层厂房的跨度一般为 12 m、15 m,一般不超过 24 m。厂房的跨度可根据实际需要选用,也可与土建专业设计人员商量确定。

生产厂房的柱网布置必须与工艺生产设备相协调,同时也要考虑到建筑结构的合理性、安全性和建筑造价等,一般厂房的柱网多采用 6 m×6 m,6 m×9 m,一般不宜超过 12 m。当然,在有些设计中,由于特殊需要,也可以采用特殊的柱网布置。但在同一设计中,所采用的跨度和柱网类型应尽量统一,以利于建筑施工机械化,减少厂房投资。

11.2.2 车间厂房的立面布置

厂房的立面布置和厂房的平面布置一样,力求做到设备排列整齐、紧凑、美观,充分利用厂房空间,既经济合理、节约投资,又操作、检修方便,并能充分满足采光、通风等要求。

(1)厂房的高度与层数的确定

厂房的高度和层数主要取决于生产设备的高度,除了设备本身的高度外,还应考虑设备附件对空间高度的需要,以及设备安装、检修时对空间高度的需要。有时,还要考虑设备内检修物的高度对空间高度的要求,如带搅拌设备的搅拌器取出需要的高度,以其中的最高高度加上至屋顶结构的高度决定厂房的高度。在设计有高温或可能有毒气体泄漏的厂房时,应适当加高厂房的高度,以利于通风散热,安排通风管道。

一般生产厂房的层高不宜低于 3.2 m,净高不宜低于 2.6~2.8 m,单层厂房的高度一般为 4~6 m,多层厂房的层高根据需要而定;操作台通行部分的最小净空高度一般不小于 2 m。

在设计多层厂房时,如楼板的荷载比较大,建筑物本身的结构(比如需要较大的梁)将对厂房的净空高度产生影响。因此,通常为避免楼板上有更多的荷载,常把笨重大型的设备布置在底层或室外。

在设计厂房高度时,应仔细研究所有的生产设备,尽量将高大的设备布置在室外,或者将比较高大的设备尽量集中布置在同一厂房内。即使有个别高大的设备单独布置,也尽量妥善处理,如将设备穿过楼层和屋顶,采用部分露天化处理,这样可降低厂房高度和层高,减少厂房投资。

(2)起重运输设备

在厂房内设置起重运输设备时,不但要增加厂房的高度,而且会大大增加厂房的造价,因此凡是能用临时起重工具的尽量不用起重运输设备,这样只需在厂房设计时预留必要的固定件或吊钩等。

化工生产厂房常用的起重运输设备为:吊钩、电动葫芦和桥式吊车。一般使用吊钩和电动葫芦时对厂房的高度影响不大,当用桥式吊车时,厂房的高度要认真计算确定。

11.2.3 车间厂房布置设计时须注意的问题

为了使厂房设计合理、紧凑,对以下问题应予以注意:

① 厂房设计首先应满足生产工艺的要求,顺应生产工艺的顺序,使工艺流程在厂房布置的水平方向上和垂直方向上基本连续,以便使由原料变成成品的路线最短,占地最少,投资最低。

② 厂房设计时应考虑到重型设备或震动性设备(如压缩机、大型离心机等)尽量布置在底层,在必须布置在楼上时,应置在梁上,减少建筑费用。

③ 操作平台应尽量统一设计,以免平台较多时,平台支柱零乱繁杂,厂房内构筑物过多,占用过多的面积。

④ 厂房的进出口、通道、楼梯位置要安排好,大门宽度要比最大设备宽出 0.2 m 以上,当设备太高、太宽时,可与土建专业协商,预留安装孔解决。当需要有运输设备进出厂房时,厂房必须有一个门的宽度比满载的运输设备宽 0.4 m、高 0.4 m 以上。

⑤ 注意安全,楼层、平台要有安全出口。操作人员的工作环境,要与有危险的区域有安全距离。

11.3　车间设备布置设计

车间设备布置设计就是确定各个设备在车间平面上和立面上的准确、具体的位置,这是车间布置设计的核心,也是车间厂房布置设计的依据。

11.3.1　设备布置设计的一般要求

① 满足生产工艺的要求。

② 符合有关的安全规范。每个设计项目都有与之有关的一些规范和标准,按此可以确定各个工段、各个设备间及设备与墙、柱等的安全距离。

③ 要符合操作要求。在设备布置设计时,要时时把操作人员放在首位,尽量创造良好的操作条件和采光通风条件,有一定的操作空间和安全距离,并给操作人员安排必需的生活用房。

④ 要符合安装维修要求。在设备布置设计时,应注意留有必需的起重吊装维修空间;对于大型的设备,还应留有吊装孔和中间的存放空间等。

⑤ 要符合建筑要求。设备的布置方案最终决定厂房的布置,厂房的跨度和高度应尽量合乎建筑模数的要求,当二者发生矛盾时,就需要工艺人员适当地调整设备布置方案,以符合建筑要求。

11.3.2　设备布置设计的一般原则

① 设备布置一般按流程式布置,使由原料到产品的工艺路线最短。

② 对于结构相似、操作相似或操作经常发生联系的设备一般集中布置或靠近布置,有些可通用的,要有相互调换使用的方案。

③ 设备布置尽量采用露天布置或半露天框架式布置形式,以减少占地面积和建筑投资。比较安全而又间歇操作和操作频繁的设备一般可以布置在室内。

④ 处理酸、碱等腐蚀性介质的设备尽量集中布置在建筑物的底层,不宜布置在楼上和地下室,而且设备周围要设有防腐围堤。

⑤ 有毒、有粉尘和有气体腐蚀的设备,应各自相对集中布置并加强通风设施和防腐、防毒措施。

⑥ 有爆炸危险的设备最好露天布置,室内布置时要加强通风,防止易燃易爆物质聚集,将有爆炸危险的设备布置在单层厂房及厂房或场地的外围,有利于防爆泄压和消防,并有防爆设施,如防爆墙等。

⑦ 设备布置的同时应考虑到管道布置空间、管架和操作阀门的位置,设备管口方位的布置要结合配管,力求设备间的管路走向合理,距离最短,无管路相互交叉现象,并有利于操作。

⑧ 设备之间、设备与墙之间、运送设备的通道和人行道的宽度都有一定的规范,设备布置设计时应参照执行。表 11-1 所示为可供参考的安全距离。

表 11-1　　　　　　　　　　　　　设备的安全距离

序号	项　　目	净安全距离/m
1	泵与泵的间距	不小于 0.7
2	泵与墙的距离	至少 1.2
3	泵列与泵列间的间距(双排泵间)	不小于 2.0
4	计量罐与计量罐的间距	0.4~0.6
5	储槽与储槽间的间距	0.4~0.6
6	换热器与换热器的间距	至少 1.0
7	塔与塔的间距	1.0~2.0
8	离心机周围通道	不小于 1.5
9	过滤机周围通道	1.0~1.8
10	反应罐盖上传动装置离天花板距离	不小于 0.8
11	反应罐底部与人行通道的距离	不小于 1.8~2.0
12	反应罐卸料口至离心机的距离	不小于 1.0~1.5
13	起吊物品与设备的最高点距离	不小于 0.4
14	往复运动机械的运动部件离墙的距离	不小于 1.5
15	回转机械离墙距离	不小于 0.8~1.0
16	回转机械之间的距离	不小于 0.8~1.2
17	通廊、操作台通行部分的最小净空高度	不小于 2.0~2.5
18	不常通行的地方,净高高度	不小于 1.9
19	操作台梯子的斜度一般情况	不大于 45 度
	操作台梯子的斜度特殊情况	不大于 60 度
20	控制室、开关室与炉子之间的间距	15
21	产生可燃性气体的设备与炉子的间距	不小于 8.0
22	工艺设备与通道的间距	不小于 1.0

11.3.3　常见设备的布置设计原则

在工厂设计中,设备的形式千差万别,多种多样,但有些设备差不多在每个设计中都能涉及,有些设备甚至经常是成组出现,举例如下。

11.3.3.1　容器(在设计文件中用 V 表示)

中间储罐一般按流程顺序布置在与之有关的设备附近,以缩短流程、节省管道长度和占地面积,对于盛有有毒、易燃、易爆的中间储罐,则尽量集中布置,并采取必要的防护措施。

对于原料和成品储罐,一般集中布置在储罐区。一般原料和产品储罐,尽量靠近与之有关的厂房;对于盛有有毒、易燃、易爆的原料、成品的储罐,则集中布置在远离厂房的储罐区,并采取必要的防护措施。

　　容器支脚、接管条件由布置设计决定,其外形尺寸和支承方式可根据布置条件的要求加以调整。一般长度直径相同的容器,有利于成组布置和设置共用操作平台或共同支承,支承方式的设计要认真研究。

11.3.3.2　换热器(在设计文件中用 E 表示)

　　换热器是化工设计中使用最多的设备之一,列管式换热器和再沸器尤其用得多,设备布置设计就是把它们布置于适当的地方,确定其管口方位,使其符合生产工艺的要求,并使换热器与其连接的设备间的配管合理。如果布置确有不便,可以在不影响工艺要求的前提下,适当调整换热器的尺寸和型式。

　　① 独立换热器的布置,特别是大型换热器应尽量安排在室外,以节约厂房。

　　② 设备附设换热器的布置,一般是取决于与之有联系的设备,以顺应流程、便于操作为原则。

　　③ 换热器可以单独布置也可以成组布置,成组布置可以节约空间,而且整齐美观。

11.3.3.3　塔类设备(设计文件中用 T 表示)

　　塔的布置形式很多,大型塔类设备常采用室外露天布置,以裙座支于地面基础上。小型塔设备可布置于室内,也可布置在框架中或沿建筑物外沿进行布置。在满足工艺要求的前提下,塔类设备既可单独布置,也可集中布置。

　　① 单独布置:一般单塔和特别高大的塔采用单独布置,利用塔身设操作平台,平台的高度根据人孔的高度和配管的情况来定。

　　② 成列布置:即将几个塔的中心连成一条线,并将高度相近的塔相邻布置,通过适当调节安装高度和操作点的位置,就可做联合平台,既方便操作,又节省投资。采用联合平台时必须设计允许各塔有不同的热膨胀,以保证平台安全。相邻塔间的中心距离一般为塔直径的 3～4 倍。

　　③ 成组布置:数量不多而大小、结构相似的塔可以成组布置。几个塔组成一个空间体系,可提高塔群的刚度和抗风、抗震强度。

　　④ 沿建筑物或框架布置:将塔安装在高位换热器和容器的建筑物或框架旁,利用平台作为塔的人孔、仪表和阀门的操作与维修通道,有时将细而高的或负压塔的侧面固定在建筑物或框架的适当高度,从而可增加塔的刚度。

　　⑤ 室内或框架内布置:小塔或操作频繁的塔常安装在室内或框架中,平台和管道都支承在建筑物上,冷凝器可放在屋顶上。

　　单塔或塔群常布置在设备区框架外侧或单独设框架。塔顶设起吊装置,用于吊装塔盘等零部件。填料塔常在装料孔的上空设吊车梁,以供吊装填料之用。

11.3.3.4　反应器(设计文件中用 R 表示)

　　反应器的形式很多,可按类似的设备进行布置。大型塔式反应器可按塔类设备来布置。固定床催化反应器与容器设备相似,可按容器类设备布置。大型的搅拌釜式反应器,由于重量大,又有震动和噪音,常单独布置在框架或室外,用支脚直接支撑在地面上,有时可布置在室内的底层,但布置设计时必须注意将其基础与建筑物的基础分开,以免将噪声和震动传给建筑物。反应器周围的空间、操作平台的宽度、与建筑物间的距离取决于操作和维修通道的要求。还要顾及反应器周围设备(如换热器、冷凝器、泵和管道)的大小和布置、反应器基础及建筑物基础的大小、内部构件以及减速机与电动机检修时移动和放置空间等。

中小型的间歇反应器或操作频繁的反应器常布置在室内,用罐耳悬挂在楼板或操作平台设备孔中,呈单排或双排布置。

多台反应器在布置时尽量排成一条线,反应器之间的距离可根据设备的大小、辅助设备和管道情况而定,管道、阀门等应尽可能布置于反应器的一侧,便于操作。

由于带搅拌的反应器需要检修,其上部应设安装和检修用的起吊装置或吊钩,设备顶端与建筑物顶间必须留出足够的距离,以便抽出搅拌器。

对于处理易燃易爆介质的反应器,或反应激烈易出事故的反应器,布置时要考虑足够的安全措施,要有事故应急处置措施等。

11.3.3.5 泵、风机等运转设备(设计文件中分别用 P 和 C 表示)

(1) 泵

① 泵的布置应尽量靠近供料设备,以保证泵有良好的吸入条件。

② 多台泵应尽量集中布置,排列成一条线,也可背靠背地排成两排,电机端对齐,正对道路。泵的排列次序由与之相关的设备位置和管道布置所决定。

③ 泵往往布置在室内底层或集中布置在泵房,小功率(7 kW 以下)的泵可布置在楼板上或框架上。泵的基础一般比地面高 $100\sim200$ mm,不经常操作的泵可室外布置,但需设防雨罩保护电机,北方寒冷地区还要注意防冻。

④ 泵需要经常检修,泵的周围应留有足够的空间。对于重量较大的泵和电机,应设检修用的起吊设备,建筑物与泵之间应有足够的高度供起吊用。

室内布置泵常将泵沿墙布置,可节省面积,如果将工艺罐放在室外,管道穿过墙与泵相连,则空间更省,操作也很方便。

(2) 风机

① 一般大型风机常布置在室外,以减少厂房内的噪音,但要设防雨罩保护电机,北方地区要考虑防冻措施。小型风机可布置在室内,也可布置在室外或半露天布置。布置在室内时,要设置必要的消音设备,如不能有效地控制噪音,通常将其布置在封闭的机房中,以减少噪音对周围的影响。用于鼓风机组的监控仪表可设在单独的或集中的控制室内。

② 风机的布置应考虑操作维修方便,并设置适当的吊装设备,布置时应注意进出口接管简捷,尽量避免风管弯曲和交叉,在转弯处应有较大的回转半径。

③ 大型风机的基础要考虑隔震,与建筑物的基础要分开,还要防止风管将震动传递到建筑物上。

11.3.4 设备布置设计需要注意的问题

① 设备布置设计不但要满足工艺、操作、维修的需要,而且在设备周围要留出堆放一定数量的原料、中间产品、产品的空间和位置,必要时作为检修场地,如需要经常更换的设备,要有设备搬运所需的位置和空间。

② 在进行多层厂房的设备布置时,要特别考虑物料的输送要求,要优先布置重力流动的设备。输送干、湿固体物料的管道要垂直或近乎垂直向下布置,以防堵塞。

③ 设备布置要充分利用高位差布置,以节省输送设备和动力。通常把计量槽、高位槽布置在高层,主要设备如反应器等布置在中层,后处理设备如储槽等布置在底层,这样,既可利用位差进出物料,又可减少楼面的负重,降低厂房造价。

④ 设备布置时除保证垂直方向连续性外,应注意在多层厂房中要避免操作人员在生产

过程中过多地往返于上下楼层间。

⑤ 布置设备时,要避开建筑物的主梁、柱子和窗子,设备不应布置在建筑物的沉降缝和伸缩缝处,设备要吊装在柱子或梁上时,其荷重和安装方式应与土建设计人员协商。

⑥ 设备布置时,尽量把笨重的和震动性设备布置在厂房的底层,如压缩机、粉碎机和各类泵等,以减少厂房楼面的荷载和振动,如不便布置在底层时,工艺人员应向土建人员提出,以便在结构上采取防震措施。

11.4　车间布置设计技术文件

11.4.1　建筑物绘图基本知识

由于设备平面布置图和立面(剖面)布置图涉及厂房和建筑物绘制,为此必须在制图时了解建筑制图的规范。

11.4.1.1　定位轴线及其编号

房屋建筑物平面图上,用细点画线绘出定位轴线。所谓定位轴线就是房屋建筑物在柱网中心线或承重墙在水平和垂直方向上的连轴线,建筑物在开间跨度一般以此划分。在定位轴线的端部(这端部在图上一般离建筑物的边缘 20 mm 以上),画一个 8~10 mm 的圆圈,圆心应在定位轴线的延长线或延长线的折线上,在圆内写上标注文字和编号。

平面图上定位轴线的编号圈(圆圈)宜在图样的下方和左侧(可例外),横向编号以阿拉伯数字从左至右编号,1,2,3,4…,竖向编号应用大写字母 A,B,C,D…从下至上顺次编号,字母"I""O""z"不能用作编号。

如果建筑物较复杂,可以分为若干区,定位轴线可以分区编号,在上述编号原则的前面,再加上区号,中间用小短线隔开,但所有编号,包括短线都必须在圆圈内,分区的原则一般是使建筑物因分区而变得有整齐方正的外形轮廓,如图 11-1 所示。

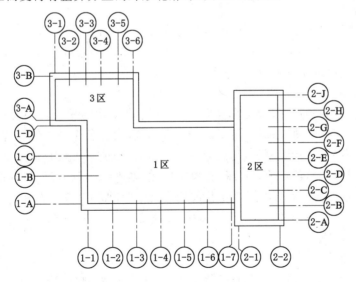

图 11-1　定位轴线分区编号

11.4.1.2　门、窗、门洞等表达方式

建筑平面图是假想一个水平面把建筑物窗台以上部分切掉,因此,在墙上有横剖面,而在门、窗、门洞位置上则没有剖面,但在窗子的位置上可以见到墙的外轮廓线,而门和门洞则空空如也。墙的剖面一般可不用剖面线表达,而是成为淡的阴影,或涂以淡的铅笔或红蓝铅笔色彩。

门是有开向的,一般画成 45°至 30°朝着所设的门的开向,单开门(单扇门)、双开门(双扇门)和弹簧门各有区别,都用细实线表达。读者可参阅有关手册。

立面图剖面参照此种方法表达。

11.4.1.3　尺寸标注

表 11-2 列举了有关建筑尺寸标注与机械制图不同的内容。

11.4.1.4　设备布置图上建筑物及其他构件表达

建筑物中心线、柱网的外形轮廓线、建筑物外形轮廓线用细实线画出,建筑物内墙、承重墙、非承重墙、分隔空间、分间大小都用细实线表达,墙的厚度、柱的大小由结构设计决定,楼板厚度、屋盖厚度均由建筑结构设计决定。

建筑物附件如楼板的预留孔、吊装孔、地坑、地沟、孔洞、平台、栏杆、楼梯、吊装梁、设备基础等都必须按比例和规定的图例画出,并注明基本尺寸。

与设备关系不大的门、窗和门的开启等,只在平面图上画出其位置和方向,而在剖面图上,一般可以不予表达。

详细表达方式或建筑制图的其他规定有国家标准可循,工程师们可遵照执行。

对化工厂建筑物的特殊要求,如屋顶的防晒墙柱和防腐等,只作为建筑条件提出,在设备平面图上可不必标出。

11.4.2　设备布置图绘图的基本要求

11.4.2.1　一般绘图规定和尺寸标注

（1）图纸和比例

设备布置图一般采用一号图纸,不宜加宽或加长,小的主项可用 2 号图纸,比例一般为1：100,有时可用1：200,特殊情况下可采用1：50 或其他比例。一个主项或车间分段绘制布置图时,比例必须统一,不可变来变去。

（2）尺寸标注

化工设备图中各种尺寸,包括标高和坐标,一律用毫米为单位,且只注数字不注单位。这里要注意的是某些建筑物标高,沿用以"米"为单位,而且至今尚未统一起来,所以在设备布置图上出现两种尺寸标注单位,凡只标注建筑物的,如地平、地沟、地下平面(负平面),楼层楼板、屋盖,可以仍然依习惯,以"米"为单位标注,准确到小数后第三位(即准确到毫米),为与此处规定统一起见,在以"米"为单位的标注尺寸后,加"m"符号表示单位,以示区别。

标题栏中图名一般分成两排,上一排写"设备布置图",下一排写标高,如"±0.000 平面""+4.800 平面"等。

（3）图纸边框

图纸的内框"下边"和"右边"的外侧,以 3 mm 长的粗线划分等分,一号图纸"下边"为 8 等分,2 号图纸"下边"为 6 等分,一号图纸"右边"为 6 等分,2 号图纸"右边"为 4 等分。"下边"的各等分,依次在等分的中点,从右向左标注 A,B,C…。"右边"的各等分中点,依次从

下至上标注 1,2,3…。注意,图纸边框的标注文字正好与建筑物的定位轴标注用的文字(字母和阿拉伯数字)相反,而下边的标注,起始方向又相反,见图 11-2。如果图纸竖着绘制,即以短边为横边(下边)时等分数额也跟着变,即一号图纸短边作为"下边"时,分为 6 等分,而它的长边即"右边"却要等分为 8 等分,标注的文字不变,即右边仍然是由下而上标注 1,2,3,4…,"下边"仍然从右至左标 A,B,C…。

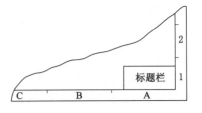

图 11-2　布置图的图纸边框编号

（4）图形

多层建筑物或构架,应依次分层绘制,假如要在同一张图纸上绘制几个平面时,应从最低层平面开始,在图上由下往上排布,不可混乱。如某一层有操作平台时,在该建筑物平面上可以只画操作平台下的设备,而操作平台上的设备可另行画一个局部平面布置图。

根据建筑制图要求,用细实线画出门、窗、柱、楼梯、操作台、栏杆、安装孔、吊车梁(标出梁下部即底部的标高)、水篦子、管沟(注沟底标高)、明沟(注沟底标高)、散水坡及其他构件等,辅助室和生活室要标出名称。有时,应用虚线表示检修场地,按比例绘出而不注尺寸。

（5）设备图形

设备图形用粗实线画剖面的外形,细实线画附属的操作台扶梯、支架等,无管口方位的,应画出其特征管口(如人孔、手孔),并表示方位角,动作(旋转)设备可以用粗或中粗实线只画出其基础,表示出特征管口及驱动机位置。

（6）底面标高

设备代号注在设备的中心线延长线上方,而在下方(同上方设备代号对齐)则注明设备的标高。设备标高有下列注法:大型压缩机、鼓风机、蒸汽透平、泵等应标注的是主轴中心线的标高,卧式容器注明中心线标高。在数字前加一个"Φ"符号,如"Φ+1050"表示某个鼓风机的主轴,比基准平面高 1 050 mm。

小型压缩机、泵、鼓风机等则标注支承点即底板底面的标高。标注底面的标高,要在数字前加"POS"符号,如"POS+1050"是指某个风机的底面,比基准平面高出 1 050 mm。

立式容器应标注支承点的标高,有些设备的裙座、支脚是由制造厂加工时已经附在设备上的,则用"POS"表示的是基础支承面的标高。有些"设备支承点",是现场支架的顶面,因而此时应改注支架顶面的标高,在数字前面用符号"TOS"表示,如"TOS+1050"是指这个设备放在某个支架上,这个支架的顶面比基准平面高 1 050 mm,支承耳架一般亦注 TOS 高度,见图 11-3。

（7）定位尺寸

设备布置图上应标注设备的定位尺寸,定位尺寸尽量以建构筑物的轴线或管架管廊柱中心线、中心线连线为基准线进行标注,某个设备以轴线为基准标注之后,另外一些设备可以以这个设备的中心线为基准线。尽量不能用区的分界线为基准线。

设备本身的基准线也应注意,立式容器以它互相垂直的两条中心线为基准线,卧式容器(包括换热器)以中心线和管口中心线为两条互相垂直的基准线,泵类、风机、蒸汽透平、压缩机的基准线,不是用地基中心或边线以及地脚螺丝的中心线为基准,而是以它本身的中心线,包括母轴中心线和排出口或吸入口的中心线为基准。尺寸标注是注明基准线之间的距离,用箭头或用 45°斜线作尺寸线起止符号均可。

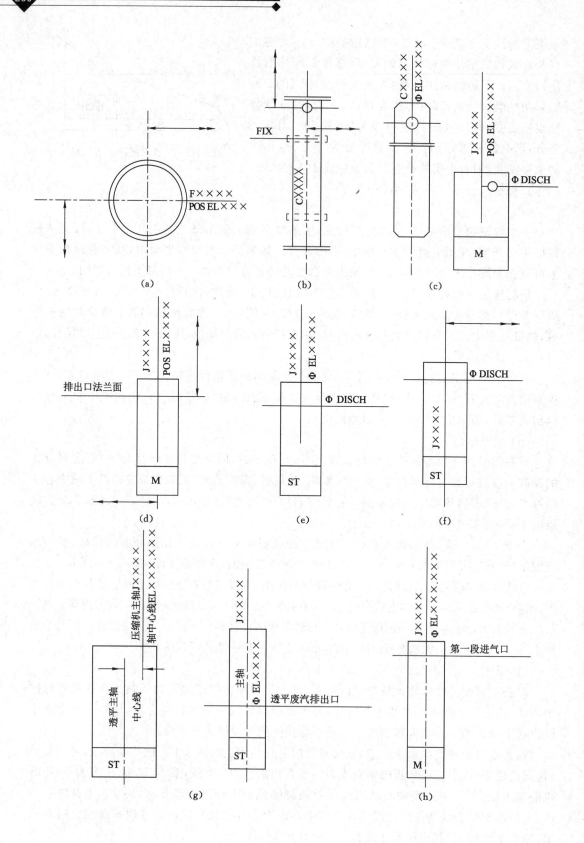

(a)　　　　(b)　　　　(c)

(d)　　　　(e)　　　　(f)

(g)　　　　(h)

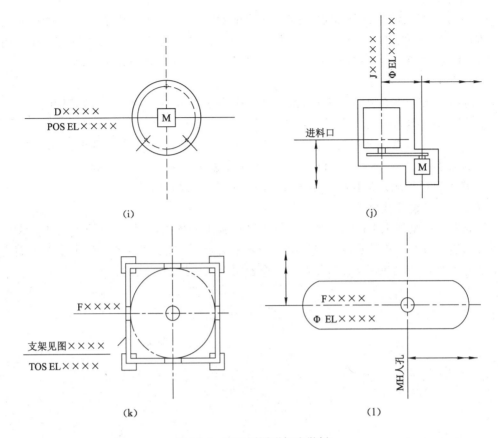

图 11-3　布置图图形标注举例

（a）立式槽或塔；（b）卧式换热器；（c）电机驱动的泵；（d）电机驱动的压缩机；

（e）蒸汽透平驱动的鼓风机；（f）蒸汽透平驱动的压缩机；（g）蒸汽透平驱动的压缩机；（h）电机驱动的压缩机；

（i）电机驱动的螺旋压缩机；（j）带电动搅拌立式设备；（k）立式罐或换热器；（l）卧式容器

11.4.2.2　初步设计阶段的要求

在此阶段,由于设备布置设计还未达到施工要求,不可能设计太细,只是初步设计出厂房或框架的主要尺寸以及主要设备的位置,以供上级有关部门审查和为施工图设计提供设计依据。

（1）设备平面布置图

① 要绘制出厂房和框架的外形,并标注轴线号及主要尺寸,标注车间厂房和其他用室的名称,如控制室、浴室、仓库、堆场等。建筑轮廓用细实线。

② 表示出主要操作平台和楼梯的位置及平台的主要尺寸。这些也用细实线表达。

③ 绘制出设备或设备基础的外形,设备用粗实线,基础用中粗实线。以细实线和点划线为定位线,标出设备的具体位置即定位尺寸。设备位号、设备名称按照流程图已有的代号,并与流程图一致。具体某一设备的名称和代号、位号在全部工程设计中不变,是唯一的。

④ 布置图绘置于图纸的左侧,图纸的右下侧作标题栏,其上方为安装设备一览表。安装设备一览表由下而上逐个填写,安装设备一览表的内容为序号、设备位号、设备名称及规格、材料、单位、数量、重量（包括单重和总重）、备注。

　　⑤ 在布置图和设备表全部完成以后,在图纸的右上角画出本图的方向标,并标出方向标的方向,方向标的方向一定要和建筑物布置图的方向一致,通常应和总图方向也保持一致,以便其他人员阅图。一般采用坐南向北方向,当然,采用其他方向也可以。

　　(2) 设备剖面布置图

　　① 要表示出厂房的边墙线及门、窗、柱、楼梯的位置,标注柱网的编号及间距。

　　② 标注各楼层相对标高及地平面的相对、绝对高度。

　　③ 绘制所剖设备的外形正视图,并标注设备的相对标高、设备名称及设备位号。

　　④ 绘制操作平台、地坑、孔、洞、沟等的立面示意图,并标注其相对标高。

　　⑤ 表示出需要表达的物件如吊车梁轨的立面位置及相对高度。

11.4.2.3　施工图设计阶段

　　施工图设计是施工单位编制施工预算和进行施工的依据,所以布置设计的成品文件要把所有的建构筑物的轮廓及设备的位置一一表示清楚;如果车间设备比较多或者平面布置表示不清楚时,还要绘制剖面图,并在平面布置图上表示出剖切线的位置。

参 考 文 献

[1] 程永红.铜电解精炼工 铜电解工、硫酸盐工[M].北京:冶金工业出版社,2013.

[2] 方度,等.氯碱工艺学[M].北京:化学工业出版社,1990.

[3] 冯立明.电镀工艺与设备[M].北京:化学工业出版社,2005.

[4] 冯乃祥.铝电解[M].北京:化学工业出版社,2006.

[5] 郭炳焜,李新海,杨松青.化学电源-电池原理及制造技术[M].长沙:中南大学出版社,2003.

[6] 黄可龙,王兆翔,刘素琴.锂离子电池原理与关键技术[M].北京:化学工业出版社,2008.

[7] 菊池哲.铝阳极氧化作业指南和技术管理[M].朱祖芳,周连在,纪红,译.北京:化学工业出版社,2015.

[8] 黎德育,李宁,邹忠利.电镀材料和设备手册[M].北京:化学工业出版社,2007.

[9] 李明照,许并社.铜冶炼工艺[M].北京:化学工业出版社,2012.

[10] 李异.金属表面转化膜技术[M].北京:化学工业出版社,2009.

[11] 刘荣杰.化工设计[M].第2版.北京:中国石化出版社,2015.

[12] 刘业翔,李劼,等.现代铝电解[M].北京:冶金工业出版社,2008.

[13] 陆忠兴,周元培.氯碱化工生产工艺 氯碱分册[M].北京:化学工业出版社,1995.

[14] 宋宪明,张云廉.铅酸电池制造专用设备[M].北京:冶金工业出版社,2000.

[15] 唐谟堂.湿法冶金设备[M].长沙:中南大学出版社,2012.

[16] 王力臻,等.化学电源设计[M].北京:化学工业出版社,2008.

[17] 王尚义.电镀挂具[M].北京:化学工业出版社,2007.

[18] 杨重愚.轻金属冶金学[M].北京:冶金工业出版社,2002.

[19] 曾华梁,倪百祥.电镀工程手册[M].北京:机械工业出版社,2009.

[20] 张廷安,朱旺喜,吕国志,等.铝冶金技术[M].北京:科学出版社,2014.

[21] 张允诚,胡如南,向荣,等.电镀手册[M].第4版.北京:国防工业出版社,2011.

[22] 赵麦群,王瑞红,葛利玲.材料化学处理工艺与设备[M].北京:化学工业出版社,2011.

[23] 郑明新,朱张孝.工程材料[M].第2版.北京:清华大学出版社,2009.

[24] 周国保,丁惠平.氯碱PVC工艺及设备[M].北京:化学工业出版社,2016.

[25] 朱宏吉,张明贤.制药工程设备[M].北京:化学工业出版社,2004.

[26] 朱祖芳.铝合金阳极氧化工艺技术应用手册[M].北京:冶金工业出版社,2007.

[27] 朱祖芳.铝合金阳极氧化与表面处理技术[M].第2版.北京:化学工业出版社,2010.

[28] 朱祖泽,贺家齐.现代铜冶金学[M].北京:科学出版社,2003.